AutoCAD 2015 中文版机械设计从业必学

姜东海 黄凤晓 秦琳晶 主编

电子工业出版社

Publishing House of Electronics Industry

北京·BEIJING

内 容 简 介

AutoCAD 2015 是美国 AutoDesk 公司开发的计算机辅助设计软件的最新版本。它经过不断的完善，已经成为国际上广为流行的绘图工具。由于其具有良好的用户界面，快捷的交互菜单和便捷的命令行方式，使得非计算机专业人员也能很快地学会使用。同时由于它可以被各种操作系统所支持，并适应各种分辨率和各种图形显示设备，所以在机械设计领域独占鳌头。

本书共分 12 章，从基础入手，由浅入深，逐步介绍了 AutoCAD 2015 中文版的基础知识、二维绘图、零件实战、装配图等内容。本书内容丰富，深度和广度兼顾，可以作为初学者的入门指南，也可以帮助中高级读者进一步提高 AutoCAD 水平。可作为想迅速掌握 AutoCAD 机械设计的必备常识和技能的读者和从零入门的读者的参考书。

未经许可，不得以任何方式复制或抄袭本书之部分或全部内容。
版权所有，侵权必究。

图书在版编目（CIP）数据

AutoCAD 2015 中文版机械设计从业必学 / 姜东海、黄凤晓、秦琳晶主编. —北京：电子工业出版社，2015.1
ISBN 978-7-121-24798-9

Ⅰ. ①A… Ⅱ. ①姜… ②黄… ③秦… Ⅲ. ①机械设计—计算机辅助设计—AutoCAD 软件 Ⅳ. ①TH122

中国版本图书馆 CIP 数据核字（2014）第 271057 号

策划编辑：	祁玉芹
责任编辑：	鄂卫华
印　　刷：	中国电影出版社印刷厂
装　　订：	三河市皇庄路装订厂
出版发行：	电子工业出版社
	北京市海淀区万寿路 173 信箱　邮编　100036
开　　本：	787×1092　1/16　印张：28.5　字数：730 千字
版　　次：	2015 年 1 月第 1 版
印　　次：	2015 年 1 月第 1 次印刷
定　　价：	65.00 元（含光盘 1 张）

凡所购买电子工业出版社图书有缺损问题，请向购买书店调换，若书店售缺，请与本社发行部联系，联系及邮购电话：（010）88254888。

质量投诉请发邮件至 zlts@phei.com.cn，盗版侵权举报请发邮件至 dbqq@phei.com.cn。

服务热线：（010）88258888。

AutoCAD 2015 是美国 Autodesk 公司开发的最新版本的 AutoCAD 软件。AutoCAD 系列软件被广泛用于机械、建筑、电子、航天、造船、土木工程、石油化工等诸多工程设计领域。它是工程设计人员应用最为广泛的计算机辅助设计软件之一。

本书是以最新版 AutoCAD 2015 为演示平台,全面介绍 AutoCAD 从基础的到实例的全过程。本书共 12 章,涵盖了机械设计基本理论、包含了 AutoCAD 常见的机械设计基础知识、AutoCAD 绘图基础知识、二维工程图绘制、三维模型图的建立、模型的渲染等知识内容。

书中以一级齿轮减速器为基础实例,它本身就是机械设计课中的工程设计案例。经过作者精心的提炼与改编。不仅保证读者能够学好机械设计的相关知识,而且使用与绘图软件相结合的操作方法更能让读者掌握实例的操作技能与真正理解设计相关的基础内容。

本书的主要特点如下:
- 对于初学者,无需先学 AutoCAD 低版本,可以直接进入 AutoCAD 2015 的学习。因为,AutoCAD 2015 完全克服了低版本的不足之处。本书是以 AutoCAD 2015 为基础讲述的。
- 对于中高级学者,书中的循序渐进的讲解方式能对绘图的速度、效率的提高有很大帮助。
- 本书每章开始时都会介绍机械设计基础相关知识,让读者绘图前对 AutoCAD 绘制的图形有个基本清晰的认识。
- 本书以实例形式讲解了 AutoCAD 2015 绘制减速器的基本方法。读者通过学习,可以举一反三,从而达到事半功倍的效果。
- 本书突出实用性,介绍了 AutoCAD 2015 绘制机械图样的功能,讲解中配有大量的图例和详细步骤,使其内容更易操作和掌握。
- 本书考虑了内容的系统性,结构安排合理,适合于理论课和上机操作结合进行,根据学习的特点,讲解循序渐进,知识点逐渐展开,避免读者在学习中无从下手。

本书的内容安排

本书共分 12 章,从基础入手,由浅入深,逐步介绍了 AutoCAD 2015 中文版的基础知识、二维绘图、零件实战、装配图等内容。可作为想迅速掌握 AutoCAD 机械设计的必备常识和技能的读者和从零入门的读者的参考书。

第 1 章:主要介绍 AutoCAD 2015 软件的应用概述及与机械制图的关系。其中详细介绍了机械制图的国家标准画法与注意事项。

第 2 章：讲解基于 AutoCAD 2015 软件平台的辅助作图工具。这些工具在实战中极其重要。

第 3 章：主要讲解了 AutoCAD 2015 的常用绘图的命令及实战用法。包括点的绘制、基本曲线的绘制、作图辅助线的绘制、图形编辑等。

第 4 章：主要讲解基于 AutoCAD 2015 的机械图形的尺寸标注知识。

第 5 章：主要讲解图块在机械制图中的具体应用。包括如何创建块，定义块属性，如何编辑块、动态块等内容。

第 6 章：本章主要介绍了机械图纸中文字、符号与特殊符号、明细表格等的绘制。

第 7 章：本章主要介绍了机械零件的视图表达方法及在 AutoCAD 2015 中的视图画法。

第 8 章：本章主要介绍了机械轴测图的基本表达方法和在 AutoCAD 2015 中的常见绘制技巧。如基本视图、向视图、斜视图、局部视图、剖视图、断面图及其他简化画法等。

第 9 章：本章主要介绍机械常用件、标准件的绘制。

第 10 章：在本章中，我们介绍机械图样中常用的表达方法、视图选择的原则，并将通过几个典型案例进一步介绍绘制零件图的方法和步骤。

第 11 章：本章主要介绍机械装配图的作用、内容、种类，以及装配图的绘制、尺寸标注方法等。

第 12 章：本章介绍如何将绘制的机械图纸进行打印和输出。

读者对象

- 具有一定 AutoCAD 基础知识的中级读者
- CAD 专业的在校大中专学生
- 从事工业设计与制造行业的工程人员
- 从事机械绘图的专业人员
- 可作为研究生、各企业厂矿从事产品设计、CAD 应用的专业技术人员的参考教材

由于时间仓促、编者水平有限，书中错误、纰漏之处，欢迎广大读者、同仁批评指正。

为了方便读者的学习，书中所有实例和练习的源文件，以及用到的素材都包含在本书的配套光盘中，读者可以直接将这些源文件在 UG 环境中运行或修改。

本书由姜东海、黄凤晓、秦琳晶主编，参与编写的还包括黄成、张庆余、刘纪宝、任军、赵光、王岩、郝庆波、潘春祥、周志明、王广昭、刘立新、彭景云、刘国华等，他们为此书的顺利完成提供了必要帮助。

感谢您选择了本书，希望我们的努力对您的工作和学习有所帮助，也希望您把对本书的意见和建议告诉我们。

2+1 维创世界工作室
wcsj_21book@163.com

第1章 AutoCAD 2015 与机械制图 1

- 1.1 AutoCAD 在机械设计中的应用 2
- 1.2 机械制图的国家标准规定 2
  - 1.2.1 图纸幅面及格式 3
  - 1.2.2 标题栏 4
  - 1.2.3 图纸比例 4
  - 1.2.4 字体 5
  - 1.2.5 图线 6
  - 1.2.6 尺寸标注 7
- 1.3 安装 AutoCAD 2015 8
- 1.4 AutoCAD 2015 工作界面 15
- 1.5 创建 AutoCAD 图形文件 22

第2章 AutoCAD 高效辅助作图功能 25

- 2.1 精确绘制图形工具 26
  - 2.1.1 捕捉模式 26
  - 2.1.2 栅格显示 26
  - 2.1.3 对象捕捉 27
  - 2.1.4 对象追踪 30
  - 2.1.5 正交模式 34
  - 2.1.6 锁定角度 36
  - 2.1.7 动态输入 36
- 2.2 修复或恢复图形 38
  - 2.2.1 修复损坏的图形文件 38
  - 2.2.2 创建和恢复备份文件 42
  - 2.2.3 图形修复管理器 43
- 2.3 利用图层辅助作图 43

| | 2.3.1 图层特性管理器 .... 44 |
| | 2.3.2 图层工具 .... 48 |

2.4 巧妙应用 AutoCAD 设计中心 53
  2.4.1 设计中心主界面 54
  2.4.2 利用设计中心制图 56
  2.4.3 使用设计中心访问、添加内容 57

2.5 对象的选择方法 62
  2.5.1 常规选择 63
  2.5.2 快速选择 64
  2.5.3 过滤选择 65

2.6 课后练习 66

第 3 章 AutoCAD 机械图形绘图命令 67

3.1 绘制点对象 68
  3.1.1 设置点样式 68
  3.1.2 创建单点和多点 68
  3.1.3 创建定数等分点 69
  3.1.4 创建定距等分点（ME）.. 70

3.2 基本绘图功能 71
  3.2.1 绘制基本曲线 71
  3.2.2 画多线（ML）.. 72
  3.2.3 设置多线样式 74
  3.2.4 画多段线（PL）... 76
  3.2.5 画样条曲线（SLI）.. 78
  3.2.6 画修订云线 81

3.3 绘制作图辅助线 83
  3.3.1 绘制构造线（XL）.. 83
  3.3.2 绘制射线 85

3.4 对象的编辑 86
  3.4.1 修剪对象（TR）... 86
  3.4.2 延伸对象（EX）... 89
  3.4.3 打断对象（BR）... 91
  3.4.4 合并对象（J）.. 92
  3.4.5 拉伸对象（S）.. 94
  3.4.6 拉长对象（LEN）.. 95

3.5 复制、镜像、阵列和偏移对象 98
　　3.5.1 复制对象（CO） 98
　　3.5.2 镜像对象（MI） 99
　　3.5.3 偏移对象（O） 100
　　3.5.4 阵列工具 102
3.6 综合训练 106
　　3.6.1 将辅助线转化为图形轮廓线 106
　　3.6.2 绘制凸轮 110
　　3.6.3 绘制定位板 112
　　3.6.4 绘制垫片 115
3.7 课后习题 120

第4章 机械图形的尺寸约束 121

4.1 机械图纸尺寸标注常识 122
　　4.1.1 尺寸的组成 122
　　4.1.2 尺寸标注类型 123
　　4.1.3 标注样式管理器 124
4.2 标注样式创建与修改 126
4.3 AutoCAD 2015 基本尺寸标注 130
　　4.3.1 线性尺寸标注 130
　　4.3.2 角度尺寸标注 131
　　4.3.3 半径或直径标注 132
　　4.3.4 弧长标注 133
　　4.3.5 坐标标注 134
　　4.3.6 对齐标注 135
　　4.3.7 折弯标注 136
　　4.3.8 折断标注 137
　　4.3.9 倾斜标注 138
4.4 快速标注 141
　　4.4.1 快速标注 141
　　4.4.2 基线标注 141
　　4.4.3 连续标注 142
　　4.4.4 等距标注 142
4.5 AotuCAD 其他标注 148
　　4.5.1 形位公差标注 148

4.5.2 多重引线标注 150
4.6 编辑标注 150
4.7 综合训练 152
  4.7.1 标注曲柄零件尺寸 152
  4.7.2 标注泵轴尺寸 162
4.8 课后习题 168

第 5 章 块在机械图纸中的应用 169

5.1 块与外部参照概述 170
  5.1.1 块定义 170
  5.1.2 块的特点 170
5.2 创建块 171
  5.2.1 块的创建 171
  5.2.2 插入块 174
  5.2.3 删除块 178
  5.2.4 存储并参照块 179
  5.2.5 嵌套块 180
  5.2.6 间隔插入块 181
  5.2.7 多重插入块 181
  5.2.8 创建块库 182
5.3 块编辑器 184
  5.3.1 【块编辑器】选项卡 184
  5.3.2 块编写选项板 186
5.4 动态块 187
  5.4.1 动态块概述 187
  5.4.2 向块中添加元素 188
  5.4.3 创建动态块 188
5.5 块属性 192
  5.5.1 块属性特点 193
  5.5.2 定义块属性 193
  5.5.3 编辑块属性 196
5.6 综合训练——标注零件图表面粗糙度 197
5.7 课后习题 200

第6章 机械图纸注释 ... 201

6.1 文字概述 ... 202
6.2 使用文字样式 ... 202
    6.2.1 创建文字样式 ... 202
    6.2.2 修改文字样式 ... 203
6.3 单行文字 ... 203
    6.3.1 创建单行文字 ... 204
    6.3.2 编辑单行文字 ... 205
6.4 多行文字 ... 207
    6.4.1 创建多行文字 ... 207
    6.4.2 编辑多行文字 ... 213
6.5 符号与特殊字符 ... 214
6.6 表格 ... 215
    6.6.1 新建表格样式 ... 216
    6.6.2 创建表格 ... 218
    6.6.3 修改表格 ... 221
    6.6.4 功能区【表格单元】选项卡 ... 225
6.7 综合训练——创建图纸表格 ... 228
    6.7.1 添加多行文字 ... 229
    6.7.2 创建空表格 ... 230
    6.7.3 输入字体 ... 232
6.8 课后练习 ... 234

第7章 机械二维图形的表达与绘制 ... 235

7.1 机件的表达 ... 236
    7.1.1 工程常用的投影法知识 ... 236
    7.1.2 实体的图形表达 ... 237
    7.1.3 组合体的形体表示 ... 238
    7.1.4 组合体的表面连接关系 ... 239
7.2 视图的基本画法 ... 239
    7.2.1 基本视图 ... 240
    7.2.2 向视图 ... 249
    7.2.3 局部视图 ... 250
    7.2.4 斜视图 ... 250

		7.2.5	剖视图	251
		7.2.6	断面图	265
		7.2.7	简化画法	266
	7.3	综合训练——支架零件三视图		268
	7.4	课后习题		277

第 8 章　绘制机械轴测图 279

	8.1	轴测图概述		280
	8.2	在 AutoCAD 中绘制轴测图		280
		8.2.1	设置绘图环境	281
		8.2.2	轴测图的绘制方法	282
		8.2.3	轴测图的尺寸标注	287
	8.3	正等轴测图及其画法		288
		8.3.1	平行于坐标面的圆的正等轴测图	289
		8.3.2	立体的正等测作图	290
	8.4	斜二轴测图		296
		8.4.1	斜二测的轴间角和轴向伸缩系数	297
		8.4.2	圆的斜二测投影	297
		8.4.3	斜二轴测图的作图方法	297
	8.5	轴测剖视图		300
		8.5.1	轴测剖视图的剖切位置	301
		8.5.2	轴测剖视图的画法	301
	8.6	综合训练		308
		8.6.1	绘制固定座零件轴测图	308
		8.6.2	绘制支架轴测图	312
	8.7	课后习题		318

第 9 章　绘制机械标准件、常用件 321

	9.1	绘制螺纹紧固件		322
		9.1.1	绘制六角头螺栓	322
		9.1.2	绘制双头螺栓	325
		9.1.3	绘制六角螺母	326
	9.2	绘制连接件		329
		9.2.1	绘制键	330
		9.2.2	绘制销	330

9.2.3 绘制花键 332
9.3 绘制轴承 336
9.3.1 滚动轴承的一般画法 336
9.3.2 绘制滚动轴承 337
9.4 绘制常用件 340
9.4.1 绘制圆柱直齿轮 340
9.4.2 绘制蜗杆、蜗轮 342
9.4.3 绘制弹簧 349
9.5 综合训练——绘制旋钮 351
9.5.1 绘制旋钮的视图 351
9.5.2 剖面填充和标注尺寸 356
9.6 课后习题 359

第 10 章 绘制机械零件工程图 361

10.1 零件与零件图基础 362
10.1.1 零件图的作用与内容 362
10.1.2 零件图的视图选择 362
10.1.3 各类零件的分析与表达 364
10.1.4 零件的机械加工要求 367
10.1.5 零件图的技术要求 371
10.2 零件图读图与识图 377
10.2.1 零件图标注要求 377
10.2.2 零件图读图 379
10.3 综合训练 381
10.3.1 绘制阀体零件图 381
10.3.2 绘制高速轴零件图 391
10.3.3 绘制齿轮零件图 396
10.4 课后习题 399

第 11 章 绘制机械装配工程图 401

11.1 装配图概述 402
11.1.1 装配图的作用 402
11.1.2 装配图的内容 402
11.1.3 装配图的种类 403
11.2 装配图的标注与绘制方法 406

11.3 装配图的尺寸标注	406
11.4 装配图上的技术要求	407
11.4.1 装配图上的零件编号	407
11.4.2 零件明细栏	408
11.4.3 装配图的绘制方法	408
11.5 综合训练	411
11.5.1 绘制球阀装配图	411
11.5.2 绘制固定架装配图	417
11.6 课后习题	422

第12章 机械图形的打印和输出 ... 423

12.1 添加和配置打印设备	424
12.2 布局的使用	429
12.2.1 模型空间与图纸空间	429
12.2.2 创建布局	430
12.3 图形的输出设置	434
12.3.1 页面设置	434
12.3.2 打印设置	437
12.4 从模型空间输出图形	438
12.5 从图纸空间输出图形	439
12.6 知识回顾	443

第1章 AutoCAD 2015 与机械制图

机械制图是一门探讨绘制机械图样的理论、方法和技术的基础课程。用图形来表达思想、分析事物、研究问题、交流经验，具有形象、生动、轮廓清晰和一目了然的优点，弥补了有声语言和文字描述的不足。

本章将机械制图的相关知识和 AutoCAD 2015 软件的基本应用作详细介绍。

知识要点

- AutoCAD 在机械设计中的应用
- 机械制图的国家标准规定
- 安装 AutoCAD 2015
- AutoCAD 2015 工作界面
- 创建 AutoCAD 图形文件

案例解析

【AutoCAD 2015】安装窗口

1.1 AutoCAD 在机械设计中的应用

机械设计中，制图是设计过程中的重要工作之一。无论一个机械零件多么复杂，一般均能够用图形准确地将其表达出来。设计者通过图形来表达设计对象，而制造者则通过图形来了解设计要求、制造设计对象。

一般来说，一个零件的图形均是由直线、曲线等图形元素构成的。利用 AutoCAD 完全能够满足机械制图过程中的各种绘图要求。例如，利用 AutoCAD，可以方便地绘制直线、圆、圆弧、等边多边形等基本图形对象；可以对基本图形进行各种编辑，以构成各种复杂图形。

除此之外，AutoCAD 还具有手工绘图无可比拟的优点。例如，可以将常用图形，如符合国家标准的轴承、螺栓、螺母、螺钉、垫圈等分别建成图形库，当希望绘制这些图时，直接将它们插入即可，不再需要根据手册来绘图；当一张图纸上有多个相同图形、或者所绘图形对称于某一轴线时，利用复制、镜像等功能，能够快速地从已有图形得到其他图形；可以方便地将已有零件图组装成装配图，就像实际装配零件一样，从而能够验证零件尺寸是否正确，是否会出现零件之间的干涉等问题；利用 AutoCAD 提供的复制等功能，可以方便地通过装配图拆零件图；当设计系列产品时，可以方便地根据已有图形派生出新图形；国家机械制图标准对机械图形的线条宽度、文字样式等均有明确规定，利用 AutoCAD，完全能够满足这些标准要求。

如图 1-1 所示为利用 AutoCAD 2015 来绘制的机械零件工程图。

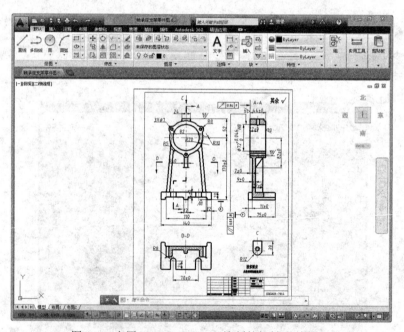

图 1-1　应用 AutoCAD 2015 绘制的机械零件图形

1.2 机械制图的国家标准规定

图样是工程技术界的共同语言，为了便于指导生产和对外进行技术交流，国家标准对图样上的有关内容作出了统一的规定,每个从事技术工作的人员都必须掌握并遵守。国家标准(简称【国标】)的代号为【GB】。

本节仅就图幅格式、标题栏、比例、字体、图线、尺寸注法等一般规定予以介绍,其余的内容将在以后的章节中逐一叙述。

1.2.1 图纸幅面及格式

一幅标准图纸的幅面、图框和标题栏必须按照国标来进行确定和绘制。

1. 图纸的幅面

绘制技术图样时,应优先采用表 1-1 中所规定的图纸基本幅面。

如果必要,可以对幅面加长。加长后的幅面尺寸是由基本幅面的短边成倍数增加后得出。加长后的幅面代号记作:基本幅面代号×倍数。如 A4×3,表示按 A4 图幅短边 210 加长至 3 倍,即加长后图纸尺寸为 297×630。

表 1-1 基本幅面

幅面代号		A0	A1	A2	A3	A4
幅面尺寸 $B×L$		841×1189	594×841	420×594	297×420	210×297
周边尺寸	e	25			5	
	c	10			5	
	a	20			10	

2. 图框格式

在图纸上必须用细实线画出表示图幅大小的纸边界线;用粗实线画出图框,其格式分为不留装订边和留有装订边两种,但同一产品的图样只能采用一种格式。

不留装订边的图纸,其图框格式如图 1-2 所示。

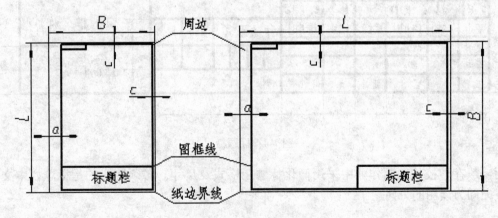

图 1-2 不留装订边的图框格式

留有装订边的图纸,其图框格式如图 1-3 所示。

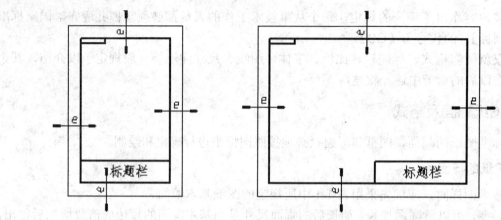

图 1-3 留装订边的图框格式

1.2.2 标题栏

每张技术图样中均应画出标题栏。标题栏的格式和尺寸按 GB10609.1—89 的规定，一般由更改区、签字区、其他区（如材料、比例、重量）、名称及代号区（单位名称、图样名称、图样代号）等组成。

通常工矿企业工程图的标题栏格式如图 1-4 所示。

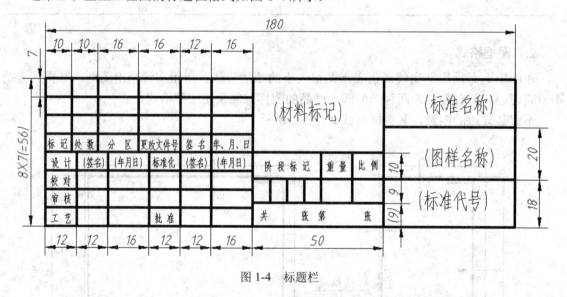

图 1-4 标题栏

而一般在学校的制图作业中采用简化标题栏格式及尺寸。必须注意的是标题栏中文字的书写方向即为读图的方向。

1.2.3 图纸比例

机械图中的图形与其实物相应要素的线性尺寸之比称为比例。比值为 1 的比例，即 1：1 称为原值比例，比例大于 1 的比例称为放大比例，比例小于 1 的比例则称之为缩小比例。绘制图样时，采用 GB/T 规定的比例。如表 1-2 所示的是 GB/T 规定比例值，分原值、放大、缩小三种。

通常应选用表 1-2 中的优先比例值，必要时，可选用表中的允许比例值。

表 1-2　图样比例

种　类	优先值			允许值
原值比例	1∶1			2.5∶1　4∶1 2.5×10^n∶1　4×10^n∶1
放大比例	2∶1 1×10^n∶1	5∶1 2×10^n∶1	5×10^n∶1	
缩小比例	1∶2 1∶1×10^n	1∶5 1∶2×10^n	1∶5×10^n	1∶1.5　1∶2.5　1∶3　1∶4　1∶6 1∶1.5×10^n　1∶2.5×10^n　1∶3×10^n 1∶4×10^n　1∶6×10^n

绘制图样时，应尽可能按机件的实际大小（即 1∶1 的比例）画出，以便直接从图样上看出机件的实际大小。对于大而简单的机件，可采用缩小比例，而对于小而复杂的机件，宜采用放大的比例。

必须指出，无论采用哪种比例画图，标注尺寸时都必须按照机件原有的尺寸大小标注（即尺寸数字是机件的实际尺寸），如图 1-5 所示。

24
8
6
20
φ8
R8
24
8
6
20
φ8
R8
24
8
6
20
φ8
R8

a）1∶1　　b）1∶2　　c）2∶1

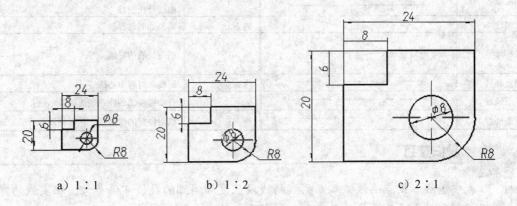

图 1-5　采用不同比例绘制的同一图形

1.2.4　字体

图形中除图形外，还需用汉字、字母、数字等来标注尺寸和说明机件在设计、制造、装配时的各项要求。

在图样中书写汉字、字母、数字时必须做到：字体工整、笔画清楚、间隔均匀、排列整齐。字体高度（用 h 表示）的公称尺寸系列为 1.8、2.5、3.5、5、7、10、14、20（mm）等八种，如需要书写更大的字，其字体高度应按 $\sqrt{2}$ 的比率递增。字体高度代表字体的号数，如 7 号字的高度为 7mm。

为了保证图样中的字体大小一致、排列整齐，初学时应打格书写。如图 1-6、1-7 所示的是图样上常见字体的书写示例。

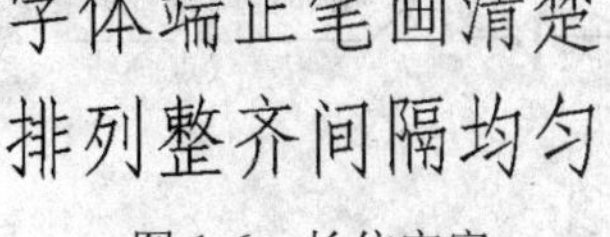

字体端正笔画清楚
排列整齐间隔均匀

图 1-6　长仿宋字

0123456789
I II III IV V VI VII VIII IX X

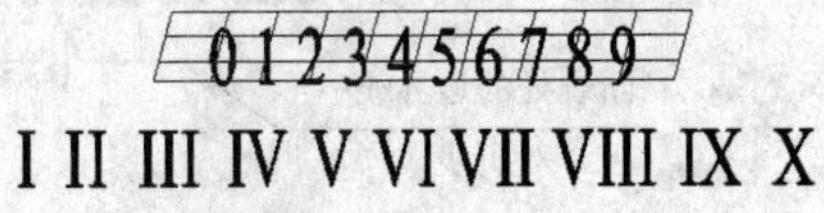

图 1-7　数字书写示例

1.2.5 图线

国标所规定的基本线型共有 15 种。以实线为例,基本线型可能出现的变形如表 1-3 所示。其余各种基本线型视需要而定,可用同样的方法变形表示。

图线分为粗线、中粗线、细线三类;画图时,根据图形的大小和复杂程度,图线宽度 d 可在 0.13、0.18、0.25、0.35、0.5、0.7、1、1.4、2(mm)数系(该数系的公比为 $1:\sqrt{2}$)中选取。粗线、中粗线、细线的宽度比率为 4:2:1。由于图样复制中所存在的困难,应尽量避免采用 0.18 以下的图线宽度。

机械图中常用图线的名称、形式及用途如表 1-3 所示。

表 1-3　图线的名称、形式、宽度及其用途

图线名称	图线形式	图线宽度	图线应用举例(见图 1-11)
粗实线	——————	b	可见轮廓线;可见过渡线
虚线	— — — —	约 $b/3$	不可见轮廓线;不可见过渡线
细实线	——————	约 $b/3$	尺寸线、尺寸界线、剖面线、重合断面的轮廓线及指引线
波浪线	～～～	约 $b/3$	断裂处的边界线等
双折线	⌇⌇⌇	约 $b/3$	断裂处的边界线
细点画线	— · — · —	约 $b/3$	轴线、对称中心线等
粗点画线	— · — · —	b	有特殊要求的线或表面的表示线
双点画线	— · · — · · —	约 $b/3$	极限位置的轮廓线、相邻辅助零件的轮廓线等

操作技巧

表中虚线、细点画线、双点画线的线段长度和间隔的数值可供参考。粗实线的宽度应根据图形的大小和复杂程度选取,一般取 0.7mm。

如图 1-8 所示为各种形式图线的应用示例。

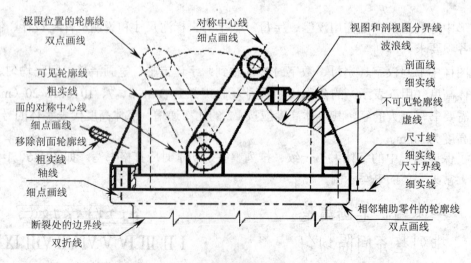

图 1-8　图线应用示例

操作技巧：

绘制图样时，应注意：
- 同一图样中，同类图线的宽度应基本一致。虚线、点画线及双点画线的线段长短间隔应各自大致相等。
- 两条平行线之间的距离应不小于粗实线的两倍宽度，其最小距离不得小于0.7mm。
- 虚线及点画线与其他图线相交时，都应以线段相交，不应在空隙或短画处相交；当虚线是粗实线的延长线时，粗实线应画到分界点，而虚线应留有空隙；当虚线圆弧和虚线直线相切时，虚线圆弧的线段应画到切点，而虚线直线需留有空隙。
- 绘制圆的对称中心线（细点画线）时，圆心应为线段的交点。点画线和双点画线的首末两端应是线段而不是短画，同时其两端应超出图形的轮廓线3～5mm。在较小的图形上绘制点画线或双点画线有困难时，可用细实线代替。

1.2.6 尺寸标注

图形只能表达机件的形状，而机件的大小则由标注的尺寸决定。

机械图样中，尺寸的标注应遵循以下基本原则：
- 机件的真实大小应以图样上所标注的尺寸数值为依据，与图形的大小及绘图的准确度无关。
- 图样中的尺寸，以毫米为单位时，不需标注计量单位的代号或名称，如采用其他单位，则必须注明。
- 图样中所标注尺寸是该图样所示机件最后完工时的尺寸，否则应另加说明。
- 机件的每一尺寸，一般只标注一次，并应标注在反映该结构最清晰的图形上。

一个完整的尺寸应由尺寸界线、尺寸线、尺寸线终端和尺寸数字四个要素组成，如图1-9所示。

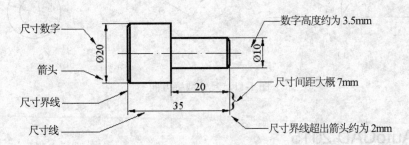

图1-9 尺寸组成要素

1. 尺寸界线

尺寸界线用细实线绘制，并应由图形的轮廓线、轴线或对称中心线处引出。也可利用轮廓线、轴线或对称中心线作尺寸界线。尺寸界线一般应与尺寸线垂直，并超出尺寸线终端2mm左右。

2. 尺寸线

尺寸线用细实线绘制。尺寸线必须单独画出，不能与图线重合或在其延长线上。

尺寸线终端有两种形式，如图1-10所示，箭头适用于各种类型的图样，箭头尖端与尺寸界线接触，不得超出也不得离开。

斜线用细实线绘制，图中 h 为字体高度。当尺寸线终端采用斜线形式时，尺寸线与尺寸界线必须相互垂直，并且同一图样中只能采用一种尺寸线终端形式。

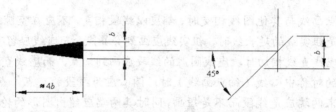

图1-10　尺寸线终端形式

3. 尺寸数字

线性尺寸的数字一般应注写在尺寸线的上方，也允许注写在尺寸线的中断处，同一图样内大小一致，位置不够可引出标注。尺寸数字不可被任何图线所通过，否则必须把图线断开，见图1-11中的尺寸 ⌀32。

水平方向的尺寸数字字头朝上；垂直方向的尺寸数字，字头朝左；倾斜方向的尺寸数字其字头保持有朝上的趋势。但在30°范围内应尽量避免标注尺寸，如图1-11（a）所示；当无法避免时，可参照图1-11（b）的形式标注；在注写尺寸数字时，数字不可被任何图线所通过，当不可避免时，必须把图线断开，如图1-11（c）所示。

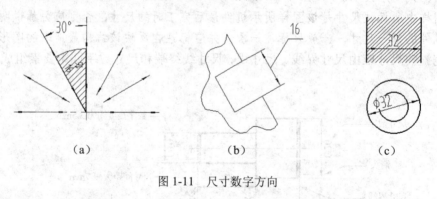

　　　（a）　　　　　　　　　（b）　　　　　　　　　（c）

图1-11　尺寸数字方向

1.3　安装 AutoCAD 2015

AutoCAD 2015 的安装过程与 AutoCAD 2014 版本的安装过程相同，可分为安装 AutoCAD 和 AutoCAD 的注册与激活两个步骤，接下来将 AutoCAD 2015 简体中文版的安装与卸载过程作详细介绍。

1. 系统配置要求

在独立的计算机上安装产品之前，请确保计算机满足最低系统需求。

安装 AutoCAD 2015 时，将自动检测 Windows 操作系统是 32 位版本还是 64 位版本。用户需选择适用于工作主机的 AutoCAD 版本。例如，不能在 64 位版本的 Windows 操作系统上安装 32 位版本的 AutoCAD。

2. 安装 AutoCAD

在独立的计算机上安装产品之前，请确保计算机满足最低系统需求。

AutoCAD 2015 安装过程的操作步骤如下：

实训——安装 AutoCAD

[1] 在安装程序包中双击 Setup.exe，AutoCAD 2015 安装程序进入安装初始化进程，并弹出【安装初始化】界面，如图 1-12 所示。

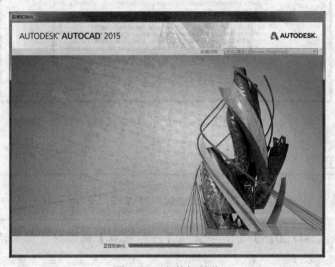

图 1-12　安装初始化

[2] 安装初始化进程结束以后，弹出【AutoCAD 2015】安装窗口，如图 1-13 所示。

图 1-13　【AutoCAD 2015】安装窗口

[3] 在【AutoCAD 2015】安装窗口中单击【安装】按钮，再弹出 AutoCAD 2015 安装"许可协议"的界面窗口。在窗口中单击【我接受】单选按钮，保留其余选项默认设置，再单击【下一步】按钮，如图 1-14 所示。

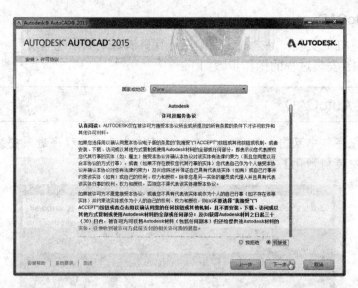

图 1-14　接受许可协议

 操作技巧

如果不同意许可的条款并希望中止安装，可单击【取消】按钮。

[4] 随后【AutoCAD 2015】窗口中弹出【产品信息】选项区。如果用户有序列号与产品钥匙，直接输入即可；若没有则可以试用 30 天，完成产品信息的数字后，请单击【下一步】按钮，如图 1-15 所示。

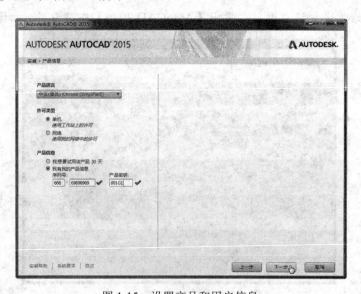

图 1-15　设置产品和用户信息

操作技巧

在此处输入的信息是永久性的，将显示在 AutoCAD 软件的窗口中，由于以后无法更改此信息（除非卸载该产品），因此请确保在此处输入的信息正确。

[5] 设置产品和用户信息的安装步骤完成后，在【AutoCAD 2015】窗口中弹出【配置安装】选项区，若保留默认的配置来安装，单击窗口的【安装】按钮，系统开始自动安装 AutoCAD 2015 简体中文版。在此选项区中勾选或取消安装内容的选择，如图 1-16 所示。

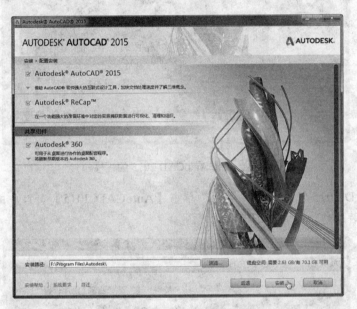

图 1-16　执行安装命令

操作技巧

如果要重新设置安装路径，可以单击【浏览】按钮，然后在弹出的【Autodesk AutoCAD 2015 安装】对话框中选择新的路径进行安装，如图 1-17 所示。

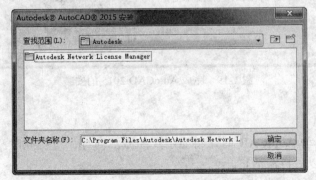

图 1-17　【选择安装类型】选项区

[6] 随后系统依次安装 AutoCAD 2015 的用户所选择的程序组件,并最终完成 AutoCAD 2015 主程序的安装,如图 1-18 所示。

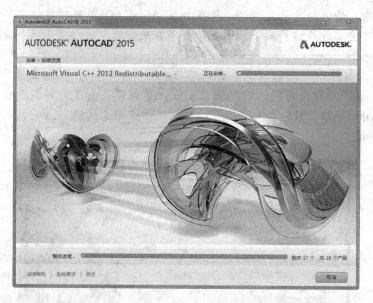

图 1-18　安装 AutoCAD 2015 的程序组件

[7] AutoCAD 2015 组件安装完成后,单击【AutoCAD 2015】窗口中的【完成】按钮,结束安装操作,如图 1-19 所示。

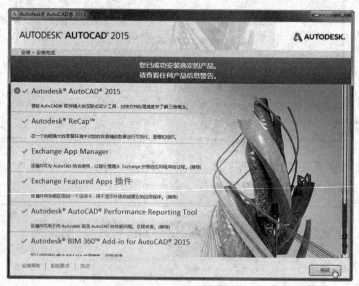

图 1-19　完成 AutoCAD 2015 的安装

3. 注册与激活

用户在第一次启动 AutoCAD 时,将显示产品激活向导。可在此时激活 AutoCAD,也可以先运行 AutoCAD 以后再激活它。

软件的注册与激活的操作步骤如下:

实训——注册与激活 AutoCAD

[1] 在桌面上双击【AutoCAD 2015-简体中文（Simplified Chinese）】图标，启动 AutoCAD 2015。AutoCAD 程序开始检查许可，如图 1-20 所示。

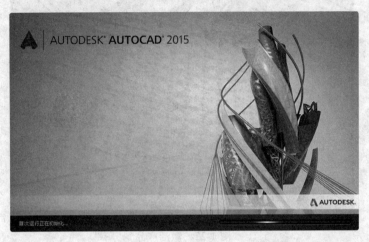

图 1-20　检查许可

[2] 在打开软件之前程序弹出【Autodesk 许可】对话框，勾选此界面中唯一的复选框，然后单击【我同意】按钮，如图 1-21 所示。

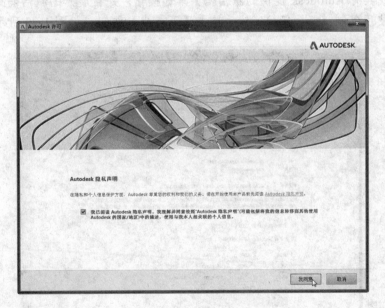

图 1-21　阅读隐私保护政策

[3] 随后单击【激活】按钮进入【Autodesk 许可】界面，如图 1-22 所示。

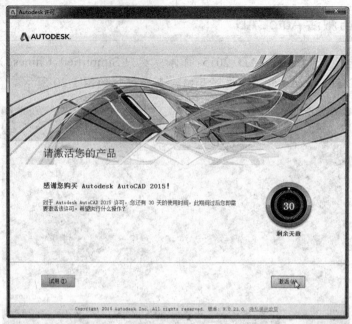

图 1-22 激活产品

[4] 接着又弹出"产品许可激活选项"界面。界面中提供了两种激活方法。一种是通过 Internet 连接来注册并激活,另一种就是直接输入 Autodesk 公司提供的激活码。单击【我具有 Autodesk 提供的激活码】单选按钮,并在展开的激活码列表中输入激活码(使用复制-粘贴方法),然后单击【下一步】按钮,如图 1-23 所示。

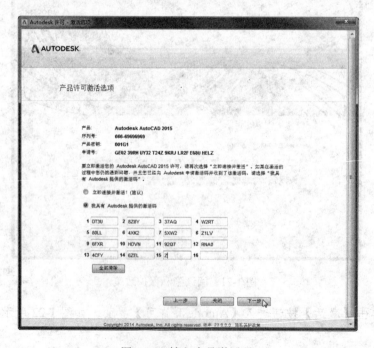

图 1-23 输入产品激活码

[5] 随后自动完成产品的注册,单击【Autodesk 许可-激活完成】对话框的【完成】按钮,

结束 AutoCAD 产品的注册与激活操作，如图 1-24 所示。

图 1-24 完成产品的注册与激活

操作技巧

上面主要介绍的是单机注册与激活方法。如果连接了 Internet，可以使用联机注册与激活的方法，也就是选择"立即连接并激活"单选选项。

4. AutoCAD 的卸载

卸载 AutoCAD 时，将删除所有组件，这意味着即使以前添加或删除了组件，或者已重新安装或修复了 AutoCAD，卸载程序也将从系统中删除所有 AutoCAD 安装文件。

即使已将 AutoCAD 从系统中删除，但软件的许可仍将保留，如需要重新安装 AutoCAD，用户无需注册和重新激活程序。AutoCAD 安装文件在操作系统中的卸载过程与其他软件是相同的，卸载过程的操作就不再介绍了。

1.4 AutoCAD 2015 工作界面

AutoCAD 2015 提供了【二维草图与注释】、【三维建模】和【AutoCAD 经典】3 种工作空间模式，用户在工作状态下可随时切换工作空间。

在程序默认状态下，窗口中打开的是【二维草图与注释】工作空间。【二维草图与注释】工作空间的工作界面主要由快速访问工具栏、信息搜索中心、菜单浏览器、功能区、工具选项面板、图形窗口、文本窗口与命令行、状态栏等元素组成，如图 1-25 所示。

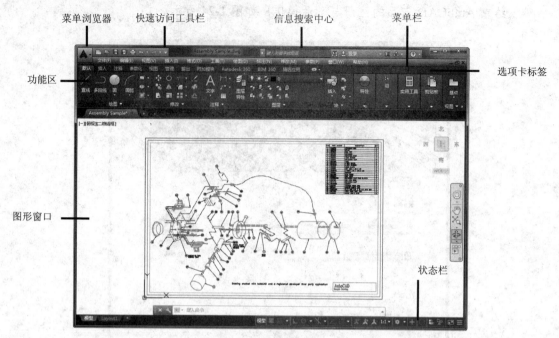

图 1-25　AutoCAD 2015【二维草图与注释】空间工作界面

操作技巧

初始打开 AutoCAD2015，界面窗口背景是黑色的。您可以通过在菜单栏执行【工具】|【选项】命令，打开【选项】对话框，在【显示】选项卡的【窗口元素】下选择配色方案为【明】，即可将窗口背景变为亮色。

1. 快速访问工具栏

快速访问工具栏用于存储经常访问的命令。该工具栏可以自定义，其中包含由工作空间定义的命令集。用户可以在快速访问工具栏上添加、删除和重新定位命令，还可以按用户设计需要添加多个命令。如果没有可用空间，则多出的命令将合并显示为弹出按钮。快速访问工具栏上的工具命令如图 1-26 所示。

图 1-26　【快速访问】工具栏上的工具

2. 信息搜索中心

在应用程序的右上方，可以使用信息中心通过输入关键字（或输入短语）来搜索信息、显示【通讯中心】面板以获取产品更新和通告，还可以显示【收藏夹】面板以访问保存的主题。信息搜索中心包括的工具如图 1-27 所示。

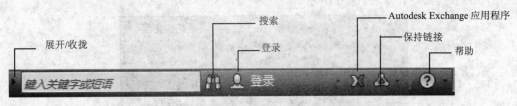

图 1-27　【信息搜索中心】工具

3. 菜单浏览与快速访问工具栏

用户可通过访问菜单浏览来进行一些简单的操作。默认情况下，菜单浏览位于软件窗口的左上角，如图 1-28 所示。

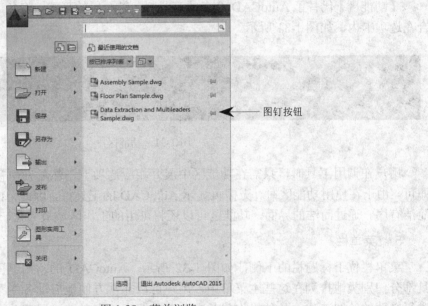

图 1-28　菜单浏览

使用"快速访问工具栏"可以快速访问常用工具。快速访问工具栏中还显示用于对文件所做更改进行放弃和重做的选项，如图 1-29 所示。

图 1-29　快速访问工具栏

为了使图形区域尽可能最大化，但又要便于选择工具命令，用户可以向快速访问工具栏中添加常用的工具命令，如图1-30所示。

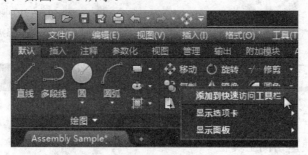

图1-30 添加工具至快速访问工具栏

4. 功能区

【功能区】代替了AutoCAD众多的工具栏，以面板的形式，将各工具按钮分门别类地集合在选项卡内，如图1-31所示。

图1-31 功能区

用户在调用工具时，只需在功能区中展开相应选项卡，然后在所需面板上单击工具按钮即可。由于在使用功能区时，无需再显示AutoCAD的工具栏，因此，使得应用程序窗口变得简洁有序。通过简洁的界面，功能区可以还将可用的工作区域最大化。

5. 菜单栏

菜单栏位于标题栏的下侧，如图1-32所示。AutoCAD的常用制图工具和管理编辑等工具都分门别类地排列在这些主菜单中，用户可以非常方便地启动各主菜单中的相关菜单项，进行必要的绘图工作。具体操作就是在主菜单项上单击左键，展开此主菜单，然后将光标移至需要启动的命令选项上，单击左键即可。

| 文件(F) | 编辑(E) | 视图(V) | 插入(I) | 格式(O) | 工具(T) | 绘图(D) | 标注(N) | 修改(M) | 参数(P) | 窗口(W) | 帮助(H) |

图1-32 菜单栏

AutoCAD 2015为用户提供了【文件】、【编辑】、【视图】、【插入】、【格式】、【工具】、【绘图】、【标注】、【修改】、【参数】、【窗口】、【帮助】等12个主菜单。各菜单的主要功能如下：

- ◆ 【文件】菜单是主要用于对图形文件进行设置、管理和打印发布等。
- ◆ 【编辑】菜单主要用于对图形进行一些常规的编辑，如复制、粘贴、链接等命令。
- ◆ 【视图】菜单主要用于调整和管理视图，以方便视图内图形的显示等。
- ◆ 【插入】菜单用于向当前文件中引用外部资源，如块、参照、图像等。
- ◆ 【格式】菜单用于设置与绘图环境有关的参数和样式等，如绘图单位、颜色、线型及文字、尺寸样式等。
- ◆ 【工具】菜单为用户设置了一些辅助工具和常规的资源组织管理工具。

- 【绘图】菜单是一个二维和三维图元的绘制菜单，几乎所有的绘图和建模工具都组织在此菜单内。
- 【标注】菜单是一个专用于为图形标注尺寸的菜单，它包含了所有与尺寸标注相关的工具。
- 【修改】菜单是一个很重要的菜单，用于对图形进行修整、编辑和完善。
- 【参数】菜单是用于管理和设置图形创建的各种参数。
- 【窗口】菜单用于对 AutoCAD 文档窗口和工具栏状态进行控制。
- 【帮助】菜单主要用于为用户提供一些帮助性的信息。

菜单栏左端的图标就是【菜单浏览器】图标，菜单栏最右边图标按钮是 AutoCAD 文件的窗口控制按钮，如【最小化】按钮━、【还原/最大化】按钮□/□、【关闭】按钮✕，用于控制图形文件窗口的显示。

6. 工具栏

位于绘图窗口的两侧和上侧，以图标按钮的形式出现的工具条，则为 AutoCAD 的工具栏。使用工具栏执行命令，是最常用的一种方式。用户只需要将光标移至工具按钮上稍一停留，光标指针的下侧就会出现此图标所代表的命令名称，在按钮上单击左键，即可快速激活该命令。

在工具栏右键菜单上选择【锁定位置】|【固定的工具栏/面板】选项，可以将绘图区四周的工具栏固定，如图 1-33 所示，工具栏一旦被固定后，是不可以被拖动的。

图 1-33　固定工具栏

7. 工具选项板

工具选项板具有十分人性化的功能，使用起来也很方便，可以根据用户的意愿显示或隐藏，不占用绘图空间，如图 1-34 所示。选项板上一共包含有【建模】、【约束】、【注释】、【建筑】、【机械】、【电力】、【土木工程】、【结构】等多个选项卡，使用户非常方便地找到需要的工具。

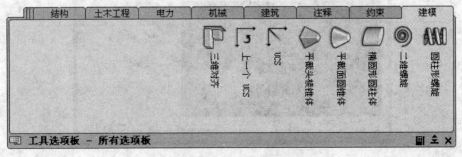

图 1-34　选项板

8. 绘图区

绘图区位于用户界面的正中央，即被工具栏和命令行所包围的整个区域，此区域是用户的工作区域，图形的设计与修改工作就是在此区域内进行操作的。缺省状态下绘图区是一个无限大的电子屏幕，无论尺寸多大或多小的图形，都可以在绘图区中绘制和灵活显示。

当移动鼠标时，绘图区会出现一个随光标移动的十字符号，此符号为【十字光标】，它由【拾取点光标】和【选择光标】叠加而成，其中【拾取点光标】是点的坐标拾取器，当执行绘图命令时，显示为拾取点光标；【选择光标】是对象拾取器，当选择对象时，显示为选择光标；当没有任何命令执行的前提下，显示为十字光标，如图1-35所示。

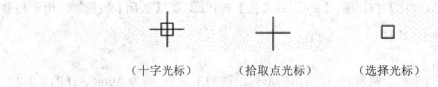

（十字光标）　　（拾取点光标）　　（选择光标）

图1-35　光标的三种状态

在绘图区左下部有3个标签，即模型、布局1、布局2，分别代表了两种绘图空间，即模型空间和布局空间。模型标签代表了当前绘图区窗口是处于模型空间，通常在模型空间进行绘图。布局1和布局2是缺省设置下的布局空间，主要用于图形的打印输出。用户可以通过单击标签，在这两种操作空间中进行切换。

操作技巧

默认设置下，绘图区背景色的RGB值为254、252、240，用户可以执行【工具】|【选项】命令进行背景色更改，如图1-36所示。

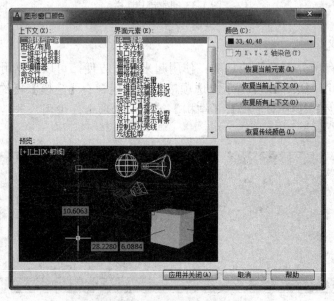

图1-36　【图形窗口颜色】对话框

9. 命令窗口

命令行位于绘图区的下侧，它是用户与 AutoCAD 2015 软件进行数据交流的平台，主要功能就是用于提示和显示用户当前的操作步骤，如图 1-37 所示。

图 1-37 命令行

【命令行】可以分为【命令输入窗口】和【命令历史窗口】两部分，上面两行则为【命令历史窗口】，用于记录执行过的操作信息；下面一行是【命令输入窗口】，用于提示用户输入命令或命令选项，如图 1-38 所示。

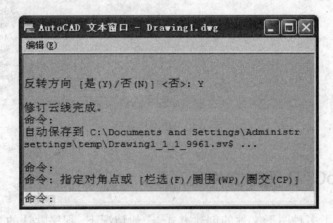

图 1-38 AutoCAD 文本窗口

10. 状态栏

状态栏位于 AutoCAD 操作界面的底部，如图 1-39 所示。

状态栏左端为坐标读数器，用于显示十字光标所处位置的坐标值；坐标读数器的右侧是一些重要的精确绘图功能按钮，主要用于控制点的精确定位和追踪；状态栏右端的按钮则用于查看布局与图形、注释比例以及一些用于对工具栏、窗口等进行固定、工作空间的切换等，都是一些辅助绘图的功能。

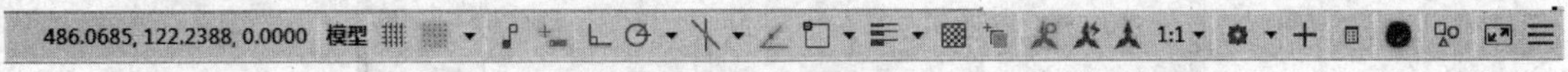

图 1-39 状态栏

单击状态栏右侧的展开按钮，将打开如图 1-40 所示的状态栏快捷菜单，菜单中的各选项与状态栏上的各按钮功能一致，用户也可以通过各菜单项以及菜单中的各功能键进行控制各辅助按钮的开关状态。

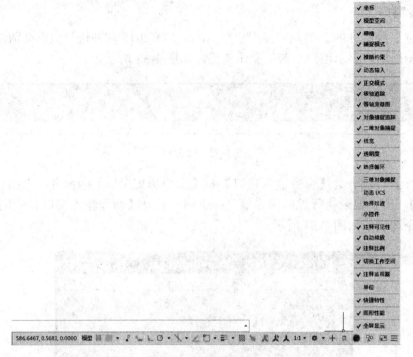

图 1-40 状态栏菜单

1.5 创建 AutoCAD 图形文件

AutoCAD 提供了多种图形文件的创建方式。一般情况下，程序默认的方式是【选择样板】。下面介绍这些创建方法。

1. 从绘图开始

将 STARTUP 系统变量设置为 1，将 FILEDIA 系统变量设置为 1。单击【快速访问工具栏】中的【新建】按钮，打开【创建新图形】对话框，如图 1-41 所示。

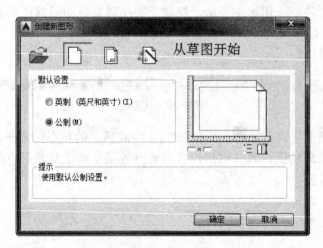

图 1-41 【创建新图形】对话框

在【从草图开始】选项卡中有两个默认的设置：
- 英制（英尺和英寸）。
- 公制。

> **操作技巧**
>
> 英制和公制分别代表不同的计量单位，英制为英尺、英寸、码等单位；公制是指千米、米、厘米等单位。我国实行"公制"的测量制度。

2. 使用样板

在【创建新图形】对话框中单击按钮，打开【使用样板】选项卡，如图 1-42 所示。

图 1-42 【使用样板】选项卡

图形样板文件包含标准设置。可从提供的样板文件中选择一个，或者创建自定义样板文件。图形样板文件的扩展名为.dwt。

如果根据现有的样板文件创建新图形，则新图形中的修改不会影响样板文件。可以使用随 AutoCAD 提供的一个样板文件，或者创建自定义样板文件。

需要创建使用相同惯例和默认设置的多个图形时，通过创建或自定义样板文件而不是每次启动时都指定惯例和默认设置这样可以节省很多时间。通常存储在样板文件中的惯例和设置包括：
- 单位类型和精度。
- 标题栏、边框和徽标。
- 图层名。
- 捕捉、栅格和正交设置。
- 栅格界限。
- 标注样式。
- 文字样式。
- 线型。

> **操作技巧**
>
> 默认情况下，图形样板文件存储在安装目录下的 acadm\template 文件夹中，以便查找和访问。

3. 使用向导

在【创建新图形】对话框中单击 按钮，打开【使用向导】选项卡，如图 1-43 所示。

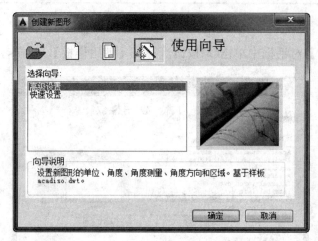

图 1-43　【使用向导】选项卡

设置向导逐步地建立基本图形，有两个向导选项用来设置图形：

◆ 【快速设置】向导。设置测量单位、显示单位的精度和栅格界限。
◆ 【高级设置】向导。设置测量单位、显示单位的精度和栅格界限。还可以进行角度设置（例如测量样式的单位、精度、方向和方位）。

第 2 章
AutoCAD 高效辅助作图功能

绘制图形之前，用户需了解一些基本的操作，以熟悉和熟练地运用 AutoCAD。本章将对 AutoCAD 2015 的图形辅助应用、图形管理等基本操作作详细介绍。

 知识要点

- ◆ 精确绘制图形工具
- ◆ 修复或恢复图形
- ◆ 利用图层辅助作图
- ◆ 巧妙应用 AutoCAD 设计中心
- ◆ 对象的选择方法

 案例解析

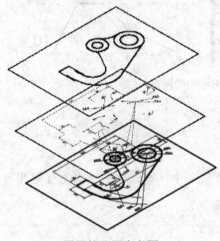

图层的分层含义图

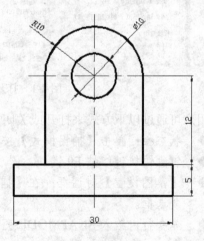

机械零件图形

2.1 精确绘制图形工具

在绘图的过程中，经常要指定一些已有对象上的点，例如端点、圆心和两个对象的交点等。如果只凭观察来拾取，不可能非常准确地找到这些点。为此，AutoCAD 提供了精确绘制图形的功能，可以迅速、准确地捕捉到某些特殊点，从而能精确地绘制图形。

2.1.1 捕捉模式

在绘制图形时，尽管可以通过移动光标来指定点的位置，但却很难精确指定点的某一位置。因此，要精确定位点，必须使用坐标输入或启用捕捉功能。

操作技巧

【捕捉模式】可以单独打开，也可以和其他模式一同打开。

【捕捉模式】用于设定鼠标光标移动的间距。使用【捕捉模式】功能，可以提高绘图效率。如图 2-1 所示，打开捕捉模式后，光标按设定的移动间距来捕捉点位置，并绘制出图形。

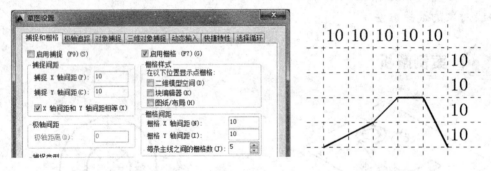

图 2-1 打开【捕捉模式】来绘制的图形

用户可通过以下方式来打开或关闭【捕捉】功能。

- ◆ 状态栏：单击【捕捉模式】按钮 。
- ◆ 键盘快捷键：按 F9 键。
- ◆ 【草图设置】对话框：在【捕捉和栅格】选项卡中，勾选或取消勾选【启用捕捉】复选框。
- ◆ 命令行：输入 SNAPMODE 变量。

2.1.2 栅格显示

【栅格】是一些标定位置的小点，起坐标纸的作用，可以提供直观的距离和位置参照。利用栅格可以对齐对象并直观显示对象之间的距离。若要提高绘图的速度和效率，可以显示并捕捉矩形栅格，还可以控制其间距、角度和对齐。

用户可通过以下命令方式来打开或关闭【栅格】功能。

- ◆ 状态栏：单击【显示图形栅格】按钮 。
- ◆ 键盘快捷键：按 F7 键。

- 【草图设置】对话框：在【捕捉和栅格】选项卡中，勾选或取消勾选【启用栅格】复选框。
- 命令行：输入 GRIDDISPLAY 变量。

栅格的显示可以为点矩阵，也可以为线矩阵。仅在当前视觉样式设置为【二维线框】时栅格才显示为点，否则栅格将显示为线，如图 2-2 所示。在三维中工作时，所有视觉样式都显示为线栅格。

操作技巧

默认情况下，UCS 的 X 轴和 Y 轴以不同于栅格线的颜色显示。用户可在【图形窗口颜色】对话框控制颜色，此对话框可以从【选项】对话框的【草图】选项卡中访问。

栅格显示为点　　　　　　　　栅格显示为线

图 2-2　栅格的显示

2.1.3　对象捕捉

在绘图的过程中，经常要指定一些已有对象上的点，例如端点、中点、圆心、节点等来进行精确定位。因此，对象捕捉功能可以迅速、准确地捕捉到某些特殊点，从而精确地绘制图形。

不论何时提示输入点，都可以指定对象捕捉。默认情况下，当光标移到对象的对象捕捉位置时，将显示标记和工具提示。此功能称为 AutoSnap™（自动捕捉），提供了视觉提示，指示哪些对象捕捉正在使用。

用户可通过以下方式来打开或关闭【对象捕捉】功能。

- 状态栏：单击【对象捕捉】按钮 。
- 键盘快捷键：按 F3 键。
- 【草图设置】对话框：在【对象捕捉】选项卡中，勾选或取消勾选【启用对象捕捉】复选框。

操作技巧

仅当提示输入点时，对象捕捉才生效。如果尝试在命令提示下使用对象捕捉，将显示错误消息。

使用【对象捕捉】功能来捕捉的点的示意图如图 2-3 所示。

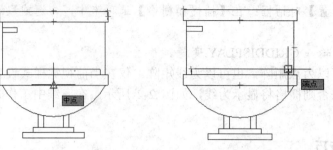

图 2-3　使用【对象捕捉】功能捕捉的点

实训——利用捕捉绘制图形

下面利用捕捉功能，绘制出如图 2-4 所示的盘盖零件。

[1]　在菜单栏选择【格式】|【图层】命令设置图层，如图 2-5 所示。

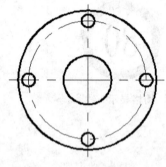

图 2-4　盘盖

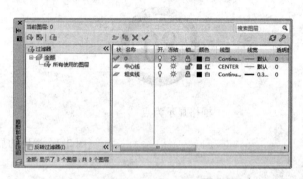

图 2-5　设置图层

[2]　将中心线层设置为当前层，单击【直线】命令绘制垂直中心线。

[3]　在菜单栏选择【工具】|【绘图设置】命令，打开【草图设置】对话框。在【对象捕捉】选项卡中单击【全部选择】按钮，选择所有的捕捉模式，并勾选【启用对象捕捉】复选框，如图 2-6 所示。确认退出。

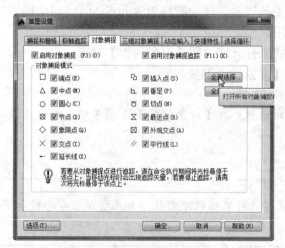

图 2-6　对象捕捉设置

[4] 单击【绘图】工具栏中的【圆】按钮，绘制圆形中心线，如图 2-7（a）所示。在指定圆心时，捕捉垂直中心线的交点，结果如图 2-7（b）所示。

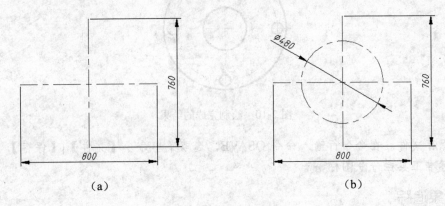

图 2-7 绘制中心线

[5] 转换到粗实线层，单击【绘图】工具栏中的【圆】按钮，绘制盘盖外圆和内孔，在指定圆心时，捕捉垂直中心线的交点，如图 2-8（a）所示。结果如图 2-8（b）所示。

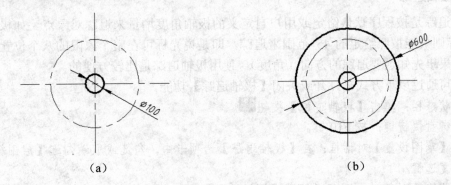

图 2-8 绘制同心圆

[6] 单击【绘图】工具栏中的【圆】按钮，绘制螺孔在指定圆心时，捕捉圆形中心线与水平中心线或垂直中心线的交点，如图 2-9（a）所示。结果如图 2-9（b）所示。

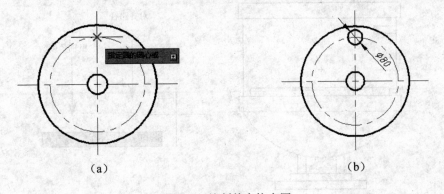

图 2-9 绘制单个均布圆

[7] 使用同样方法绘制其他三个螺孔，结果如图 2-10 所示。

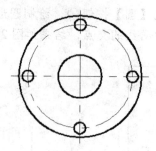

图 2-10 绘制完成的结果

[8] 保存文件。在命令行输入命令 QSAVE，选取菜单命令【文件】|【保存】，或者单击标准工具栏命令图标 。

2.1.4 对象追踪

对象追踪可按指定角度绘制对象，或者绘制与其他对象有特定关系的对象。对象追踪分极轴追踪和对象捕捉追踪两种，是常用的辅助绘图工具。

1. 极轴追踪

极轴追踪是按程序默认给定或用户自定义的极轴角度增量来追踪对象点。如极轴角度为 45°，光标则只能按照给定的 45° 范围来追踪，即是说光标可在整个象限的八个位置上追踪对象点。如果事先知道要追踪的方向（角度），使用极轴追踪是比较方便的。

用户可通过以下方式来打开或关闭【极轴追踪】功能。

- ◆ 状态栏：单击【极轴追踪】按钮 。
- ◆ 键盘快捷键：按 F10 键。
- ◆ 【草图设置】对话框：在【极轴追踪】选项卡中，勾选或取消勾选【启用极轴追踪】复选框。

创建或修改对象时，还可以使用【极轴追踪】以显示由指定的极轴角度所定义的临时对齐路径。例如，设定极轴角度为 45°，使用【极轴追踪】功能来捕捉的点的示意图如图 2-11 所示。

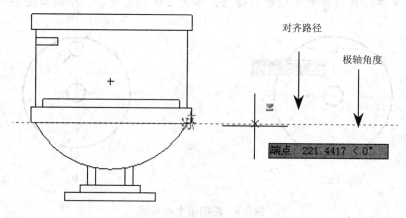

图 2-11 【极轴追踪】捕捉

实训——利用极轴追踪绘制图形

绘制如图 2-12 所示的方头平键。

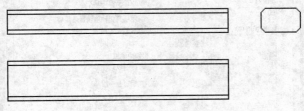

图 2-12　方头平键

[1] 单击【绘图】工具栏中的【矩形】按钮，绘制主视图外形。首先在屏幕上适当位置指定一个角点，然后指定第二个角点为（@100,11），结果如图 2-13 所示。

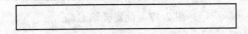

图 2-13　绘制主视图外形

[2] 单击【绘图】工具栏中的【直线】按钮，绘制主视图棱线。命令行提示如下：

```
命令： LINE↙
指定第一点：            //FROM↙
基点：                  //（捕捉矩形左上角点，如图 2-14 所示）
<偏移>：                //@0,-2↙
指定下一点或 [放弃(U)]： //（鼠标右移，捕捉矩形右边上的垂足，如图 2-15 所示）
```

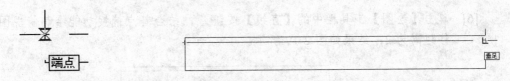

图 2-14　捕捉角点　　　　　　　图 2-15　捕捉垂足绘制棱线

[3] 相同方法，以矩形左下角点为基点，向上偏移两个单位，利用基点捕捉绘制下边的另一条棱线。结果如图 2-16 所示。

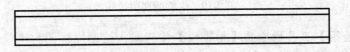

图 2-16　绘制主视图棱线

[4] 同时单击状态栏上的【对象捕捉】和【对象追踪】按钮，启动对象捕捉追踪功能。并打开图 2-17 所示的【草图设置】对话框【极轴追踪】选项卡，将【增量角】设置为 90°，将对象捕捉追踪设置为【仅正交追踪】。

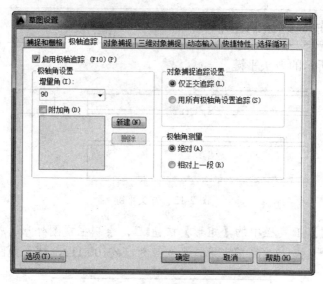

图 2-17 设置极轴追踪

[5] 单击【绘图】工具栏中的【矩形】按钮▭，绘制俯视图外形。捕捉上面绘制矩形左下角点，系统显示追踪线，沿追踪线向下在适当位置指定一点为矩形角点，另一角点坐标为（@100,18），结果如图 2-18 所示。

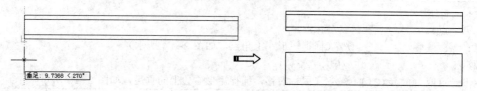

图 2-18 绘制俯视图

[6] 单击【绘图】工具栏中的【直线】按钮，结合基点捕捉功能绘制俯视图棱线，偏移距离为 2，结果如图 2-19 所示。

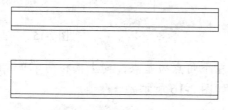

图 2-19 绘制俯视图棱线

[7] 单击【绘图】工具栏中的【构造线】按钮，绘制左视图构造线。首先指定适当一点绘制-45°构造线，继续绘制构造线，命令行提示如下：

```
命令：XLINE↙
指定点或 [水平(H)/垂直(V)/角度(A)/二等分(B)/偏移(O)]：      //（捕捉俯视图右上角点，在水平追踪线上指定一点，如图 2-20 所示）
指定通过点：             //（打开状态栏上的【正交】开关，指定水平方向一点指定斜线与第四条水平线的交点）
```

[8] 同样方法绘制另一条水平构造线。再捕捉两水平构造线与斜构造线交点为指定点绘制两条竖直构造线。如图 2-21 所示。

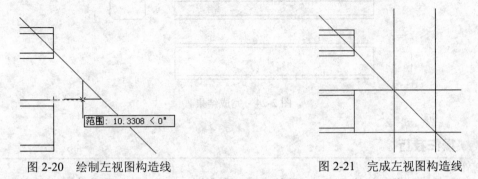

图 2-20　绘制左视图构造线　　　　　　图 2-21　完成左视图构造线

[9] 单击【绘图】工具栏中的【矩形】按钮▭，绘制左视图。命令行提示如下：

```
命令：rectang✓
指定第一个角点或 [倒角(C)/标高(E)/圆角(F)/厚度(T)/宽度(W)]：         //C✓
指定矩形的第一个倒角距离 <0.0000>：         //(捕捉俯视图上右上端点)
指定第二点：                                //(捕捉俯视图上右上第二个端点)
指定矩形的第二个倒角距离 <2.0000>：         //(捕捉俯视图上右上端点)
指定第二点：                                //(捕捉主视图上右上第二个端点)
指定第一个角点或 [倒角(C)/标高(E)/圆角(F)/厚度(T)/宽度(W)]：         //(捕捉主视图矩形上边延长线与第一条竖直构造线交点，如图 2-22 所示)
指定另一个角点或 [尺寸(D)]：                //(捕捉主视图矩形下边延长线与第二条竖直构造线交点)
```

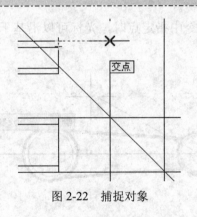

图 2-22　捕捉对象

[10] 结果如图 2-23 所示。

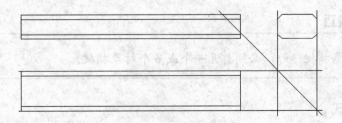

图 2-23　绘制左视图

[11] 单击【修改】工具栏中的【删除】按钮，删除构造线，结果如图 2-24 所示。

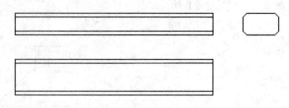

图 2-24 完成结果

 操作技巧

在没有特别指定极轴角度时，默认角度测量值为 90 度。可以使用对齐路径和工具提示绘制对象，与【交点】或【外观交点】对象捕捉一起使用极轴追踪，可以找出极轴对齐路径与其他对象的交点。

2. 对象捕捉追踪

对象捕捉追踪按与对象的某种特定关系来追踪，这种特定的关系确定了一个未知角度。如果事先不知道具体的追踪方向（角度），但知道与其他对象的某种关系（如相交、垂直等），则用对象捕捉追踪。极轴追踪和对象捕捉追踪可以同时使用。

用户可通过以下方式来打开或关闭【对象捕捉追踪】功能。

◆ 状态栏：单击【对象捕捉追踪】按钮。
◆ 键盘快捷键：按 F11 键。

使用对象捕捉追踪，在命令中指定点时，光标可以沿基于其他对象捕捉点的对齐路径进行追踪。如图 2-25 所示。

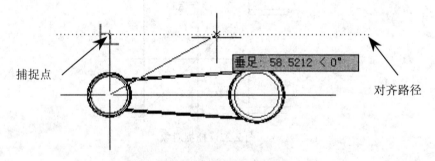

图 2-25 【对象捕捉追踪】捕捉

 操作技巧

要使用对象捕捉追踪，必须打开一个或多个对象捕捉。

2.1.5 正交模式

正交模式用于控制是否以正交方式绘图，或者在正交模式下追踪对象点。在正交模式下，可以方便地绘出与当前 X 轴或 Y 轴平行的直线。

用户可通过以下命令方式打开或关闭正交模式：

- 状态栏：单击【正交模式】按钮。
- 键盘快捷键：按 F8 键。
- 命令行：输入变量 ORTHO。

创建或移动对象时，使用【正交】模式将光标限制在水平或垂直轴上。移动光标时，不管水平轴或垂直轴哪个离光标最近，拖引线将沿着该轴移动，如图 2-26 所示。

操作技巧

打开【正交】模式时，使用直接距离输入方法以创建指定长度的正交线或将对象移动指定的距离。

在【二维草图与注释】空间中，打开【正交】模式，拖引线只能在 XY 工作平面的水平方向和垂直方向上移动。在三维视图中，【正交】模式下，拖引线除可在 XY 工作平面的 X、-X 方向和 Y、-Y 方向上移动外，还能在 Z 和 -Z 方向上移动，如图 2-27 所示。

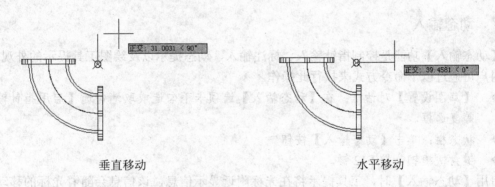

图 2-26　【正交】模式的垂直移动和水平移动

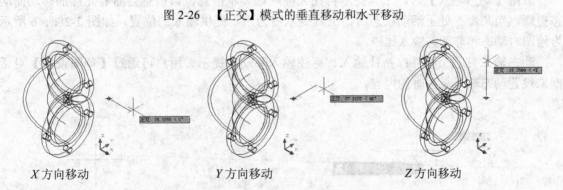

图 2-27　三维空间中【正交】模式的拖引线移动

操作技巧

在绘图和编辑过程中，可以随时打开或关闭【正交】。输入坐标或指定对象捕捉时将忽略【正交】。使用临时替代键时，无法使用直接距离输入方法。

2.1.6 锁定角度

用户在绘制几何图形时，有时需要指定角度替代，以锁定光标来精确输入下一个点。通常，指定角度替代，是在命令提示指定点时输入左尖括号（<），其后输入一个角度。

例如，如下所示的命令行操作提示中显示了在 LINE 命令过程中输入 30 度替代。

```
命令：line
指定第一点：                                    //指定直线的起点
指定下一点或 [放弃(U)]: <30↙                    //输入符号及角度值
角度替代：30
指定下一点或 [放弃(U)]:                         //指定直线下一点
```

操作技巧

所指定的角度将锁定光标，替代【栅格捕捉】和【正交】模式。坐标输入和对象捕捉优先于角度替代。

2.1.7 动态输入

【动态输入】功能是控制指针输入、标注输入、动态提示以及绘图工具提示的外观。

用户可通过以下命令方式来执行此操作。

- 【草图设置】对话框：在【动态输入】选项卡下勾选或取消勾选【启用指针输入】等复选框。
- 状态栏：单击【动态输入】按钮 。
- 键盘快捷键：按 F12 键。

启用【动态输入】时，工具提示将在光标附近显示信息，该信息会随着光标的移动而动态更新。当某命令处于活动状态时，工具提示将为用户提供输入的位置。如图 2-28a、b 所示为绘图时动态和非动态输入比较。

动态输入有三个组件：指针输入、标注输入和动态提示。用户可通过【草图设置】对话框来设置动态输入显示时的内容。

(a) 动态输入　　　　　　　　　　　　(b) 非动态输入

图 2-28　动态和非动态输入比较

1. 指针输入

当启用指针输入且有命令在执行时，十字光标的位置将在光标附近的工具提示中显示为坐标。绘制图形时，用户可在工具提示中直接输入坐标值来创建对象，而不用在命令行中另行输入，如图 2-29 所示。

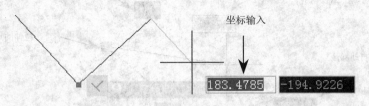

图 2-29　指针输入

> **操作技巧**
> 指针输入时，如果是相对坐标输入或绝对坐标输入，其输入格式与在命令行中输入相同。

2. 标注输入

若启用标注输入，当命令提示输入第二点时，工具提示将显示距离（第二点与起点的长度值）和角度值，且在工具提示中的值将随光标的移动而发生改变。如图 2-30 所示。

> **操作技巧**
> 在标注输入时，按键盘 Tab 键可以交换动态显示长度值和角度值。

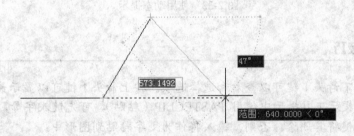

图 2-30　标注输入

用户在使用夹点（夹点的概念及使用方法将在本书第 5 章详细介绍）来编辑图形时，标注输入的工具提示框中可能会显示旧的长度、移动夹点时更新的长度、长度的改变、角度、移动夹点时角度的变化、圆弧的半径等信息，如图 2-31 所示。

> **操作技巧**
> 使用标注输入设置，工具提示框中显示的是用户希望看到的信息，要精确指定点，在工具提示框中输入精确数值即可。

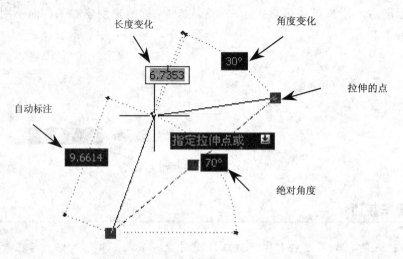

图 2-31　使用夹点编辑时的标注输入

3. 动态提示

启用动态提示时，命令提示和命令输入会显示在光标附近的工具提示中。用户可以在工具提示（而不是在命令行）中直接输入响应，如图 2-32 所示。

图 2-32　使用动态提示

操作技巧

按键盘的下箭头↓键可以查看和选择选项。按上箭头↑键可以显示最近的输入。

要在动态提示工具提示中使用 PASTECLIP（粘贴），可先键入字母，然后在粘贴输入之前用空格键将其删除。否则，输入将作为文字粘贴到图形中。

2.2　修复或恢复图形

硬件问题、电源故障或软件问题会导致 AutoCAD 程序意外中止，此时的图形文件容易被损坏。用户可以通过使用命令查找并更正错误或通过恢复为备份文件，修复部分或全部数据。本节将着重介绍修复损坏的图形文件、创建和恢复备份文件和图形修复管理器等知识内容。

2.2.1　修复损坏的图形文件

在 AutoCAD 程序出现错误时，诊断信息被自动记录在 AutoCAD 的【acad.err】文件中，用户可以使用该文件查看出现的问题。

第 2 章 AutoCAD 高效辅助作图功能

操作技巧

如果在图形文件中检测到损坏的数据或者用户在程序发生故障后要求保存图形，那么该图形文件将被标记为已损坏。

如果图形文件只是轻微损坏，有时只需打开图形，程序便会自动修复。若损坏得比较严重，可以使用修复、使用外部参照修复及核查命令来进行修复。

1. 修复

【修复】工具可用来修复损坏的图形。用户可通过以下命令方式来执行此命令。

◆ 菜单栏：选择【文件】|【图形实用工具】|【修复】命令。
◆ 命令行：输入 RECOVER。

执行 RECOVER 命令后，程序弹出【选择文件】对话框，通过该对话框选择要修复的图形文件，如图 2-33 所示。

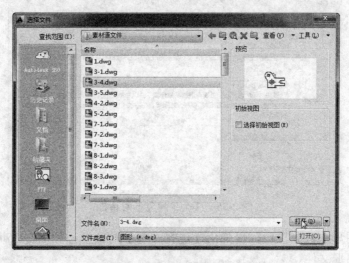

图 2-33 选择要修复的图形文件

选择要修复的图形文件并打开，程序自动对图形进行修复，并弹出图形修复信息对话框。该对话框中详细描述了修复过程及结果，如图 2-34 所示。

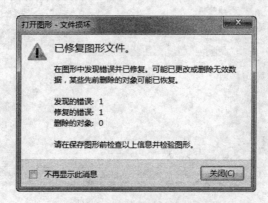

图 2-34 图形修复信息对话框

2. 使用外部参照修复

【使用外部参照修复】工具可修复损坏的图形和外部参照。用户可通过以下命令方式来执行此命令。

◆ 菜单栏：选择【文件】|【图形实用工具】|【修复图形和外部参照】命令。
◆ 命令行：输入 RECOVERALL。

初次使用外部参照修复来修复图形文件，执行 RECOVERALL 命令后，程序会弹出【全部修复】对话框，如图 2-35 所示。该对话框提示用户接着该执行怎样的操作。

操作技巧

在【全部修复】对话框中勾选左下角的【始终修复图形文件】复选框，在以后执行同样操作时不再弹出该对话框。

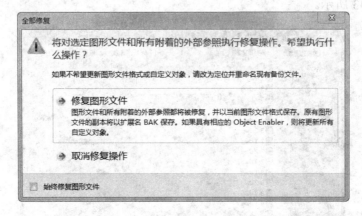

图 2-35 【全部修复】对话框

单击【修复图形文件】按钮，再弹出【选择文件】对话框，如图 2-36 所示。通过该对话框选择要修复的图形文件。

图 2-36 选择修复文件

随后 AutoCAD 程序开始自动修复选择的图形文件，并弹出【图形修复日志】对话框，【图形修复日志】对话框中显示修复结果，如图 2-37 所示。单击【关闭】按钮，程序将修复完成的结果自动保存到原始文件中。

操作技巧

已检查的每个图形文件均包含一个可以展开或收拢的图形修复日志。且整个日志可以复制到 Windows 其他应用程序的剪贴板中。

图 2-37　【图形修复日志】对话框

3. 核查

【核查】工具可用来检查图形的完整性并更正某些错误。用户可通过以下命令方式来执行此操作。

◆ 菜单栏：选择【文件】|【图形实用工具】|【核查】命令。
◆ 命令行：输入 AUDIT。

在 AutoCAD 图形窗口中打开一个图形，执行 AUDIT 命令，命令行显示如下操作提示：

是否更正检测到的任何错误？[是(Y)/否(N)] <N>：

若图形没有任何错误，命令行窗口显示如下核查报告：

```
核查表头
核查表
第 1 阶段图元核查
阶段 1 已核查 100      个对象
第 2 阶段图元核查
```

```
阶段 2 已核查 100    个对象
核查块
 已核查 1       个块
共发现 0 个错误，已修复 0 个
已删除 0 个对象
```

操作技巧

如果将 AUDITCTL 系统变量设置为 1，执行 AUDIT 命令将创建 ASCII 文件，用于说明问题及采取的措施，并将此报告放置在当前图形所在的相同目录中，文件扩展名为 .adt。

2.2.2 创建和恢复备份文件

备份文件有助于确保图形数据的安全。当 AutoCAD 程序出现问题时，用户可以恢复图形备份文件，以避免不必要的损失。

1. 创建备份文件

在【选项】对话框的【打开和保存】选项卡中，可以指定在保存图形时创建备份文件，如图 2-38 所示。执行此操作后，每次保存图形时，图形的早期版本将保存为具有相同名称并带有扩展名 .bak 的文件。该备份文件与图形文件位于同一个文件夹中。

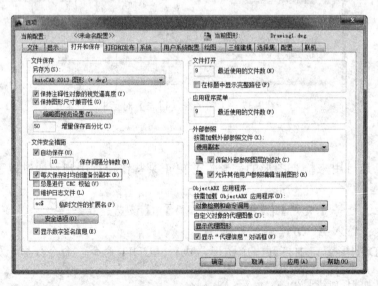

图 2-38　设置备份文件的保存选项

2. 从备份文件恢复图形

从备份文件恢复图形的操作步骤如下：
- 在备份文件保存路径中，找到由 .bak 文件扩展名标识的备份文件。
- 将该文件重命名。输入新名称，文件扩展名为 .dwg。
- 在 AutoCAD 中通过【打开】命令，将备份图形文件打开。

2.2.3 图形修复管理器

程序或系统出现故障后，用户可通过图形修复管理器来打开图形文件。用户可通过以下命令方式来打开图形修复管理器。

◆ 菜单栏：选择【文件】|【图形实用工具】|【图形修复管理器】命令。
◆ 命令行：输入 DRAWINGRECOVERY。

执行 DRAWINGRECOVERY 命令打开图形修复管理器，如图 2-39 所示。图形修复管理器将显示所有打开的图形文件列表，列表中的文件类型包括图形文件（DWG）、图形样板文件（DWT）和图形标准文件（DWS）。

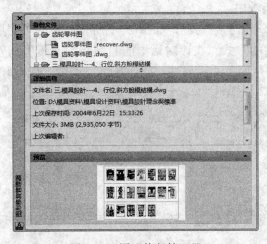

图 2-39　图形修复管理器

2.3　利用图层辅助作图

图层是 AutoCAD 提供的一个管理图形对象的工具。用户可以根据图层对图形几何对象、文字、标注等进行归类处理，使用图层来管理它们，不仅能使图形的各种信息清晰、有序，便于观察，而且也会给图形的编辑、修改和输出带来很大的方便。图层相当于图纸绘图中使用的重叠图纸，如图 2-40 所示。

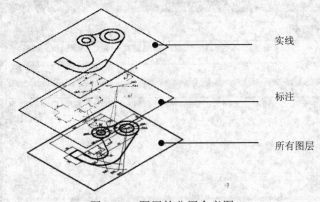

图 2-40　图层的分层含义图

AutoCAD 2015 向用户提供了多种图层管理工具，这些工具包括图层特性管理器、图层工具等，其中图层工具中又包含如【将对象的图层置于当前】、【上一个图层】、【图层漫游】等等功能。接下来将图层管理、图层工具等功能作简要介绍。

2.3.1 图层特性管理器

AutoCAD 提供了图层特性管理器，利用该工具用户可以很方便地创建图层以及设置其基本属性。用户可通过以下命令方式打开【图层特性管理器】对话框：

- ◆ 在菜单浏览器选择【格式】|【图层】命令。
- ◆ 在【常用】标签【图层】面板单击【图层特性】按钮。
- ◆ 在命令行输入 LAYER。

打开的【图层特性管理器】对话框，如图 2-41 所示。新的【图层特性管理器】提供了更加直观的管理和访问图层的方式。在该对话框的右侧新增了图层列表框，用户在创建图层时可以清楚地看到该图层的从属关系及属性，同时还可以添加、删除和修改图层。

图 2-41　【图层特性管理器】对话框

【图层特性管理器】对话框中所包含的按钮、选项的功能介绍如下。

1. 新建特性过滤器

【新建特性过滤器】的主要功能是根据图层的一个或多个特性创建图层过滤器。单击【新建特性过滤器】按钮，程序弹出【图层过滤器特性】对话框，如图 2-42 所示。

在【图层特性管理器】对话框的树状图选定图层过滤器后，将在列表视图中显示符合过滤条件的图层。

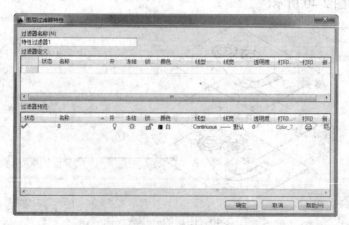

图 2-42　【图层过滤器特性】对话框

2. 新建组过滤器

【新建组过滤器】的主要功能是创建图层过滤器，其中包含选择并添加到该过滤器的图层。

3. 图层状态管理器

【图层状态管理器】的主要功能是显示图形中已保存的图层状态列表。单击【图层状态管理器】按钮 ，弹出【图层状态管理器】对话框（也可在菜单浏览器选择【格式】|【图层状态管理器】命令），如图 2-43 所示。用户通过该对话框可以创建、重命名、编辑和删除图层状态。

【图层状态管理器】对话框的选项、功能按钮含义如下：

图 2-43　【图层状态管理器】对话框

- 图层状态：列出已保存在图形中的命名图层状态、保存它们的空间（模型空间、布局或外部参照）、图层列表是否与图形中的图层列表相同以及可选说明。
- 不列出外部参照中的图层状态：控制是否显示外部参照中的图层状态。
- 关闭图层状态中未找到的图层：恢复图层状态后，请关闭未保存设置的新图层，以使图形看起来与保存命名图层状态时一样。
- 将特性作为视口替代应用：将图层特性替代应用于当前视口。仅当布局视口处于活动状态并访问图层状态管理器时，此选项才可用。
- 更多恢复选项 ：控制【图层状态管理器】对话框中其他选项的显示。
- 新建：为在图层状态管理器中定义的图层状态指定名称和说明。
- 保存：保存选定的命名图层状态。
- 编辑：显示选定的图层状态中已保存的所有图层及其特性，视口替代特性除外。
- 重命名：为图层重命名。
- 删除：删除选定的命名图层状态。
- 输入：显示标准的文件选择对话框，从中可以将之前输出的图层状态（LAS）文件加载到当前图形。
- 输出：显示标准的文件选择对话框，从中可以将选定的命名图层状态保存到图层状态（LAS）文件中。
- 恢复：将图形中所有图层的状态和特性设置恢复为之前保存的设置（仅恢复使用复选框指定的图层状态和特性设置）。

4. 新建图层

【新建图层】工具用来创建新图层。单击【新建图层】按钮 ，列表中将显示名为【图层 1】的新图层，图层名文本框处于编辑状态。新图层将继承图层列表中当前选定图层的特性（颜色、开或关状态等），如图 2-44 所示。

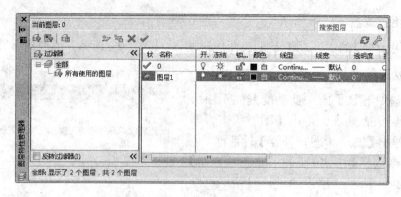

图 2-44 新建的图层

5. 所有视口中已冻结的新图层

【所有视口中已冻结的新图层】工具用来创建新图层，然后在所有现有布局视口中将其冻结。单击【在所有视口中都被冻结的新图层】按钮，列表中将显示名为【图层 2】的新图层，图层名文本框处于编辑状态。该图层的所有特性被冻结，如图 2-45 所示。

6. 删除图层

【删除图层】工具只能删除未被参照的图层。图层 0 和 DEFPOINTS、包含对象（包括块定义中的对象）的图层、当前图层以及依赖外部参照的图层是不能被删除的。

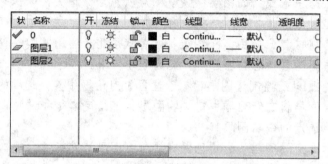

图 2-45 新建图层的所有特征被冻结

7. 设为当前

【设为当前】工具是将选定图层设置为当前图层。将某一图层设置为当前图层后，在列表中该图层的状态呈【√】显示，然后用户就可在图层中创建图形对象了。

8. 树状图

在【图层特性管理器】对话框中的树状图窗格，以显示图形中图层和过滤器的层次结构列表。如图 2-46 所示。顶层节点（全部）显示图形中的所有图层。单击窗格中的【收拢图层过滤器】按钮，即可将树状图窗格收拢，再单击此按钮，则展开树状图窗格。

9. 列表视图

列表视图显示了图层和图层过滤器及其特性和说明。如果在树状图中选定了一个图层过滤器，则列表视图将仅显示该图层过滤器中的图层。树状图中的【全部】过滤器将显示图形中的所有图层和图层过滤器。当选定某一个图层特性过滤器并且没有符合其定义的图层时，列表视图将为空。要修改选定过滤器中某一个选定图层或所有图层的特性，请单击该特性的图标。当图层过滤器中显示了混合图标或【多种】时，表明在过滤器的所有图层中，该特性互不相同。

【图层特性管理器】对话框的列表视图如图 2-47 所示。

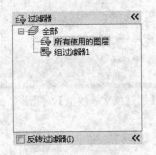

图 2-46　树状图

图 2-47　列表视图

列表视图中各项目含义如下。

- 状态：指示项目的类型（包括图层过滤器、正在使用的图层、空图层或当前图层）。
- 名称：显示图层或过滤器的名称。当选择一个图层名称后，再单击 F2 键即可编辑图层名。
- 开：打开和关闭选定图层。单击【电灯泡】形状的符号按钮 ，即可将选定图层打开或关闭。当 符号呈亮色时，图层已打开。当 符号呈暗灰色时，图层已关闭。
- 冻结：冻结所有视口中选定的图层，包括【模型】选项卡。单击 符号按钮，可冻结或解冻图层，图层冻结后将不会显示、打印、消隐、渲染或重生成冻结图层上的对象。当 符号呈亮色时，图层已解冻。当 符号呈暗灰色时，图层已冻结。
- 锁定：锁定和解锁选定图层。图层被锁定后，将无法更改图层中的对象。单击 符号按钮（此符号表示为锁已打开），图层被锁定，单击 符号按钮（此符号表示为锁已关闭），图层被解除锁定。
- 颜色：更改与选定图层关联的颜色。默认状态下，图层中对象的颜色呈黑色，单击【颜色】按钮■，弹出【选择颜色】对话框，如图 2-48 所示。在此对话框中用户可选择任意颜色来显示图层中的对象元素。
- 线型：更改与选定图层关联的线型。选择线型名称（如 Continuous），则会弹出【选择线型】对话框，如图 2-49 所示。单击【选择线型】对话框的【加载】按钮，再弹出【加载或重载线型】对话框，如图 2-50 所示。在此对话框中，用户可选择任意线型来加载，使图层中的对象线型为加载的线型。

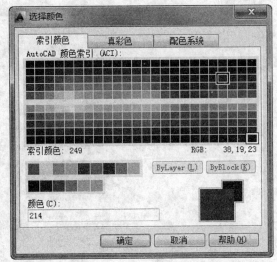

图 2-48　【选择颜色】对话框

47

图 2-49 【选择线型】对话框

图 2-50 【加载或重载线型】对话框

- 线宽：更改与选定图层关联的线宽。选择线宽的名称后（如【—默认】），弹出【线宽】对话框，如图 2-51 所示。通过该对话框，来选择适合图形对象的线宽值。
- 打印样式：更改与选定图层关联的打印样式。
- 打印：控制是否打印选定图层中的对象。
- 新视口冻结：在新布局视口中冻结选定图层。
- 说明：描述图层或图层过滤器。

图 2-51 【线宽】对话框

2.3.2 图层工具

图层工具是 AutoCAD 向用户提供的图层创建、编辑的管理工具。在菜单浏览器选择【格式】|【图层工具】命令，即可打开图层工具菜单，如图 2-52 所示。

图 2-52 图层工具菜单命令

第 2 章 AutoCAD高效辅助作图功能

图层工具菜单上的工具命令除在【图层特性管理器】对话框中已介绍的打开或关闭图层、冻结或解冻图层、锁定或解锁图层、删除图层外，还包括上一个图层、图层漫游、图层匹配、更改为当前图层、将对象复制到新图层、图层隔离、将图层隔离到当前视口、取消图层隔离及图层合并等工具，接着就将这些图层工具一一作简要介绍。

1. 上一个图层

【上一个图层】工具是用来放弃对图层设置所做的更改，并返回到上一个图层状态。用户可通过以下命令方式来执行此操作。

- ◆ 菜单浏览器：选择【格式】|【图层工具】|【上一个图层】命令。
- ◆ 面板：在【常用】标签【图层】面板单击【上一个】按钮。
- ◆ 命令行：输入 LAYERP。

2. 图层漫游

【图层漫游】工具的作用是显示选定图层上的对象并隐藏所有其他图层上的对象。用户可通过以下命令方式来执行此操作。

- ◆ 菜单浏览器：选择【格式】|【图层工具】|【图层漫游】命令。
- ◆ 面板：在【常用】标签【图层】面板单击【图层漫游】按钮。
- ◆ 命令行：输入 LAYWALK。

在【常用】标签【图层】面板单击【图层漫游】按钮后，则弹出【图层漫游】对话框，如图 2-53 所示。通过该对话框，用户可在图形窗口中选择对象或选择图层来显示、隐藏。

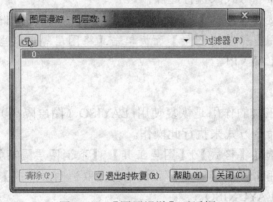

图 2-53 【图层漫游】对话框

3. 图层匹配

【图层匹配】工具的作用是更改选定对象所在的图层，使之与目标图层相匹配。用户可通过以下命令方式来执行此操作。

- ◆ 菜单浏览器：选择【格式】|【图层工具】|【图层匹配】命令。
- ◆ 面板：在【常用】标签【图层】面板单击【图层匹配】按钮。
- ◆ 命令行：输入 LAYMCH。

4. 更改为当前图层

【更改为当前图层】工具的作用是将选定对象所在的图层更改为当前图层。用户可通过以下命令方式来执行此操作。

- 菜单浏览器：选择【格式】|【图层工具】|【更改为当前图层】命令。
- 面板：在【常用】标签【图层】面板单击【更改为当前图层】按钮。
- 命令行：输入 LAYCUR。

5. 将对象复制到新图层

【将对象复制到新图层】工具的作用是将一个或多个对象复制到其他图层。用户可通过以下命令方式来执行此操作。

- 菜单浏览器：选择【格式】|【图层工具】|【将对象复制到新图层】命令。
- 面板：在【常用】标签【图层】面板单击【将对象复制到新图层】按钮。
- 命令行：输入 COPYTOLAYER。

6. 图层隔离

【图层隔离】工具的作用是隐藏或锁定除选定对象所在图层外的所有图层。用户可通过以下命令方式来执行此操作。

- 在菜单浏览器选择【格式】|【图层工具】|【图层隔离】命令。
- 在【常用】标签【图层】面板单击【图层隔离】按钮。
- 命令行：输入 LAYISO。

7. 将图层隔离到当前视口

【将图层隔离到当前视口】工具的作用是冻结除当前视口以外的所有布局视口中的选定图层。用户可通过以下命令方式来执行此操作。

- 菜单浏览器：选择【格式】|【图层工具】|【将图层隔离到当前窗口】命令。
- 面板：在【常用】标签【图层】面板单击【将图层隔离到当前窗口】按钮。
- 命令行：输入 LAYVPI。

8. 取消图层隔离

【取消图层隔离】工具的作用是恢复使用 LAYISO（图层隔离）命令隐藏或锁定的所有图层。用户可通过以下命令方式来执行此操作。

- 菜单浏览器：选择【格式】|【图层工具】|【取消图层隔离】命令。
- 面板：在【常用】标签【图层】面板单击【取消图层隔离】按钮。
- 命令行：输入 LAYUNISO。

9. 图层合并

【图层合并】工具的作用是将选定图层合并到目标图层中，并将以前的图层从图形中删除。用户可通过以下命令方式来执行此操作。

- 菜单浏览器：选择【格式】|【图层工具】|【图层合并】命令。
- 面板：在【常用】标签【图层】面板单击【图层合并】按钮。
- 命令行：输入 LAYMRG。

实训——利用图层绘制机械零件图形

下面利用图层命令和绘图命令，绘制图 2-54 所示的机械零件图形。

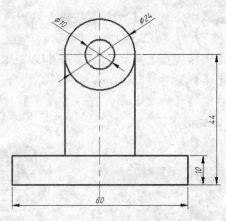

图 2-54　机械零件图形

[1] 利用【图层】快捷命令 LA，打开【图层特性管理器】对话框。
[2] 单击【新建】按钮创建一个新层，把该层的名字由默认的【图层 1】改为【中心线】，如图 2-55 所示。

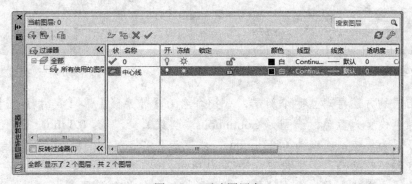

图 2-55　更改图层名

[3] 单击【中心线】层对应的【颜色】项，打开【选择颜色】对话框，选择红色为该层颜色，如图 2-56 所示。确认返回【图层特性管理器】对话框。
[4] 单击【中心线】层对应的【线型】项，打开【选择线型】对话框，如图 2-57 所示。

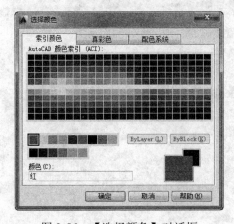

图 2-56　【选择颜色】对话框

图 2-57　【选择线型】对话框

[5] 在【选择线型】对话框中,单击【加载】按钮,系统打开【加载或重载线型】对话框,选择 CENTER 线型,如图 2-58 所示。确认后退出。
[6] 加载线型后,再在【选择线型】对话框中选择 CENTER(点画线)为该层线型,确认返回【图层特性管理器】对话框。
[7] 单击【中心线】层对应的【线宽】项,打开【线宽】对话框,选择 0.09 mm 线宽,如图 2-59 所示。确认后退出。

图 2-58 【加载或重载线型】对话框

图 2-59 选择线宽

[8] 用相同的方法再建立两个新层,分别命名为【轮廓线】和【尺寸线】。【轮廓线】层的颜色设置为蓝色,线型为 Continuous(实线),线宽为 0.3 mm。【尺寸线】层的颜色设置为黑色,线型为 Continuous,线宽为 0.09 mm。并且让三个图层均处于打开、解冻和解锁状态,各项设置如图 2-60 所示。
[9] 选中【中心线】层,单击【置为当前】按钮,将其设置为当前层,然后确认并关闭【图层特性管理器】对话框。

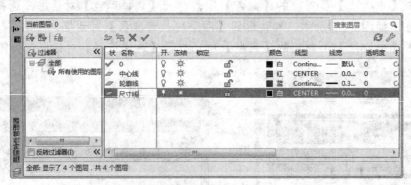

图 2-60 设置图层

[10] 在当前层【中心线】层上绘制图 2-61(a)中的两条中心线。
[11] 单击【图层】工具栏中图层下拉列表的下拉按钮,将【轮廓线】层设置为当前层,并在其上绘制图 2-61(b)中的主体图形。

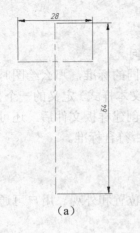 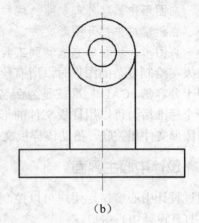

图 2-61　绘制过程图

[12] 将当前层设置为【尺寸线】层,并在【尺寸线】层上进行尺寸标注(后面讲述)。执行结果如图 2-62 所示。

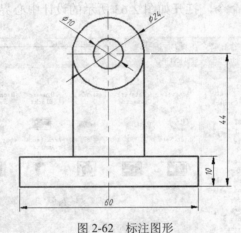

图 2-62　标注图形

2.4　巧妙应用 AutoCAD 设计中心

AutoCAD 2015 为用户提供了一个直观、高效的设计中心控制面板。通过设计中心,用户可以组织对图形、块、图案填充和其他图形内容的访问;可以将源图形中的任何内容拖动到当前图形中;还可以将图形、块和填充拖动到工具选项板上;源图形可以位于用户的计算机上、网络位置或网站上。另外,如果打开了多个图形,则可以通过设计中心,在图形之间复制和粘贴其他内容(如图层定义、布局和文字样式)来简化绘图过程。

通过使用设计中心来管理图形,用户还可以获得以下帮助:

- ◆ 可以方便地浏览用户计算机、网络驱动器和 Web 页上的图形内容(例如图形或符号库)。
- ◆ 在定义表中查看块或图层对象的定义,然后将定义插入、附着、复制和粘贴到当前图形中。
- ◆ 重定义块。
- ◆ 可以创建常用图形、文件夹和 Internet 网址的快捷方式。

- 向图形中添加外部参照、块和填充等内容。
- 在新窗口中打开图形文件。
- 将图形、块和填充拖动到工具选项板上以便于访问。

如果在绘制复杂的图形时，所有绘图人员遵循一个共同的标准，那么绘图时的协调工作将变得十分容易。CAD 标准就是为命名对象（例如图层和文本样式）定义的一个公共特性集。定义一个标准后，可以用样板文件的形式存储这个标准。创建样板文件后，还可以将该样板文件与图形文件相关联，借助该样板文件检查图形文件是否符合标准。

2.4.1 设计中心主界面

通过设计中心窗口，用户可以控制设计中心的大小、位置和外观。用户可通过以下命令方式来打开设计中心窗口。

- 菜单栏：选择【工具】|【选项板】|【设计中心】命令。
- 面板：【视图】标签【选项】面板单击【设计中心】按钮。
- 命令行：输入 ADCENTER。

通过执行 ADCENTER 命令，打开如图 2-63 所示的设计中心界面。

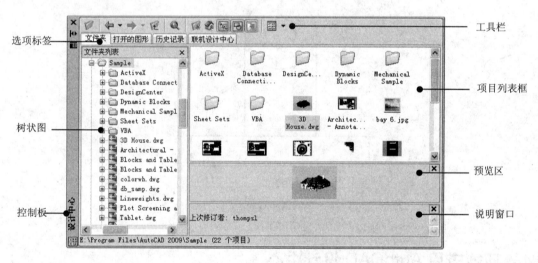

图 2-63 【设计中心】界面

默认情况下，AutoCAD 设计中心固定在绘图区的左边，主要由控制板、树状图、项目列表框、预览区和说明窗口组成。

1. 工具栏

工具栏中包含有常用的工具命令按钮，如图 2-64 所示。

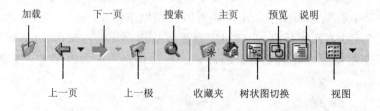

图 2-64 工具栏

工具栏中各按钮含义如下。
- 加载：单击此按钮，将打开【加载】对话框，通过【加载】对话框浏览本地和网络驱动器或 Web 上的文件，然后选择内容加载到内容区域。
- 上一页：返回到历史记录列表中最近一次的位置。
- 下一页：返回到历史记录列表中下一次的位置。
- 上一级：显示当前容器的上一级容器的内容。
- 搜索：单击此按钮，将打开【搜索】对话框，用户从中可以指定搜索条件以便在图形中查找图形、块和非图形对象。
- 收藏夹：在内容区域中显示【收藏夹】文件夹的内容。

操作技巧

- 要在【收藏夹】中添加项目，可以在内容区域或树状图中的项目上单击右键，然后从弹出的快捷菜单中单击【添加到收藏夹】按钮；要删除【收藏夹】中的项目，可以使用快捷菜单中的【组织收藏夹】选项，然后使用快捷菜单中的【刷新】选项。
- DesignCenter 文件夹将被自动添加到收藏夹中。此文件夹包含具有可以插入在图形中的特定组织块的图形。

- 主页：显示设计中心主页中的内容。
- 树状图切换：显示和隐藏树状视图。如果绘图区域需要更多的空间，需隐藏树状图，树状图隐藏后，可以使用内容区域浏览容器并加载内容。
- 注意：在树状图中使用【历史记录】列表时，【树状图切换】按钮不可用。
- 预览：显示和隐藏内容区域窗格中选定项目的预览。
- 说明：显示和隐藏内容区域窗格中选定项目的文字说明。
- 视图：为加载到内容区域中的内容提供不同的显示格式。

2. 选项标签

设计中心面板上有 4 个选项标签，【文件夹】、【打开的图形】、【历史记录】和【联机设计中心】。
- 【文件夹】标签：显示计算机或网络驱动器（包括【我的电脑】和【网上邻居】）中文件和文件夹的层次结构。
- 【打开的图形】标签：显示当前工作任务中打开的所有图形，包括最小化的图形。
- 【历史记录】标签：显示最近在设计中心打开的文件的列表。
- 【联机设计中心】标签：访问联机设计中心网页。

3. 树状图

树状图显示用户计算机和网络驱动器上的文件与文件夹的层次结构、打开图形的列表、自定义内容以及上次访问过的位置的历史记录，如图 2-65 所示。选择树状图中的项目以便在内容区域中显示其内容。

图 2-65　树状图结构

操作技巧

sample\designcenter 文件夹中的图形包含可插入在图形中的特定组织块。这些图形称为符号库图形。使用设计中心顶部的工具栏按钮可以访问树状图选项。

4. 控制板

设计中心上的控制板包括有 3 个控制按钮：【特性】、【自动隐藏】和【关闭】。

- 特性：单击此按钮，弹出设计中心【特性】菜单，如图 2-66 所示。可以进行移动、缩放、隐藏设计中心选项板。
- 自动隐藏：单击此按钮，可以控制设计中心选项板的显示或隐藏。
- 关闭：单击此按钮，将关闭设计中心选项板。

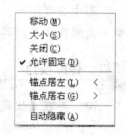

图 2-66 【特性】菜单

2.4.2 利用设计中心制图

在设计中心选项板中，可以将项目列表框或者【查找】对话框中的内容直接拖放到打开的图形中，还可以将内容复制到剪贴板上，然后再粘贴到图形中。根据插入内容的类型，还可以选择不同的方法。

1. 以块形式插入图形文件

在设计中心选项板中，可以将一个图形文件以块形式插入到当前已打开的图形中。首先在项目列表框中找到要插入的图形文件，然后选中它，并将其拖至当前图形中。此时系统将按照所选图形文件的单位与当前图形文件单位的比例缩放图形。

也可以右击要插入的图形文件，然后将其拖至当前图形。释放鼠标后，系统将弹出一个快捷菜单，从中选择【插入为块】命令，如图 2-67 所示。

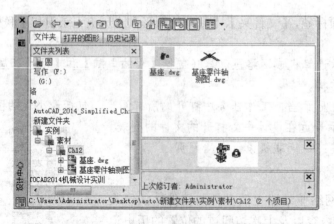

图 2-67 右键拖移图形文件

随后程序将打开【插入】对话框。用户可以利用该对话框，设置块的插入点坐标、缩放比例和旋转角度，如图 2-68 所示。

图 2-68 【插入】对话框

2. 附着为外部参照

在设计中心中,可以通过以下方式在内容区中打开图形:使用快捷菜单、拖动图形同时按住 Ctrl 键,或将图形图标拖至绘图区域的图形区外的任意位置。图形名被添加到设计中心历史记录表中,以便在将来的任务中快速访问。

使用快捷菜单时,可以将图形文件以外部参照形式在当前图形中插入,即如上图所示的快捷菜单中,选择【附着为外部参照】命令即可,此时程序将打开【附着外部参照】对话框,用户可以通过该对话框设置参照类型、插入点坐标、缩放比例与旋转角度等,如图 2-69 所示。

图 2-69 【附着外部参照】对话框

2.4.3 使用设计中心访问、添加内容

用户可通过 AutoCAD 设计中心来访问图形文件并打开图形文件,还可以通过设计中心向加载的当前图形添加内容。在【设计中心】窗口中,左侧的树状图和四个设计中心选项卡可以帮助用户查找内容并将内容加载到内容区中,用户也可在内容区中添加所需的新内容。

1. 通过设计中心访问内容

设计中心窗口左侧的树状图和四个设计中心选项标签可以帮助用户查找内容并将内容显

示在项目列表框中。通过设计中心来访问内容，用户可以执行以下操作：
- ◆ 修改设计中心显示的内容的源。
- ◆ 在设计中心更改【主页】按钮的文件夹。
- ◆ 在设计中心中向收藏夹文件夹添加项目。
- ◆ 在设计中心中显示收藏夹文件夹内容。
- ◆ 组织设计中心收藏夹文件夹。

例如，在设计中心树状图中选择一个图形文件，并选择右键菜单【设为主页】命令，然后在工具栏单击【主页】按钮，在项目列表框中将显示该图形文件的所有 AutoCAD 设计内容，如图 2-70 所示。

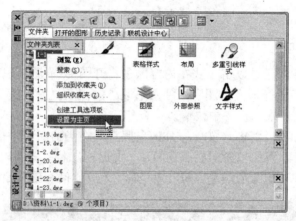

图 2-70 设置主页图形文件

 操作技巧

每次打开设计中心选项板时，单击【主页】按钮，将显示先前设置的主页图形文件或文件夹。

2. 通过设计中心添加内容

在设计中心选项板上，通过打开的项目列表框，可以对项目内容进行操作。双击项目列表框上、中的项目可以按层次顺序显示详细信息。例如，双击图形图像将显示若干图标，包括代表块的图标，双击【块】图标将显示图形中每个块的图像，如图 2-71 所示。

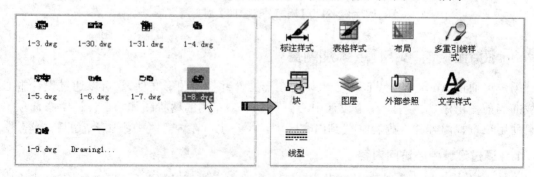

图 2-71 双击图标以显示其内容

通过设计中心,用户可以向图形添加内容,可以更新块定义,还可以将设计中心中的项目添加到工具选项板中。

1) 向图形添加内容

用户可以使用以下方法在项目列表框区中向当前图形添加内容:

◆ 将某个项目拖动到某个图形的图形区,按照默认设置(如果有)将其插入。
◆ 在内容区中的某个项目上单击鼠标右键,将显示包含若干选项的快捷菜单。

双击块图标将显示【插入】对话框,双击图案填充将显示【边界图案填充】对话框,如图 2-72 所示。

2) 更新块定义

与外部参照不同,当更改块定义的源文件时,包含此块的图形的块定义并不会自动更新。通过设计中心,可以决定是否更新当前图形中的块定义。

> **操作技巧**
>
> 块定义的源文件可以是图形文件或符号库图形文件中的嵌套块。

在项目列表框中的块或图形文件上单击鼠标右键,然后选择快捷菜单中的【仅重定义】或【插入并重定义】命令,可以更新选定的块,如图 2-73 所示。

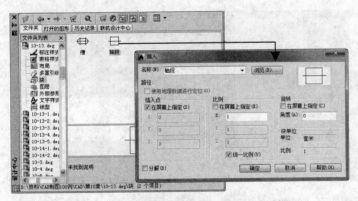
图 2-72 双击块图标打开【插入】对话框

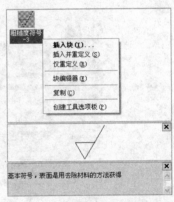
图 2-73 更新块定义的右键菜单命令

3) 将设计中心内容添加到工具选项板

可以将设计中心中的图形、块和图案填充添加到当前的工具选项板中。向工具选项板中添加图形时,如果将它们拖动到当前图形中,那么被拖动的图形将作为块被插入。

> **操作技巧**
>
> 可以从内容区中选择多个块或图案填充并将它们添加到工具选项板中。

下面以实例来说明添加步骤。

实训——设计中心内容添加到工具选项板

[1] 在 AutoCAD 的菜单栏中,选择【工具】|【选项板】|【设计中心】命令,打开【设

计中心】选项板。

[2] 在【文件夹】标签的树状图中，选中您要打开的图形文件的文件夹，在项目列表框中显示该文件夹中的所有图形文件，如图2-74所示。

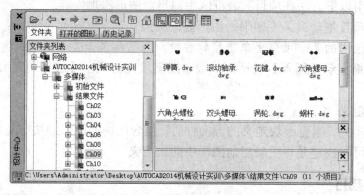

图2-74 打开实例文件夹

[3] 在项目列表框中选中项目，并选择右键菜单【创建工具选项板】命令，程序则弹出【工具选项板】面板，新的工具选项板将包含所选项目中的图形、块或图案填充，如图2-75所示。

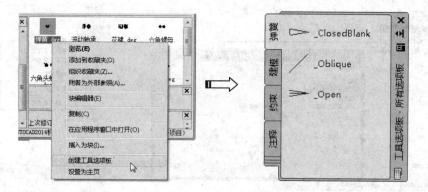

图2-75 创建工具选项板

[4] 新建的工具选项板中没有弹簧块，可以在设计中心拖动弹簧图形文件到新建的工具选项板中，如图2-76所示。

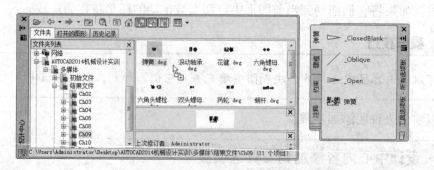

图2-76 拖移图形文件到工具选项板中

3. 搜索指定内容

【设计中心】选项板工具栏中的【搜索】工具，可以指定搜索条件以便在图形中查找图形、块和非图形对象，以及搜索保存在桌面上的自定义内容。

单击【搜索】按钮，程序弹出【搜索】对话框，如图 2-77 所示。

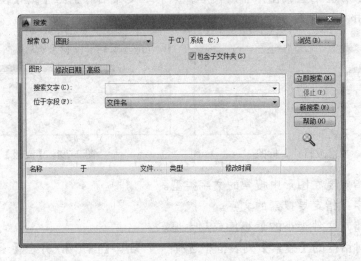

图 2-77 【搜索】对话框

该对话框中各选项含义如下。

- 搜索：指定搜索路径名。若要输入多个路径，需用分号隔开，或者使用下拉列表框选择路径。
- 于：搜索范围包括搜索路径中的子文件夹。
- 【浏览】按钮：单击此按钮，在【浏览文件夹】对话框中显示树状图，从中可以指定要搜索的驱动器和文件夹。
- 包含子文件夹：搜索范围包括搜索路径中的子文件夹。
- 【图形】标签：显示与【搜索】列表中指定的内容类型相对应的搜索字段。可以使用通配符来扩展或限制搜索范围。
- 搜索文字：指定要在指定字段中搜索的字符串。使用星号和问号通配符可扩大搜索范围。
- 位于字段：指定要搜索的特性字段。对于图形，除【文件名】外的所有字段均来自【图形特性】对话框中输入的信息。

 操作技巧

此选项可在【图形】和【自定义内容】选项卡上找到。
由第三方应用程序开发的自定义内容可能不为使用【搜索】对话框的搜索提供字段。

- 【修改日期】标签：查找在一段特定时间内创建或修改的内容，如图 2-78 所示。
- 所有文件：查找满足其他选项卡上指定条件的所有文件，不考虑创建或修改日期。
- 找出所有已创建的或已修改的文件：查找在特定时间范围内创建或修改的文件。查找的文件同时满足该选项和其他选项上指定的条件。
- 介于...和...：查找在指定的日期范围内创建或修改的文件。
- 在前...月：查找在指定的月数内创建或修改的文件。
- 在前...日：查找在指定的天数内创建或修改的文件。
- 【高级】标签：查找图形中的内容；只有选定【名称】框中的【图形】以后，该选项才可用，如图 2-79 所示。

图 2-78 【修改日期】标签

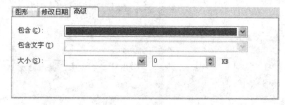

图 2-79 【高级】标签

- 包含：指定要在图形中搜索的文字类型。
- 包含文字：指定要搜索的文字。
- 大小：指定文件大小的最小值或最大值。

在【搜索】对话框的【搜索】列表框中选择一个类型【图形】，并在【于】列表中选择一个包含有 AutoCAD 图形的文件夹，再单击【立即搜索】按钮，程序自动将该文件夹下的所有图形文件都列在下方的搜索结果列表中，如图 2-80 所示。通过鼠标拖动搜索结果列表中的图形文件，可将其拖动到设计中心的项目列表框中。

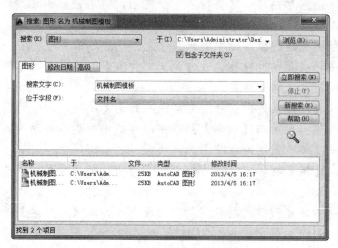

图 2-80 搜索指定内容

2.5 对象的选择方法

在对二维图形元素进行修改之前，首先选择要编辑的对象。对象的选择方法有很多种，例如，可以通过单击对象逐个拾取，也可利用矩形窗口或交叉窗口选择；可以选择最近创建的对象、前面的选择集或图形中的所有对象，也可以向选择集中添加对象或从中删除对象，等等。接下来将对对象的选择方法及类型做详细介绍。

2.5.1 常规选择

图形的选择是 AutoCAD 的重要基本技能之一,它常用于对图形进行修改编辑之前。常用的选择方式有点选择、窗口选择和窗交选择三种。

1. 点选择

【点选择】是最基本、最简单的一种对外选择方式,此种方式一次仅能选择一个对象。在命令行【选择对象:】的提示下,系统自动进入点选择模式,此时光标指针切换为矩形选择框状,将选择框放在对象的边沿上单击左键,即可选择该图形,被选择的图形对象以虚线显示,如图 2-81 所示。

图 2-81 点选择示例

2. 窗口选择

【窗口选择】也是一种常用的选择方式,使用此方式一次也可以选择多个对象。当未激活任何命令的时候,在窗口中从左向右拉出一矩形选择框,此选择框即为窗口选择框,选择框以实线显示,内部以浅蓝色填充,如图 2-82 所示。

当指定窗口选择框的对角点之后,结果所有完全位于框内的对象都能被选择,如图 2-83 所示。

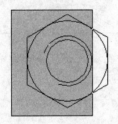 

图 2-82 窗口选择框　　　　　　　　图 2-83 选择结果

3. 窗交选择

【窗交选择】是使用频率非常高的选择方式,使用此方式一次也可以选择多个对象。当未激活任何命令时,在窗口中从右向左拉出一矩形选择框,此选择框即为窗交选择框,选择框以虚线显示,内部绿色填充,如图 2-84 所示。

当指定选择框的对角点之后,结果所有与选择框相交和完全位于选择框内的对象都能被选择,如图 2-85 所示。

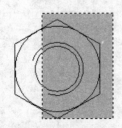 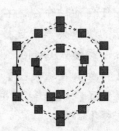

图 2-84 窗交选择框　　　　　　　　图 2-85 选择结果

4. 套索选择

在最新版软件 AutoCAD 2015 中，新增了一种快速选择对象方法，就是套索选择方法。如图 2-86 所示，在图形区选取一点作为套索选择的基点，按住鼠标左键不放并滑动鼠标作扇形运动，即可套索选择图形对象。

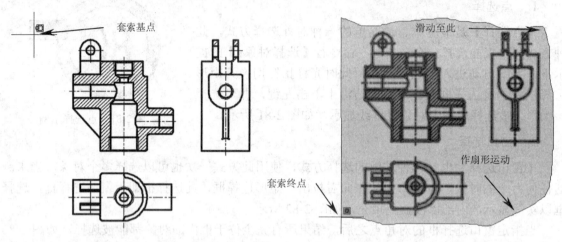

图 2-86 套索选择

 操作技巧

利用套索选择图形对象，如果是逆时针运动，与窗口选择的效果是相同的；如果是顺时针运动，则与窗交选择效果相同。

2.5.2 快速选择

用户可使用【快速旋转】命令来进行快速选择，该命令可以在整个图形或现有选择集的范围内来创建一个选择集，通过包括或排除符合指定对象类型和对象特性条件的所有对象。同时，用户还可以指定该选择集用于替换当前选择集还是将其附加到当前选择集之中。

执行【快速旋转】命令的方式有以下几种：

- 执行【工具】|【快速选择】命令。
- 终止任何活动命令，右键单击绘图区，在打开的快捷菜单中选择【快速选择】命令。
- 在命令行输入 Qselect 按 Enter 键。
- 在【特性】、【块定义】等窗口或对话框中也提供了【快速选择】按钮以便访问【快速选择】命令。

执行该命令后，打开【快速选择】对话框，如图 2-87 所示。

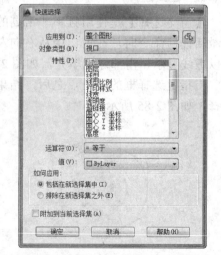

图 2-87 【快速选择】对话框

该对话框中各项的具体说明如下：
- 【应用到】：指定过滤条件应用的范围，包括【整个图形】或【当前选择集】。用户也可单击按钮返回绘图区来创建选择集。
- 【对象类型】：指定过滤对象的类型。如果当前不存在选择集，则该列表将包括 AutoCAD 中的所有可用对象类型及自定义对象类型，并显示缺省值【所有图元】；如果存在选择集，此列表只显示选定对象的对象类型。
- 【特性】：指定过滤对象的特性。此列表包括选定对象类型的所有可搜索特性。
- 【运算符】：控制对象特性的取值范围。
- 【值】：指定过滤条件中对象特性的取值。如果指定的对象特性具有可用值，则该项显示为列表，用户可以从中选择一个值；如果指定的对象特性不具有可用值，则该项显示为编辑框，用户根据需要输入一个值。此外，如果在【运算符】下拉列表中选择了【选择全部】选项，则【值】项将不可显示。
- 【如何应用】：指定符合给定过滤条件的对象与选择集的关系。
- 【包括在新选择集中】：将符合过滤条件的对象创建一个新的选择集。
- 【排除在新选择集之外】：将不符合过滤条件的对象创建一个新的选择集。
- 【附加到当前选择集】：选择该项后通过过滤条件所创建的新选择集将附加到当前的选择集之中。否则将替换当前选择集。如果用户选择该项，则【当前选择集】和 按钮均不可用。

2.5.3 过滤选择

与【快速选择】相比，【对象选择管理器】可以提供更复杂的过滤选项，并可以命名和保存过滤器。执行该命令的方式为：
- 在命令行输入 filter 按 Enter 键。
- 使用命令简写 FI 按 Enter 键。

执行该命令后，打开【对象选择过滤器】对话框，如图 2-88 所示。

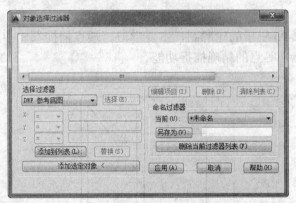

图 2-88 【对象选择过滤器】对话框

该对话框中各项的具体说明如下：
- 【对象选择过滤器】列表：该列表中显示了组成当前过滤器的全部过滤器特性。用户可单击 EditName 按钮编辑选定的项目；单击 Delete 按钮删除选定的项目；或单击 Clear list 按钮清除整个列表。

- 【选择过滤器】：该栏的作用类似于快速选择命令，可根据对象的特性向当前列表中添加过滤器。在该栏的下拉列表中包含了可用于构造过滤器的全部对象以及分组运算符。用户可以根据对象的不同而指定相应的参数值，并可以通过关系运算符来控制对象属性与取值之间的关系。
- 【已命名的过滤器】：该栏用于显示、保存和删除过滤器列表。

> **操作技巧**
>
> 【filter】命令可透明地使用。专家指点 AutoCAD 从缺省的【filter.nfl】文件中加载已命名的过滤器。AutoCAD 在【filter.nfl】文件中保存过滤器列表。

2.6 课后练习

1. 绘制粗糙度符号

本例通过绘制图 2-89 所示的标高符号，主要学习【极轴追踪】和【对象追踪】功能的使用方法和追踪技巧。

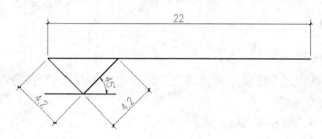

图 2-89 本例效果

2. 绘制轮廓

本例通过绘制图 2-90 所示的轮廓图，主要学习"端点捕捉"、"中点捕捉"、"垂直捕捉"以及"两点之间的中点"等点的精确捕捉功能。

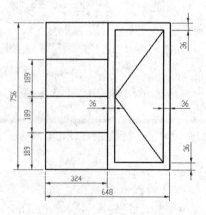

图 2-90 轮廓图

第 3 章
AutoCAD 机械图形绘图命令

　　二维图形是指在二维平面空间绘制的图形，主要由一些图形元素组成，如点、直线、圆弧、圆、椭圆、矩形、多边形、多段线、样条曲线、多线等几何元素。AutoCAD 提供了大量的绘图工具，可以帮助用户完成二维图形的绘制。

　　本章的内容包括 AutoCAD 2015 的简单图线、复杂图线的绘制方法，以及二维图形的编辑与操作技巧。

 知识要点

- ◆ 绘制点对象
- ◆ 基本绘图功能
- ◆ 绘制作图辅助线
- ◆ 对象的编辑
- ◆ 复制、镜像、阵列和偏移对象

 案例解析

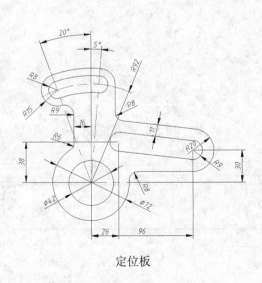

定位板

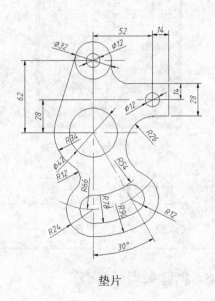

垫片

3.1 绘制点对象

AutoCAD 2015 中有多种点的创建方式和设置。点主要用于辅助绘图，例如绘制点阵列的多个对象，将某曲线打断成多段线，以及作为参考等。下面详解。

3.1.1 设置点样式

AutoCAD 为用户提供了多种点的样式，用户可以根据需要进行设置当前点的显示样式。点样式的设置步骤如下：

实训——设置点样式

[1] 执行菜单【格式】|【点样式】命令，或在命令行输入 Ddptype 并按 Enter 键，打开如图 3-1 所示的对话框。

[2] 从对话框中可以看出，AutoCAD 共为用户提供了二十种点样式，在所需样式上单击左键，即可将此样式设置为当前样式。在此设置【⊗】为当前点样式。

[3] 在【点大小】文本框内输入点的大小尺寸。其中，【相对于屏幕设置尺寸】选项表示按照屏幕尺寸的百分比进行显示点；【用绝对单位设置尺寸】选项表示按照点的实际尺寸来显示点。

[4] 单击【确定】按钮，结果绘图区的点被更新，如图 3-2 所示。

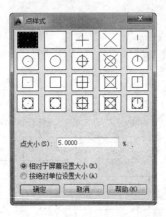

图 3-1 【点样式】对话框

图 3-2 操作结果

 操作技巧

默认设置下，点图形是以一个小点显示。

3.1.2 创建单点和多点

【单点】命令一次可以绘制一个点对象。当绘制完单个点后，系统自动结束此命令，所绘制的点以一个小点的方式进行显示，如图 3-3 所示。

1. 【单点】命令的启动

执行【单点】命令主要有以下几种方式：
- 选择【绘图】菜单中的【点】|【单点】命令。
- 在命令行输入 Point 按 Enter 键。

【多点】命令可以连续地绘制多个点对象，直到按下 Esc 键结束命令为止，如图 3-4 所示。

图 3-3 单点示例   图 3-4 绘制多点

2. 【多点】命令的启动

执行【多点】命令主要有以下几种方式：
- 选择【绘图】菜单中的【点】|【多点】命令。
- 在功能区【常用】选项卡【绘图】面板中单击【多点】按钮。

执行【多点】命令后 AutoCAD 系统提示如下：

```
命令：Point
当前点模式：  PDMODE=0   PDSIZE=0.0000  (Current point modes: PDMODE=0 PDSIZE=0.0000)
指定点：          //在绘图区给定点的位置
指定点：          //在绘图区给定点的位置
指定点：          //在绘图区给定点的位置
...
指定点：          //继续绘制点或按 Esc 键结束命令。
```

3.1.3 创建定数等分点

【定数等分】命令用于按照指定的等分数目进行等分对象，对象被等分的结果仅仅是在等分点处放置了点的标记符号（或者是内部图块），而源对象并没有被等分为多个对象。

执行【定数等分】命令主要有以下几种方式：
- 选择【绘图】菜单中的【点】|【定数等分】命令。
- 在命令行中输入 Divide 按 Enter 键。

下面通过将某水平直线段等分四份，来学习【定数等分】命令的使用方法和操作技巧。具体操作如下：

实训——创建定数等分点

[1] 首先绘制一个图形，如图 3-5 所示。
[2] 选择【格式】菜单中的【点样式】命令，将当前点样式设置为【⊗】。

[3] 执行【绘图】菜单栏中的【点】|【定数等分】命令，然后根据 AutoCAD 命令行提示进行定数等分线段，命令行操作如下：

```
命令: _divide
选择要定数等分的对象：         //选择刚绘制的水平线段
输入线段数目或 [块(B)]: 4      // 按 Enter，设置等分数目，同时结束命令
```

[4] 等分结果如图 3-6 所示。

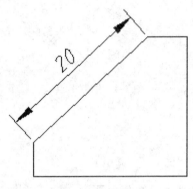
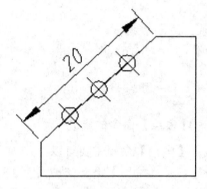

图 3-5　绘制线段　　　　　　　　　　图 3-6　等分结果

操作技巧

【块（B）】选项用于在对象等分点处放置内部图块，以代替点标记。在执行此选项时，必须确保当前文件中存在所需使用的内部图块。

3.1.4　创建定距等分点（ME）

【定距等分】命令是按照指定的等分距离进行等分对象。对象被等分的结果仅仅是在等分点处放置了点的标记符号（或者是内部图块），而源对象并没有被等分为多个对象。

执行【定距等分】命令主要有以下几种方式：

◆ 选择菜单【绘图】|【点】|【定距等分】命令。
◆ 在命令行输入 Measure 按 Enter 键。
◆ 在功能区【常用】选项卡【绘图】面板中单击【测量】按钮。

下面通过将某线段每隔 45 个单位的距离放置点标记，来学习【定距等分】命令的使用方法和技巧。

实训——创建定距等分点

[1] 首先绘制，长度为 200 的水平线段。
[2] 选择【格式】菜单中的【点样式】命令，将当前点样式设置为【⊗】。
[3] 执行【绘图】菜单栏中的【点】|【测量】命令，然后根据 AutoCAD 命令行提示进行定距等分线段，命令行操作如下：

```
命令：_measure
选择要定距等分的对象：        //选择刚绘制的线段
指定线段长度或 [块(B)]: 45    // Enter，设置等分距离
```

[4] 定距等分的结果如图 3-7 所示。

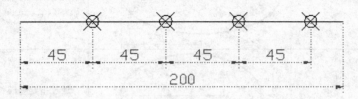

图 3-7 等分结果

3.2 基本绘图功能

二维绘图功能是 AutoCAD 最基本的图形绘制功能。无论是复杂的零件图、装配图，还是三维空间图形，都是以二维平面绘图延伸。因此，只有熟练地掌握二维平面图形的绘制方法和技巧，才能够更好地绘制出复杂的图形。

3.2.1 绘制基本曲线

AutoCAD 2015 中，基本曲线工具包括直线、圆\圆弧、椭圆\椭圆弧、矩形及多边形等。表 3-1 中列出了二维基本曲线的种类及图解。

表 3-1 二维基本曲线

基本曲线	图 解	说 明
直线 （闭合、放弃）		直线是最基本的线性对象。直线有起点和终点，它是一条连接起点和终点的直线段
圆 （【圆心，半径】、【圆心，直径】、【两点】、【三点】、【相切，相切，半径】和【相切，相切，相切】）		要创建圆，可以指定圆心、半径、直径、圆周上的点和其他对象上点的不同组合。圆的绘制方法有 6 种
圆弧 （【三点】、【起点、圆心、端点】、【起点、圆心、角度】、【起点、圆心、长度】、【起点、端点、角度】、【起点、端点、方向】、【起点、端点、半径】、【圆心、起点、端点】、【圆心、起点、角度】、【圆心、起点、长度】、【连续】）		圆弧为圆上的一段弧，其创建方法多达 11 种

(续表)

基本曲线	图 解	说 明
椭圆（【圆心】、【轴和端点】和【椭圆弧】）	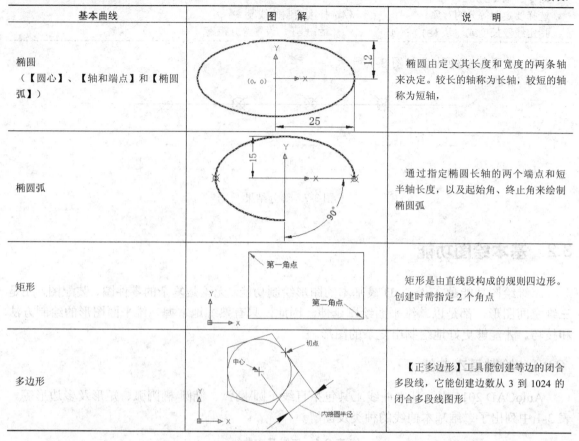	椭圆由定义其长度和宽度的两条轴来决定。较长的轴称为长轴，较短的轴称为短轴
椭圆弧		通过指定椭圆长轴的两个端点和短半轴长度，以及起始角、终止角来绘制椭圆弧
矩形		矩形是由直线段构成的规则四边形。创建时需指定 2 个角点
多边形		【正多边形】工具能创建等边的闭合多段线，它能创建边数从 3 到 1024 的闭合多段线图形

3.2.2 画多线（ML）

多线是由两条或两条以上的平行元素构成的复合线对象，并且每个平行线元素的线型、颜色以及间距都是可以设置的，如图 3-8 所示。

图 3-8 多线示例

操作技巧

在默认设置下，所绘制的多线是由两条平行元素构成的。

执行【多线】命令主要有以下几种方式：
◆ 执行【绘图】菜单中的【多线】命令。
◆ 命令行输入 Mline 按 Enter 键。

【多线】命令常被用于绘制墙线、阳台线以及道路和管道线。下面通过绘制闭合的多线，学习使用【多线】命令。

实训——画多线

[1] 执行菜单【绘图】|【多线】命令，配合点的坐标输入功能绘制多线。命令行操作过程如下：

```
命令: _mline
当前设置: 对正 = 上，比例 = 20.00，样式 = STANDARD
指定起点或 [对正(J)/比例(S)/样式(ST)]:      //s Enter，激活【比例】选项
```

操作技巧

巧妙使用【比例】选项，可以绘制不同宽度的多线。默认比例为 20 个绘图单位。另外，如果用户输入的比例值为负值，这多条平行线的顺序会产生反转。

```
输入多线比例 <20.00>:                    //120 Enter，设置多线比例
当前设置: 对正 = 上，比例 = 120.00，样式 = STANDARD
指定起点或 [对正(J)/比例(S)/样式(ST)]:    //在绘图区拾取一点
指定下一点:                              //@0,1800 Enter
指定下一点或 [放弃(U)]:                   //@3000,0 Enter
指定下一点或 [闭合(C)/放弃(U)]:           //@0,-1800 Enter
指定下一点或 [闭合(C)/放弃(U)]:           //c Enter，结束命令
```

操作技巧

巧用【样式】选项，可以随意更改当前的多线样式；【闭合】选项用于绘制闭合的多线。

[2] 使用视图调整工具调整图形的显示，绘制效果如图 3-9 所示。

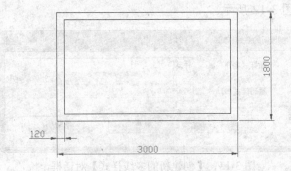

图 3-9　绘制效果

【对正】选项用于设置多线的对正方式，AutoCAD 共提供了三种对正方式，即上对正、下对正和中心对正，如图 3-10 所示。如果当前多线的对正方式不符合用户要求的话，可在命令行中输入【J】，激活该选项，系统出现如下提示：

【输入对正类型 [上（T）/无（Z）/下（B）] <上>:】系统提示用户输入多线的对正方式。

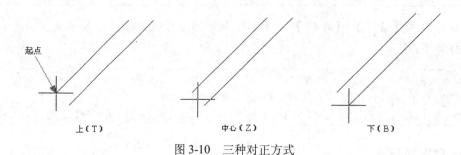

图 3-10　三种对正方式

3.2.3　设置多线样式

使用系统默认的多线样式，只能绘制由两条平行元素构成的多线，如果用户需要绘制其他样式的多线，需要使用【多线样式】命令进行设置。

执行【多线样式】命令主要有以下几种方式：

- ◆ 执行【绘图】菜单中的【格式】|【多线样式】命令。
- ◆ 在命令行输入 Mlstyle 按 Enter 键。

下面通过设置如图 3-11 所示的多线样式，学习使用【多线样式】命令。

图 3-11　设置多线样式

实训——设置多线样式

[1] 执行菜单【格式】|【多线样式】命令，打开【多线样式】对话框。
[2] 单击对话框中的【新建】按钮，在弹出的【创建新的多线样式】对话框中输入新样式的名称，如图 3-12 所示。

图 3-12　【创建新的多线样式】对话框

[3] 单击【继续】按钮，打开图 3-13 所示的【创建新的多线样式】对话框。

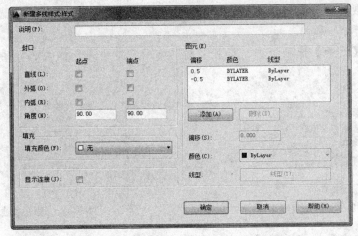

图 3-13 【创建新的多线样式】对话框

[4] 单击【添加】按钮,添加一个 0 号元素,并设置元素颜色为红色,如图 3-14 所示。

图 3-14 添加多线元素

[5] 单击【线型】按钮,在弹出的【选择线型】对话框中单击按钮【加载】按钮,打开【加载或重载线型】对话框,如图 3-15 所示。

[6] 单击【确定】按钮,结果线型被加载到【选择线型】对话框内,如图 3-16 所示。

图 3-15 【加载或重载线型】对话框

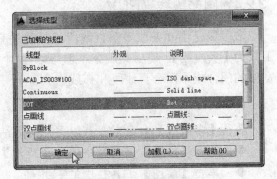

图 3-16 加载线型

[7] 选择加载的线型，单击【确定】按钮，将此线型赋给刚添加的多线元素，结果如图 3-17 所示。

[8] 在左侧【元素】选项组中，设置多线两端的封口形式，如图 3-18 所示。

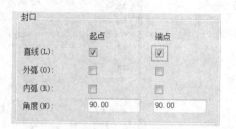

图 3-17 设置元素线型　　　　　　　图 3-18 设置多线封口

[9] 单击【确定】按钮返回【多线样式】对话框，结果新线样式出现在预览框中，如图 3-19 所示。

[10] 单击【保存】按钮，在弹出的【保存多线样式】对话框中设置文件名如图 3-20 所示，将新式以【*mln】的格式进行保存，以方便在其他文件中进行重复使用。

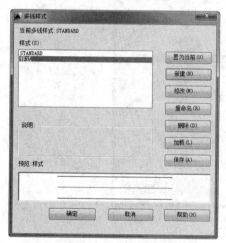

图 3-19 样式效果

图 3-20 样式的设置效果

[11] 返回【多线样式】对话框单击【确定】按钮，结束命令。

3.2.4 画多段线（PL）

多段线是由一条或多条直线段或弧线序列连接而成的一种特殊折线，绘制此对象的专用工具为【多段线】，使用此命令不但可以绘制一条单独的直线段或圆弧，还可以绘制具有一定宽度的闭合或不闭合直线段和弧线序列。

1. 执行命令

执行【多段线】命令主要有以下几种方法：

- 执行【绘图】菜单栏中的【多段线】命令。
- 单击【绘图】工具栏中的按钮。
- 在命令行输入 Pline 按 Enter 键。

实训——画多段线

[1] 新建空白文件。
[2] 单击【绘图】工具栏上的按钮,激活【多段线】命令。
[3] 激活【多段线】命令后,根据 AutoCAD 命令行的步骤提示,精确绘制多段线。

```
命令: _pline
指定起点:                    //在绘图区拾取一点作为起点
当前线宽为 0.0000
指定下一个点或 [圆弧(A)/半宽(H)/长度(L)/放弃(U)/宽度(W)]:
//w Enter,激活【宽度】选项
指定起点宽度 <0.0000>:       //2 Enter,设置起点宽度
指定端点宽度 <2.0000>:       // Enter,采用当前设置
指定下一个点或 [圆弧(A)/半宽(H)/长度(L)/放弃(U)/宽度(W)]:
                            //@150,0 Enter,输入第二点坐标
指定下一点或 [圆弧(A)/闭合(C)/半宽(H)/长度(L)/放弃(U)/宽度(W)]:
//a Enter,转入画弧模式
指定圆弧的端点或[角度(A)/圆心(CE)/闭合(CL)/方向(D)/半宽(H)/直线(L)/半径(R)/第二个点
(S)/放弃(U)/宽度(W)]:        //w Enter,激活【宽度】选项
指定起点宽度 <2.0000>:       // Enter,采用当前设置
指定端点宽度 <2.0000>:       //0 Enter,采用当前设置
指定圆弧的端点或[角度(A)/圆心(CE)/闭合(CL)/方向(D)/半宽(H)/直线(L)/半径(R)/第二个点
(S)/放弃(U)/宽度(W)]:        //@0,50 Enter,输入第下一点坐标
指定圆弧的端点或[角度(A)/圆心(CE)/闭合(CL)/方向(D)/半宽(H)/直线(L)/半径(R)/第二个点
(S)/放弃(U)/宽度(W)]:        //l Enter,转入画线模式
指定下一点或 [圆弧(A)/闭合(C)/半宽(H)/长度(L)/放弃(U)/宽度(W)]:
//@-50,0 Enter,输入第下一点坐标
指定下一点或 [圆弧(A)/闭合(C)/半宽(H)/长度(L)/放弃(U)/宽度(W)]:
// Enter,结束命令。
```

[4] 绘制结果如图 3-21 所示。

图 3-21 绘制多段线

操作技巧

无论绘制的多段线包含有多少条直线或圆弧,AutoCAD 都把它们作为一个单独的对象。默认设置下,点图形是以一个小点显示。

2.【圆弧】选项

此选项用于将当前多段线模式切换为画弧模式,以绘制由弧线组合而成的多段线。在命

令行提示下输入【A】，或在绘图区单击右键，在右键菜单中选择【圆弧】选项，都可激活此选项，系统自动切换到画弧状态，且命令行提示如下：

【指定圆弧的端点或 [角度（A）/圆心（CE）/闭合（CL）/方向（D）/半宽（H）/直线（L）/半径（R）/第二个点（S）/放弃（U）/宽度（W）]:】

各次级选项功能如下：
- 【角度】选项用于指定要绘制的圆弧的圆心角。
- 【圆心】选项用于指定圆弧的圆心。
- 【闭合】选项用于用弧线封闭多段线。
- 【方向】选项用于取消直线与圆弧的相切关系，改变圆弧的起始方向。
- 【半宽】选项用于指定圆弧的半宽值。激活此选项功能后，AutoCAD 将提示用户输入多段线的起点半宽值和终点半宽值。
- 【直线】选项用于切换直线模式。
- 【半径】选项用于指定圆弧的半径。
- 【第二个点】选项用于选择三点画弧方式中的第二个点。
- 【宽度】选项用于设置弧线的宽度值。

3. 其他选项
- 【闭合】选项。激活此选项后，AutoCAD 将使用直线段封闭多段线，并结束多段线命令。当用户需要绘制一条闭合的多段线时，最后一定要使用此选项功能，才能保证绘制的多段线是完全封闭的。
- 【长度】选项。此选项用于定义下一段多段线的长度，AutoCAD 按照上一线段的方向绘制这一段多段线。若上一段是圆弧，AutoCAD 绘制的直线段与圆弧相切。
- 【半宽】|【宽度】选项。【半宽】选项用于设置多段线的半宽，【宽度】选项用于设置多段线的起始宽度值，起始点的宽度值可以相同也可以不同。

> **操作技巧**
>
> 在绘制具有一定宽度的多段线时，系统变量 Fillmode 控制着多段线是否被填充，当变量值为 1 时，绘制的带有宽度的多段线将被填充；变量为 0 时，带有宽度的多段线将不会填充，如图 3-22 所示。

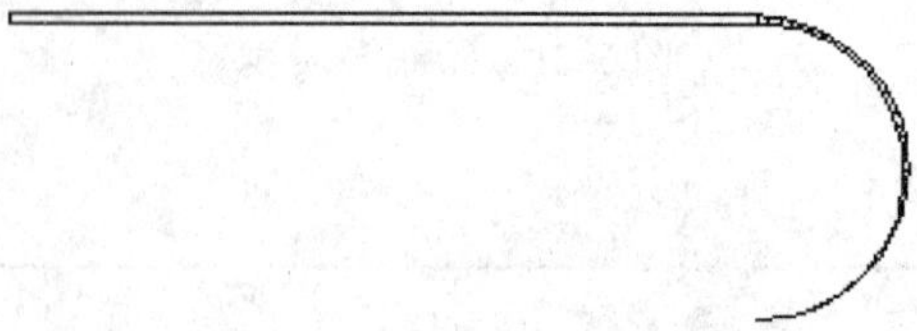

图 3-22 非填充多段线

3.2.5 画样条曲线（SLI）

【样条曲线】命令是用于绘制由某些数据点（控制点）拟合生成的光滑曲线，所绘制的曲线可以是二维曲线，也可是三维曲线。

在 AutoCAD 2015 中，样条曲线包括【样条曲线拟合】和【样条曲线控制点】。

1. **【样条曲线拟合】命令的启动**

执行【样条曲线】命令主要有以下几种方式：

◆ 执行【绘图】菜单栏中的【样条曲线】命令。

◆ 在命令行中输入 Spline 按 Enter 键。

◆ 在功能区【常用】选项卡【绘图】面板中单击【样条曲线拟合】按钮。

下面绘制多段线，以学习使用【多段线】命令，具体操作如下。

实训——创建样条曲线拟合

[1] 新建空白文件。

[2] 执行菜单栏中的【绘图】|【样条曲线】|【拟合点】命令，或单击【绘图】面板中单击【样条曲线拟合】按钮，激活【样条曲线】命令。

[3] 激活【样条曲线】命令后，根据 AutoCAD 命令行的步骤提示，精确绘图。

```
命令: _spline
指定第一个点或 [对象(O)]:                    //在绘图区拾取一点作为起点
指定下一点:                                 //在适当位置拾取第二点
指定下一点或 [闭合(C)/拟合公差(F)] <起点切向>:   //在适当位置拾取第三点
指定下一点或 [闭合(C)/拟合公差(F)] <起点切向>:   //在适当位置拾取第四点
指定下一点或 [闭合(C)/拟合公差(F)] <起点切向>:   // Enter，退出绘制模式
指定起点切向:                               // Enter，定位起点切向
指定端点切向:                               // Enter，定位端点切向
```

[4] 绘制结果如图 3-23 所示。

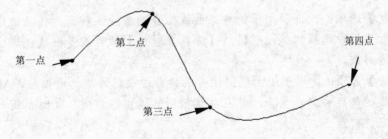

图 3-23 样条曲线示例

2. **【样条曲线控制点】命令的启动**

执行【样条曲线】命令主要有以下几种方式：

◆ 执行【绘图】菜单栏中的【样条曲线】命令。

◆ 在命令行中输入 Spline 按 Enter 键。

◆ 在功能区【常用】选项卡【绘图】面板中单击【样条曲线控制点】按钮。

实训——创建样条曲线控制点

[1] 新建空白文件。
[2] 执行菜单栏中的【绘图】|【样条曲线】|【控制点】命令，或在【绘图】面板中单击【样条曲线控制点】按钮，激活【样条曲线】命令。
[3] 激活【样条曲线】命令后，根据 AutoCAD 命令行的步骤提示，精确绘图。

```
命令: _SPLINE
当前设置: 方式=控制点    阶数=3
指定第一个点或 [方式(M)/阶数(D)/对象(O)]: _M
输入样条曲线创建方式 [拟合(F)/控制点(CV)] <CV>: _CV
当前设置: 方式=控制点    阶数=3
指定第一个点或 [方式(M)/阶数(D)/对象(O)]:            //第1点
输入下一个点:                                        //第2点
输入下一个点或 [放弃(U)]:                            //第3点
输入下一个点或 [闭合(C)/放弃(U)]:                    //第5点
输入下一个点或 [闭合(C)/放弃(U)]:                    //单击 Enter 结束
```

[4] 绘制完成后，可以通过拖动点来改变样条曲线的形状，如图 3-24 所示。

图 3-24　样条曲线控制点示例

3. 选项解析

◆ 【对象】选项：此选项用于把样条曲线拟合的多段线转变为样条曲线。激活此选项后，如果用户选择的是没有经过【编辑多段线】拟合的多段线，那么系统无法转换选定的对象。

◆ 【闭合】选项：此选项用于绘制闭合的样条曲线。激活此选项后，AutoCAD 将使样条曲线的起点和终点重合，并且共享相同的顶点和切向，此时系统只提示一次让用户给定切向点。

◆ 【拟合公差】选项：给定拟合公差，用来控制样条曲线对数据点的接近程度。拟合公差的大小直接影响到当前图形，公差越小，样条曲线越接近数据点，如果公差为 0，则样条曲线通过拟合点；输入大于 0 的公差将使样条曲线在指定的公差范围内通过拟合点，如图 3-25 所示。

图 3-25　拟合公差示例

3.2.6 画修订云线

【修订云线】命令用于绘制由连续圆弧构成的图线，所绘制的图线被看作是一条多段线，此种图线可以是闭合的，也可以是断开的，如图3-26所示。

图3-26 修订云线示例

1. 【修订云线】命令的启动

执行【修订云线】命令主要有以下几种方式：

- ◆ 执行【绘图】菜单中的【修订云线】命令。
- ◆ 在命令行输入 Revcloud 按 Enter 键。
- ◆ 在功能区【常用】选项卡【绘图】面板中单击【修定云线】按钮。

下面绘制修订云线，学习使用【修订云线】命令。

实训——画修订云线

[1] 新建空白文件。

[2] 执行【绘图】菜单栏中的【修订云线】命令，或单击【绘图】工具栏按钮，根据 AutoCAD 命令行的步骤提示，精确绘图。

```
命令：_revcloud
最小弧长：30    最大弧长：30    样式：普通
指定起点或 [弧长(A)/对象(O)/样式(S)] <对象>：              //在绘图区拾取一点作为起点
沿云线路径引导十字光标...           //按住左键不放，沿着所需闭合路径引导光标，即可绘制闭合
的云线图形。
修订云线完成。
```

[3] 绘制结果如图3-27所示。

图3-27 绘制云线

操作技巧

在绘制闭合的云线时，需要移动光标，将云线的端点放在起点处，系统就会自动绘制闭合云线。

2. 【弧长】选项

【弧长】选项用于设置云线的最小弧和最大弧的长度。当激活此选项后，系统提示用户输入最小弧和最大弧的长度。

下面以绘制最大弧长为 25、最小弧长为 10 的云线为例，来学习【弧长】选项功能的应用。

实训——设置云线的弧长

[1] 新建空白文件。
[2] 单击【绘图】工具栏 按钮，根据 AutoCAD 命令行的步骤提示，精确绘图。

```
命令：_revcloud
最小弧长：30   最大弧长：30    样式：普通
指定起点或 [弧长(A)/对象(O)/样式(S)] <对象>:       //a Enter，激活【弧长】选项
指定最小弧长 <30>:                                //10 Enter，设置最小弧长度
指定最大弧长 <10>:                                //25 Enter，设置最大弧长度
指定起点或 [弧长(A)/对象(O)/样式(S)] <对象>:       //在绘图区拾取一点作为起点
沿云线路径引导十字光标...                          //按住左键不放，沿着所需闭合路径引导光标
反转方向 [是(Y)/否(N)] <否>:                      //N Enter，采用默认设置
```

[3] 修订云线完成绘制结果如图 3-28 所示。

图 3-28 绘制结果

3. 【对象】选项

【对象】选项用于对非云线图形，如直线、圆弧、矩形以及圆图形等，按照当前的样式和尺寸，将其转化为云线图形，如图 3-29 所示。

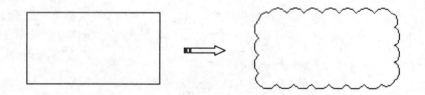

图 3-29 【对象】选项示例

另外，在编辑的过程中还可以修改弧线的方向，如图 3-30 所示。

4. 【样式】选项

【样式】选项用于设置修订云线的样式。AutoCAD 系统共为用户提供了【普通】和【手

绘】两种样式，默认情况下为【普通】样式。如图3-31所示的云线就是在【手绘】样式下绘制的。

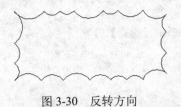

图3-30 反转方向

图3-31 手绘示例

3.3 绘制作图辅助线

AutoCAD 绘图软件为用户提供了两种绘制辅助线的工具，即【构造线】和【射线】。其中【构造线】命令用于绘制向两端无限延伸的直线，所绘制的构造线通常用作绘图时的辅助线，不能作为图形对象的一部分。

3.3.1 绘制构造线（XL）

执行【构造线】命令有以下几种方法：
- 执行【绘图】菜单栏中的【构造线】命令。
- 在命令行中输入 Xline 按 Enter 键。
- 在功能区【常用】选项卡【绘图】面板中单击【构造线】按钮。

使用【构造线】命令，不仅可以绘制水平、垂直的作图辅助线，还可以绘制具有一定角度的辅助线，以及绘制角的等分线。下面通过具体的实例，学习各种辅助线的绘制方法。

实训——绘制水平垂直辅助线

使用【构造线】命令中的【水平】和【垂直】选项功能，可以绘制无数条水平和垂直的辅助线。下面通过绘制两条水平和两条垂直的构造线，学习【构造线】命令中的【水平】和【垂直】选项功能。

[1] 新建空白文件。
[2] 在功能区【常用】选项卡【绘图】面板中单击【构造线】按钮，根据 AutoCAD 命令行的步骤提示，绘制水平构造线。

```
命令: _xline
指定点或 [水平(H)/垂直(V)/角度(A)/二等分(B)/偏移(O)]：  //H Enter，激活【水平】选项
指定通过点：          //在绘图区拾取一点，以定位构造线
指定通过点：:          //继续在绘图区拾取点，
指定通过点：           // Enter，结束命令，绘制结果如图3-32所示。
```

图3-32 绘制水平构造线

83

[3] 按 Enter 键，重复执行【构造线】命令，根据命令的操作提示，绘制垂直的构造线。

```
命令:                                    // Enter，重复执行命令
XLINE
指定点或 [水平(H)/垂直(V)/角度(A)/    //V Enter，激活【垂直】选项
二等分(B)/偏移(O)]:
指定通过点:          //在绘图区拾取一点，以定位构造线
指定通过点:          //继续在绘图区拾取点
指定通过点:          // Enter，结束命令，绘制结果如图 3-33 所示。
```

图 3-33　绘制垂直构造线

实训——绘制倾斜辅助线

使用【构造线】命令中的【角度】选项功能，可以绘制具有任意角度的作图辅助线。下面通过绘制如图 3-34 所示的角度为 30°的倾斜构造线，学习【构造线】命令中的【角度】选项功能。

[1] 新建空白文件。
[2] 在功能区【常用】选项卡【绘图】面板中单击【构造线】按钮，根据 AutoCAD 命令行的步骤提示，绘制倾斜构造线。

```
命令: _xline
指定点或 [水平(H)/垂直(V)/角度(A)/二等分(B)/偏移(O)]:    //A Enter，激活【角度】选项
  输入构造线的角度 (0) 或 [参照(R)]:           //30 Enter，设置倾斜角度
指定通过点:                          //拾取通过点
指定通过点:                          // Enter，结束命令
```

[3] 绘制结果如图 3-34 所示。

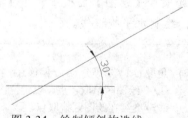

图 3-34　绘制倾斜构造线

实训——绘制角的等分线

使用【构造线】命令中的【二等分】选项功能，可以绘制任意角度的角平分线。下面通过绘制某角的二等分线，学习【二等分】选项功能。

[1] 新建空白文件。

[2] 执行【直线】命令绘制图 3-35 所示的相交线。

[3] 在功能区【常用】选项卡【绘图】面板中单击【构造线】按钮，根据 AutoCAD 命令行的提示绘制等分线。

```
命令:_xline
指定点或 [水平(H)/垂直(V)/角度(A)/二等分(B)/偏移(O)]:    //B Enter,激活【二等分】选项
指定角的顶点:                   //捕捉两条线段的交点
指定角的起点:                   //捕捉水平线段的右端点
指定角的端点:                   //捕捉倾斜线段的上侧端点
指定角的端点:                   // Enter,结束命令
```

[4] 绘制结果如图 3-36 所示。

图 3-35　绘制相交线　　　　　　　　图 3-36　绘制等分线

3.3.2 绘制射线

【射线】命令也是一种绘制作图辅助线的工具，此命令主要用于绘制向一端无限延伸的作图辅助线。

【射线】命令的启动

执行【射线】命令主要有以下几种方法：

◆ 执行【绘图】菜单中的【射线】命令。
◆ 在命令行输入 Ray 并按 Enter 键。
◆ 在功能区【常用】选项卡【绘图】面板中单击【射线】按钮。

下面通过绘制四条射线，学习使用【射线】命令。

实训——绘制射线

[1] 新建空白文件。

[2] 在功能区【常用】选项卡【绘图】面板中单击【射线】按钮，或在命令行输入 Ray 并按 Enter 键，启动命令。

[3] 启动【射线】命令后，根据 AutoCAD 命令行的步骤提示，绘制射线。

```
命令:_ray
指定起点:                       //在绘图区拾取一点作为起点
指定通过点:                     //在绘图区拾取一点作为通过点
指定通过点:                     //在绘图区拾取一点作为通过点
指定通过点:                     //在绘图区拾取一点作为通过点
```

| 指定通过点： | //在绘图区拾取一点作为通过点 |
| 指定通过点： | // Enter，结束命令 |

[4] 绘制结果如图 3-37 所示。

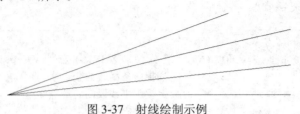

图 3-37 射线绘制示例

3.4 对象的编辑

利用对象编辑功能，可以修剪对象、延伸对象、打断对象、合并对象、拉伸对象、拉长对象，详解如下。

3.4.1 修剪对象（TR）

【修剪】命令用于修剪掉对象上指定的部分，不过在修剪时，需要事先指定一个边界。

1. 【修剪】命令的启动

执行【修剪】命令主要有以下几种方式：

- ◆ 执行【修改】菜单中的【修剪】命令。
- ◆ 单击【修改】工具栏上的 ✁ 按钮。
- ◆ 在命令行输入 Trim 按 Enter 键。

在修剪对象时，边界的选择是关键，而边界必须要与修剪对象相交，或其延长线相交，才能成功修剪对象。因此，系统为用户设定了两种修剪模式，即【修剪模式】和【不修剪模式】，默认模式为【不修剪模式】。下面通过具体实例，学习默认模式下的修剪操作。

使用画线命令绘制图 3-38（左）所示的两条图线。

实训——修剪对象

[1] 新建空白文件。
[2] 利用直线命令绘制交叉直线。
[3] 单击【修改】工具栏上的 ✁ 按钮，激活【修剪】命令，对水平直线进行修剪，命令行操作如下：

```
命令：_trim
当前设置:投影=UCS，边=无
选择剪切边...
选择对象或 <全部选择>：        //选择倾斜直线作为边界
选择对象：                    //按 Enter 键，结束边界的选择
选择要修剪的对象，或按住 Shift 键选择要延伸的对象，或[栏选(F)/窗交(C)/投影式(P)/边(E)/删除(R)/放弃(U)]：    //在水平直线的右端单击左键，定位需要删除的部分
```

选择要修剪的对象，或按住 Shift 键选择要延伸的对象，或[栏选(F)/窗交(C)/投影(P)/边(E)/
删除(R)/放弃(U)]:   // Enter，结束命令

[4] 修剪结果如图 3-38（右）所示。

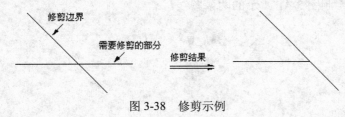

图 3-38 修剪示例

操作技巧

当修剪多个对象时，可以使用【栏选】和【窗交】两种选项功能，而【栏选】方式需要绘制一条或多条栅栏线，所有与栅栏线相交的对象都会被选择，如图 3-39 所示和图 3-40 所示。

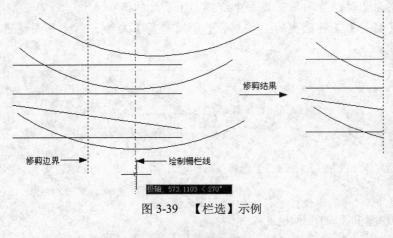

图 3-39 【栏选】示例

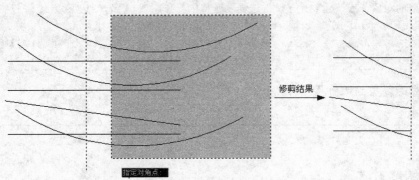

图 3-40 【窗交选择】示例

2. 【隐含交点】下的修剪

所谓【隐含交点】，指的是边界与对象没有实际的交点，而边界被延长后，与对象存在一

个隐含交点。

对【隐含交点】下的图线进行修剪时，需要更改默认的修剪模式，即将默认模式更改为【修剪模式】。下面通过实例学习此种操作。

使用画线命令绘制图 3-41 所示的两条图线。

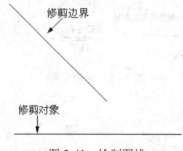

图 3-41　绘制图线

实训——【隐含交点】下的修剪

[1] 新建空白文件，再利用直线命令绘制上图所示的两条直线。
[2] 单击【修改】工具栏上的 -/- 按钮，执行【修剪】命令，对水平图线进行修剪，命令行操作如下：

```
命令: _trim
当前设置:投影=UCS,边=无
选择剪切边...
选择对象或 <全部选择>:            //Enter,选择刚绘制的倾斜图线
选择对象:
选择要修剪的对象,或按住 Shift 键选择要延伸的对象,或[栏选(F)/窗交(C)/投影(P)/边(E)/删除(R)/放弃(U)]:            //Enter,激活【边】选项功能
输入隐含边延伸模式 [延伸(E)/不延伸(N)] <不延伸>:
//Enter,设置修剪模式为延伸模式
选择要修剪的对象,或按住 Shift 键选择要延伸的对象,或[栏选(F)/窗交(C)/投影(P)/边(E)/删除(R)/放弃(U)]:            //在水平图线的右端单击左键
选择要修剪的对象,或按住 Shift 键选择要延伸的对象,或[栏选(F)/窗交(C)/投影(P)/边(E)/删除(R)/放弃(U)]:            //Enter,结束修剪命令
```

[3] 图线的修剪结果如图 3-42 所示。

图 3-42　修剪结果

操作技巧

【边】选项用于确定修剪边的隐含延伸模式，其中【延伸】选项表示剪切边界可以无限延长，边界与被剪实体不必相交；【不延伸】选项指剪切边界只有与被剪实体相交时才有效。

3. 【投影】选项

【投影】选项用于设置三维空间剪切实体的不同投影方法。选择该选项后，AutoCAD 出现【输入投影选项[无（N）/UCS（U）/视图（V）]<无>:】的操作提示，其中：

- 【无】选项表示不考虑投影方式，按实际三维空间的相互关系修剪。
- 【Ucs】选项指在当前 UCS 的 *XOY* 平面上修剪。
- 【视图】选项表示在当前视图平面上修剪。

操作技巧

当系统提示【选择剪切边】时，直接按 Enter 键即可选择待修剪的对象，系统在修剪对象时将使用最靠近的候选对象作为剪切边。

3.4.2 延伸对象（EX）

【延伸】命令用于将对象延伸至指定的边界上。用于延伸的对象有直线、圆弧、椭圆弧、非闭合的二维多段线和三维多段线以及射线等。

1. 【延伸】命令的启动

执行【延伸】命令主要有以下几种方式：

- 执行【修改】菜单中的【延伸】命令。
- 单击【修改】工具栏上的 按钮。
- 在命令行输入 Extend 按 Enter 键。

在延伸对象时，也需要为对象指定边界。指定边界时，有两种情况，一种是对象被延长后与边界存在有一个实际的交点，另一种就是与边界的延长线相交于一点。

为此，AutoCAD 为用户提供了两种模式，即【延伸模式】和【不延伸模式】，系统默认模式为【不延伸模式】。下面通过具体实例，学习此种模式的修剪过程。

使用画线命令绘制图 3-43（左）所示的两条图线。

实训——延伸对象

[1] 新建空白文件。然后利用直线命令绘制相互垂直但不相交的两条直线。
[2] 执行菜单【修改】|【延伸】命令，对垂直图线进行延伸，使之与水平图线垂直相交。命令行操作如下：

```
命令: _extend
当前设置:投影=UCS,边=无
选择边界的边...
选择对象或 <全部选择>:          //选择水平图线作为边界
选择对象:                        // Enter,结束边界的选择
选择要延伸的对象,或按住 Shift 键选择要修剪的对象,或[栏选(F)/窗交(C)/投影(P)/边(E)/
放弃(U)]:                        //在垂直图线的下端单击左键
选择要延伸的对象,或按住 Shift 键选择要修剪的对象,或[栏选(F)/窗交(C)/投影(P)/边(E)/放
弃(U)]:                          // Enter,结束命令
```

[3] 结果垂直图线的下端被延伸,如图 3-43(右)所示。

图 3-43　修剪示例

操作技巧

在选择延伸对象时,要在靠近延伸边界的一端选择需要延伸的对象,否则对象将不被延伸。

2. 【隐含交点】下的延伸

所谓【隐含交点】指的是边界与对象延长线没有实际的交点,而是边界被延长后,与对象延长线存在一个隐含交点。

对【隐含交点】下的图线进行延伸时,需要更改默认的延伸模式,即将默认模式更改为【延伸模式】。下面通过具体的实例,学习此种模式下的延伸操作。

使用画线命令绘制图 3-44(左)所示的两条图线。

实训——【隐含交点】下的延伸

[1] 新建空白文件。然后绘制两条相互垂直但不相交的直线。
[2] 执行【修剪】命令,将垂直图线的下端延长,使之与水平图线的延长线相交。命令行操作如下:

```
命令: _extend
当前设置:投影=UCS,边=无
选择边界的边...
选择对象:                        //选择水平的图线作为延伸边界
选择对象:                        //Enter,结束边界的选择
```

选择要延伸的对象，或按住 Shift 键选择要修剪的对象，或[栏选(F)/窗交(C)/投影(P)/边(E)/
放弃(U)]:   //e Enter，激活【边】选项
输入隐含边延伸模式 [延伸(E)/不延伸(N)] <不延伸>:
//E Enter，设置模式为延伸模式
选择要延伸的对象，或按住 Shift 键选择要修剪的对象，或[栏选(F)/窗交(C)/投影(P)/边(E)/
放弃(U)]:   //在垂直图线的下端单击左键。
选择要延伸的对象，或按住 Shift 键选择要修剪的对象，或[栏选(F)/窗交(C)/投影(P)/边(E)/
放弃(U)]:   // Enter，结束命令。

[3] 延伸效果如图 3-44（右）所示。

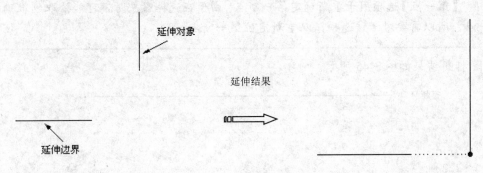

图 3-44　两种隐含模式

> **操作技巧**
>
> 【边】选项用来确定延伸边的方式。【延伸】选项将使用隐含的延伸边界来延伸对象，而实际上边界和延伸对象并没有真正相交，AutoCAD 会假想将延伸边延长，然后再延伸；【不延伸】选项确定边界不延伸，而只有边界与延伸对象真正相交后才能完成延伸操作。

3.4.3 打断对象（BR）

所谓【打断对象】指的是将对象打断为相连的两部分，或打断并删除图形对象上的一部分。
执行【打断】命令主要有以下几种方式：

◆ 执行【修改】菜单中的【打断】命令。
◆ 在命令行输入 Break 按 Enter 键。
◆ 在功能区【常用】选项卡【修改】面板中单击【打断】按钮。

使用【打断】命令可以删除对象上任意两点之间的部分。下面通过实例，学习使用【打断】命令。

实训——打断对象

[1] 新建空白文件。
[2] 使用画线命令绘制长度为 500 的图线，如图 3-45（上）所示。
[3] 在功能区【常用】选项卡【修改】面板中单击【打断】按钮，配合点的捕捉和输

入功能，将在水平图线上删除 40 个单位的距离。命令行操作如下：

```
命令：_break
选择对象：                              //选择刚绘制的线段
指定第二个打断点 或 [第一点(F)]:         //f Enter，激活【第一点】选项
指定第一个打断点：                       //捕捉线段的中点作为第一断点
指定第二个打断点：                       //@150,0 Enter，定位第二断点
```

操作技巧

【第一点】选项用于重新确定第一断点。由于在选择对象时不可能拾取到准确的第一点，所以需要激活该选项，以重新定位第一断点。

[4] 打断结果如图 3-45 所示。

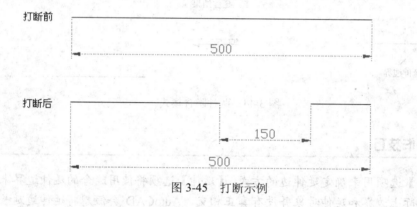

图 3-45　打断示例

操作技巧

要将一个对象一分为二而不删除其中的任何部分，可以在指定第二断点时输入相对坐标符号@，也可以直接单击【修改】工具栏上的 按钮。

3.4.4　合并对象（J）

所谓【合并对象】指的是将同角度的两条或多条线段合并为一条线段，还可以将圆弧或椭圆弧合并为一个整圆和椭圆，如图 3-46 所示。

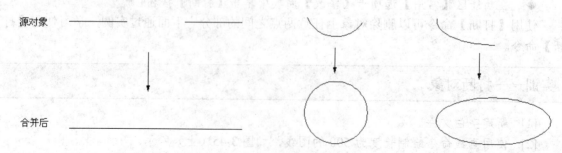

图 3-46　合并对象示例

执行【合并】命令主要有以下几种方式：
- 执行【修改】菜单中的【合并】命令。
- 在命令行输入 Join 按 Enter 键。
- 在功能区【常用】选项卡【修改】面板中单击【合并】按钮。

下面通过将两线段合并为一条线段、将圆弧合并为一个整圆、将椭圆弧合并为一个椭圆，学习使用【合并】命令，操作如下。

实训——合并对象

[1] 新建空白文件。然后绘制两条同方向但不相连的直线。
[2] 在功能区【常用】选项卡【修改】面板中单击【合并】按钮，将两条线段合并为一条线段。命令行操作如下：

```
命令：_join
选择源对象：                //选择左侧的线段作为源对象
选择要合并到源的直线：      //选择右侧线段
选择要合并到源的直线：      // Enter，合并结果如图 3-47 所示。
已将 1 条直线合并到源
```

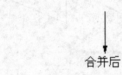

图 3-47　合并线段

[3] 再绘制一个圆弧和一个椭圆弧。
[4] 按 Enter 键重复执行【合并】命令，将圆弧合并为一个整圆，命令行操作如下：

```
命令：
JOIN
选择源对象：                             //选择下侧圆弧作为源对象
选择圆弧，以合并到源或进行 [闭合(L)]：    //L Enter，激活【闭合】选项，合并结果如图 3-48
所示。已将圆弧转换为圆。
```

[5] 按 Enter 键重复执行【合并】命令，将圆弧合并为一个整圆，命令行操作如下：

```
命令：JOIN
选择源对象：                              //选择下侧圆弧作为源对象
选择椭圆弧，以合并到源或进行 [闭合(L)]：   //L Enter，激活【闭合】选项，合并结果如图 3-49
所示。已成功地闭合椭圆。
```

图 3-48　合并圆弧　　　　　　　图 3-49　合并椭圆弧

3.4.5　拉伸对象（S）

【拉伸】命令用于将对象进行不等比缩放，进而改变对象的尺寸或形状，如图 3-50 所示。

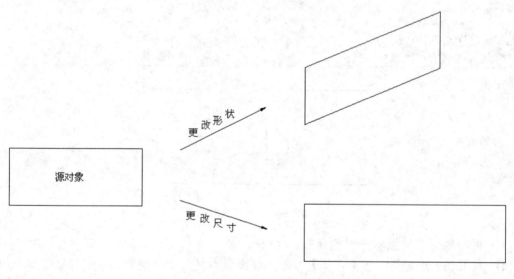

图 3-50　拉伸示例

执行【拉伸】命令主要有以下几种方式：
- 执行【修改】菜单中的【拉伸】命令。
- 单击【修改】工具栏上的 按钮。
- 在命令行输入 Stretch 按 Enter 键。

通常用于拉伸的对象有直线、圆弧、椭圆弧、多段线、样条曲线等。下面通过将某矩形的短边尺寸拉伸为原来的两倍，而长边尺寸拉伸为原来的 1.5 倍，学习使用【拉伸】命令。

实训——拉伸对象

[1] 新建空白文件。
[2] 使用【矩形】命令绘制一个矩形。
[3] 单击【修改】工具栏上的 按钮，激活【拉伸】命令，对矩形的水平边进行拉长。

命令行操作如下。

```
命令：_stretch
以交叉窗口或交叉多边形选择要拉伸的对象...
选择对象：                    //拉出如图3-51所示的窗交选择框
选择对象：                    // Enter，结束对象的选择
指定基点或 [位移(D)] <位移>：
   //捕捉矩形的左下角点，作为拉伸的基点
指定第二个点或 <使用第一个点作为位移>：
   //捕捉矩形下侧边中点作为拉伸目标点，拉伸结果如图3-52所示。
```

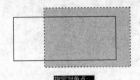
图 3-51 窗交选择

图 3-52 拉伸结果

操作技巧

如果所选择的图形对象完全处于选择框内，那么拉伸的结果只能是图形对象相对于原位置上的平移。

[4] 按Enter键，重复【拉伸】命令，将矩形的宽度拉伸1.5倍。命令行操作如下：

```
命令：
STRETCH
以交叉窗口或交叉多边形选择要拉伸的对象...
选择对象：                    //拉出如图3-53所示的窗交选择框
选择对象：                    // Enter，结束对象的选择
指定基点或 [位移(D)] <位移>：   //捕捉矩形的左下角点，作为拉伸的基点
指定第二个点或 <使用第一个点作为位移>：
   //捕捉矩形左上角点作为拉伸目标点，拉伸结果如图3-54所示。
```

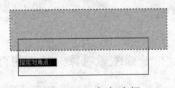
图 3-53 窗交选择

图 3-54 拉伸结果

3.4.6 拉长对象（LEN）

【拉长】命令用于将对象进行拉长或缩短，在拉长的过程中，不仅可以改变线对象的长度，还可以更改弧对象的角度。

1. 【拉长】命令的启动

执行【拉长】命令的主要有以下几种方式：

- 执行菜单【修改】|【拉长】命令。
- 在命令行输入 Lengthen 按 Enter 键。
- 在功能区【常用】选项卡【修改】面板中单击【合并】按钮。

所谓【增量】拉长，指的是按照事先指定的长度增量或角度增量，进行拉长或缩短对象，下面通过实例学习此种操作。

实训——拉长对象

[1] 新建空白文件。
[2] 使用画线命令绘制长度为 200 的水平直线，如图 3-55（左）所示。
[3] 在功能区【常用】选项卡【修改】面板中单击【合并】按钮，将水平直线水平向右拉长 50 个单位。命令行操作如下：

```
命令：_lengthen
选择对象或 [增量(DE)/百分数(P)/全部(T)/动态(DY)]:
//DE Enter，激活【增量】选项
输入长度增量或 [角度(A)] <0.0000>:    //50 Enter，设置长度增量
选择要修改的对象或 [放弃(U)]:        //在直线的右端单击左键
选择要修改的对象或 [放弃(U)]:        // Enter，退出命令
```

[4] 拉长结果如图 3-55（右）所示。

图 3-55 增量拉长示例

 操作技巧

如果把增量值设置为正值，系统将拉长对象；反之则缩短对象。

2. 【百分数】拉长

所谓【百分数】拉长，指的是以总长的百分比值进行拉长或缩短对象，长度的百分数值必须为正且非零，下面通过实例学习此种操作。

实训——【百分数】拉长

[1] 新建空白文件。
[2] 使用画线命令绘制任意长度的水平图线，如图 3-56（上）所示。
[3] 在功能区【常用】选项卡【修改】面板中单击【合并】按钮，将水平图线拉长 200%。
命令行操作如下：

```
命令: _lengthen
选择对象或 [增量(DE)/百分数(P)/全部(T)/动态(DY)]:
//P Enter，激活【百分比】选项
输入长度百分数 <100.0000>:        //200 Enter，设置拉长的百分比值
选择要修改的对象或 [放弃(U)]:     //在线段的一端单击左键
选择要修改的对象或 [放弃(U)]:     // Enter，结束命令
```

[4] 拉长结果如图3-56（下）所示。

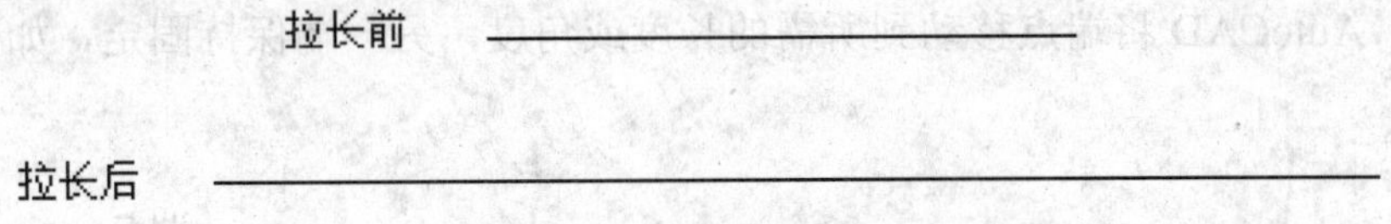

图3-56 百分比拉长示例

操作技巧

当长度百分比值小于100%时，将缩短对象；输入长度的百分比值大于100%时，将拉伸对象。

3.【全部】拉长

所谓【全部】拉长，指的是根据指定一个总长度或者总角度进行拉长或缩短对象，下面通过实例学习此种操作。

实训——【全部】拉长

[1] 新建空白文件。
[2] 使用画线命令绘制任意长度的水平图线，如图3-57（上）所示。
[3] 在功能区【常用】选项卡【修改】面板中单击【合并】按钮，将水平图线拉长为500个单位。命令行操作如下：

```
命令: _lengthen
选择对象或 [增量(DE)/百分数(P)/全部(T)/动态(DY)]: //T Enter，激活【全部】选项
指定总长度或 [角度(A)] <1.0000)>:      //500 Enter，设置总长度
选择要修改的对象或 [放弃(U)]:          //在线段的一端单击左键
选择要修改的对象或 [放弃(U)]:          // Enter，退出命令
```

[4] 结果原对象的长度被拉长为500，如图3-57（下）所示。

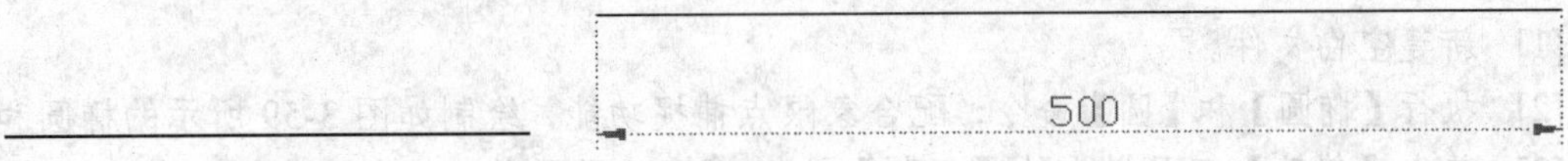

图3-57 全部拉长示例

> **操作技巧**
>
> 如果原对象的总长度或总角度大于所指定的总长度或总角度,那么原对象将被缩短;反之,将被拉长。

4.【动态】拉长

所谓【动态】拉长,指的是根据图形对象的端点位置动态改变其长度。激活【动态】选项功能之后,AutoCAD 将端点移动到所需的长度或角度,另一端保持固定,如图 3-58 所示。

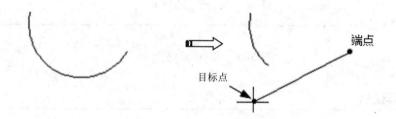

图 3-58 动态拉长

3.5 复制、镜像、阵列和偏移对象

在 AutoCAD 中,单纯地使用绘图命令或绘图工具只能绘制一些基本的图形对象。为了绘制复杂图形,很多情况下都必须借助于图形编辑命令。AutoCAD 2015 提供了众多的图形编辑命令,使用这些命令,可以修改已有图形或通过已有图形构造新的复杂图形。

3.5.1 复制对象(CO)

【复制】命令用于对已有的对象复制出副本,并放置到指定的位置。复制出的图形尺寸、形状等保持不变,唯一发生改变的就是图形的位置。

执行【复制】命令主要有以下几种方式:

- ◆ 执行【修改】|【复制】命令。
- ◆ 单击【修改】工具栏上的【复制】按钮。
- ◆ 在命令行输入 Copy 按 Enter 键。

一般情况下,通常使用【复制】命令创建结构相同、位置不同的复合结构,下面通过典型的操作实例学习此命令。

实训——复制对象

[1] 新建空白文件。
[2] 执行【椭圆】和【圆】命令,配合象限点捕捉功能,绘制如图 3-59 所示的椭圆和圆。
[3] 单击【修改】工具栏上的【复制】按钮,对圆图形进行多重复制。命令行操作如下:

```
命令: _copy
选择对象:                                    //选择刚绘制的圆图形
选择对象:✓                                   //结束选择
当前设置： 复制模式 = 多个
指定基点或 [位移(D)/模式(O)] <位移>:          //捕捉圆心作为基点
指定第二个点或 <使用第一个点作为位移>:         //捕捉椭圆上象限点
指定第二个点或 [退出(E)/放弃(U)] <退出>:       //捕捉椭圆右象限点
指定第二个点或 [退出(E)/放弃(U)] <退出>:       //捕捉椭圆下象限点
指定第二个点或 [退出(E)/放弃(U)] <退出>:✓     //结束命令
```

[4] 复制结果如图 3-60 所示。

图 3-59　绘制结果

图 3-60　复制结果

3.5.2　镜像对象（MI）

【镜像】命令用于将选择的图形以镜像线对称复制。在镜像过程中，原对象可以保留，也可以删除。

执行【镜像】命令主要有以下几种方式：

◆ 执行【修改】|【镜像】命令。
◆ 单击【修改】工具栏上的【镜像】按钮。
◆ 在命令行输入 Mirror 按 Enter 键。

【镜像】命令通常用于创建一些结构对称的图形，下面通过实例学习使用【镜像】命令，操作如下：

实训——镜像对象

[1] 打开本例的初始文件。
[2] 单击【修改】工具栏上的 按钮，激活【镜像】命令，对图形进行镜像。命令行操作如下：

```
命令: _mirror
选择对象: 找到 9 个, 1 个编组                 //选择打开的图形
选择对象:✓                                   //完成选择
指定镜像线的第一点:                          //指定镜像线的第二点:
二维点无效。
指定镜像线的第二点:                          //如图 3-61 所示，单击鼠标确定
要删除源对象吗? [是(Y)/否(N)] <N>:✓          //保留源对象
```

[3] 镜像结果如图 3-62 所示。

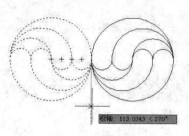
图 3-61 打开源文件

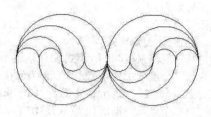
图 3-62 定位第一镜像点

操作技巧

对文字进行镜像时，其镜像后的文字可读性取决于系统变量【MIRRTEX】的值，当变量值为 1 时，镜像文字不具有可读性；当变量值为 0 时，镜像后的文字具有可读性。

3.5.3 偏移对象（O）

【偏移】命令用于将图线按照一定的距离或指定的通过点，进行偏移选择。

执行【偏移】命令主要有以下几种方式：

- 执行【修改】|【偏移】命令。
- 单击【修改】工具栏上的【偏移】按钮。
- 在命令行输入 Offset 按 Enter 键。

1. 将对象距离偏移

不同结构的对象，其偏移结果也会不同。比如在对圆、椭圆等对象偏移后，对象的尺寸发生了变化，而对直线偏移后，尺寸则保持不变。

下面以偏移圆、椭圆、直线等基本图元为例，学习距离偏移对象。

实训——距离偏移

[1] 新建空白文件。
[2] 执行【圆】和【多边形】命令，绘制如图 3-63 所示的圆和正六边形。
[3] 单击【修改】工具栏中的【修改】按钮，激活【偏移】命令，对各图形进行距离偏移。命令行操作如下：

```
命令：_offset
当前设置：删除源=否  图层=源  OFFSETGAPTYPE=0
指定偏移距离或 [通过(T)/删除(E)/图层(L)] <53.6005>: 7↙   //设置偏移距离为 7
选择要偏移的对象，或 [退出(E)/放弃(U)] <退出>:           //选择圆形
指定要偏移的那一侧上的点，或 [退出(E)/多个(M)/放弃(U)] <退出>:
//设定向内或向外偏移
选择要偏移的对象，或 [退出(E)/放弃(U)] <退出>://         选择正六边形
指定要偏移的那一侧上的点，或 [退出(E)/多个(M)/放弃(U)] <退出>:
//设定向内或向外偏移
```

[4] 按 Enter 键结束命令，偏移结果如图 3-64 所示。

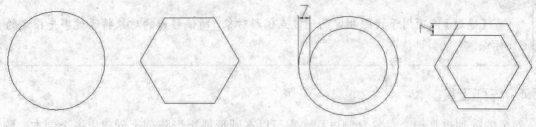

图 3-63　绘制结果　　　　　　　　　　　图 3-64　距离偏移

操作技巧

在选择偏移对象时，只能以点选的方式选择对象，且每次只能偏移一个对象。

2. 将对象定点偏移

所谓【定点偏移】指的就是为偏移对象指定一个通过点，进行偏移对象。此种偏移通常需要配合【对象捕捉】功能。下面通过实例学习定点偏移。

实训——定点偏移

[1] 新建空白文件，再绘制一个圆和一个椭圆。
[2] 单击【修改】工具栏中的【偏移】按钮，激活【偏移】命令。
[3] 激活【偏移】命令后，对圆图形继续偏移，使偏移出的圆与大椭圆相切。命令行操作如下：

```
命令: _offset
当前设置: 删除源=否  图层=源  OFFSETGAPTYPE=0
指定偏移距离或 [通过(T)/删除(E)/图层(L)] <20.0000>: t↙      //激活【通过】选项
选择要偏移的对象，或 [退出(E)/放弃(U)] <退出>:        //单击圆作为偏移对象
指定通过点或 [退出(E)/多个(M)/放弃(U)] <退出>:       //捕捉外侧椭圆的左象限点
选择要偏移的对象，或 [退出(E)/放弃(U)] <退出>:↙       //结束命令
```

[4] 偏移结果如图 3-65 所示。

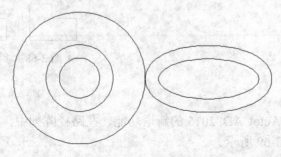

图 3-65　定点偏移

> **操作技巧**
>
> 【通过】选项用于按照指定的通过点偏移对象,所偏移出的对象将通过事先指定的目标点。

3.5.4 阵列工具

对象的阵列也是一个对象复制过程,它可以在圆形或矩形阵列上创建出多个副本。阵列分矩形阵列、路径阵列和环形阵列。

1. 矩形阵列

在 AutoCAD 2015 中,矩形阵列工具的应用比前期版本要成熟得多。前期旧版本中的阵列操作是通过【阵列】对话框来实现的,而新版本中则可以采用拖动方法、输入选项的方法来操作。

例如,水平拖动光标,会生成水平的图形阵列;如图 3-66 所示。

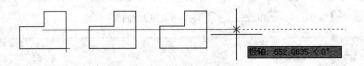

图 3-66 生成水平阵列

垂直拖动光标则生成垂直方向上的竖直阵列;如图 3-67 所示。

若以对角点的方法拖动光标,将会生成多行与多列的图形阵列;如图 3-68 所示。

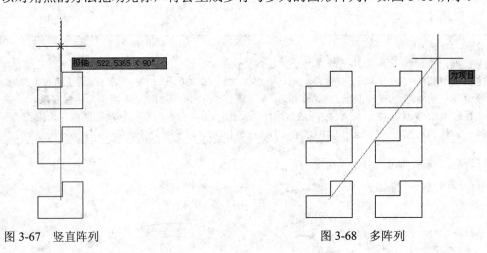

图 3-67 竖直阵列　　　　　　图 3-68 多阵列

2. 路径阵列

【路径阵列】也是 AutoCAD 2015 的新增功能。在路径阵列中,对象可以均匀地沿路径或部分路径分布,如图 3-69 所示。

第 3 章 AutoCAD 机械图形绘图命令

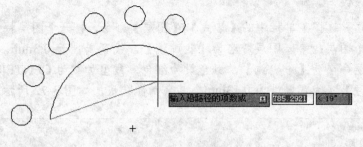

图 3-69 路径阵列

3. 环形阵列

【环形阵列】是通过围绕指定的圆心复制选定对象来创建阵列。在 AutoCAD 2015 中，可以通过拖动光标来确定阵列的角度和个数，若要精确阵列对象，须在命令行中输入填充角度值和项目数。如图 3-70 所示为利用光标（分别为 270°和 360°的情形）来创建环形阵列的示意图。

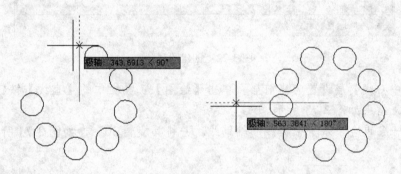

图 3-70 利用拖动来创建环形阵列

实训——绘制阵列图形

下面通过图 3-71 的绘制来对前面学习的知识进行练习和巩固。

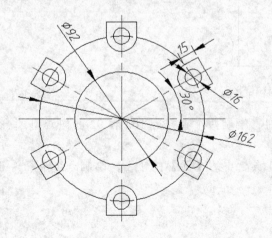

图 3-71 示例

[1] 新建一个空白文件。

[2] 设置图层。选择菜单栏中的【格式】|【图层】命令，打开【图层特性管理器】面板。

[3] 新建三个图层：第一图层命名为【轮廓线】，线宽属性为 0.3mm，其余属性默认；第二图层命名为【中心线】，颜色设为红色，线型加载为 CENTER；第三图层命名为【标注】，线宽属性为 0.13mm，其余属性默认，如图 3-72 所示。

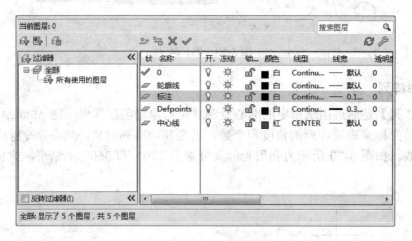

图 3-72　创建图层

[4] 将【中心线】层设置为当前层。单击【绘图】工具栏中的【直线】按钮，绘制中心线，结果如图 3-73 所示。

[5] 绘制一条重合于水平中心线的辅助线，并将其旋转 30°，如图 3-74 所示。

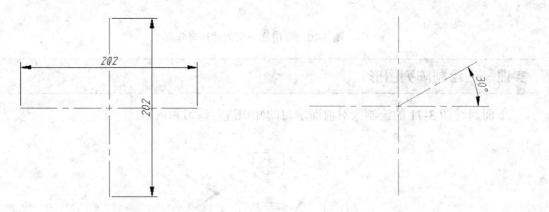

图 3-73　绘制中心线　　　　　　　图 3-74　绘制辅助线

[6] 单击【圆】按钮绘制两个直径为 162 和 92 的同心圆，一个直径为 16 的圆，结果如图 3-75 所示。

[7] 单击【绘图】工具栏中的【圆】按钮，绘制一个半径为 15 的圆，结果如图 3-76 所示。

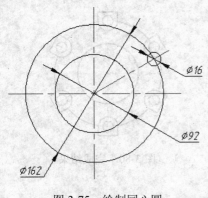

图 3-75　绘制同心圆

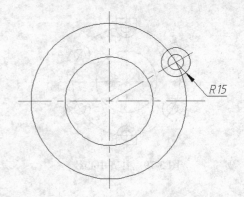

图 3-76　绘制圆

[8] 使用【直线】工具，利用对象捕捉功能，绘制两条长 15 的直线，并连接两条直线，然后利用【修剪】命令修剪图形，结果如图 3-77 所示。

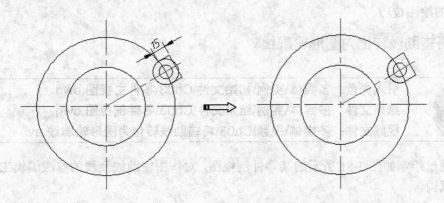

图 3-77　绘制直线并修剪

[9] 单击【修改】工具栏中的【环形阵列】按钮，创建如图 3-78 所示的阵列对象。

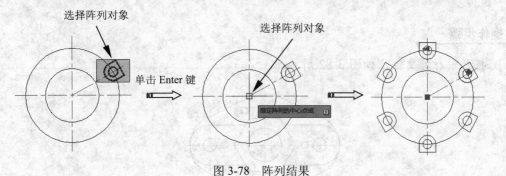

图 3-78　阵列结果

[10] 补齐阵列图形的中心线，如图 3-79 所示。
[11] 使用【修剪】工具修剪多余图形，得到最终结果，如图 3-80 所示。

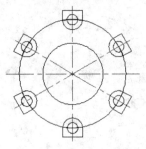
图 3-79 补齐中心线

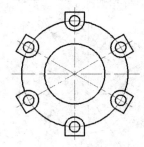
图 3-80 完成结果

3.6 综合训练

前面主要讲解了 AutoCAD 的基本绘图与编辑，下面通过四个典型的图形绘制案例，详解 AutoCAD 的绘图技巧。

3.6.1 将辅助线转化为图形轮廓线

 引入光盘：多媒体\实例\初始文件\Ch03\零件主视图.dwg
结果文件：多媒体\实例\结果文件\Ch03\零件剖视图.dwg
视频文件：多媒体\视频\Ch03\将辅助线转化为图形轮廓线.avi

下面通过绘制如图 3-81 所示的某零件剖视图，对作图辅助线及线的修改编辑工具进行综合训练和巩固。

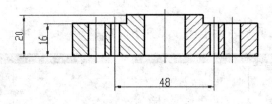
图 3-81 本例效果

[1] 打开素材源文件，如图 3-82 所示。

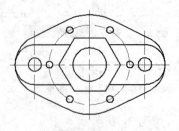
图 3-82 打开结果

[2] 启用状态栏上的【对象捕捉】功能,并设置捕捉模式为端点捕捉、圆心捕捉和交点捕捉。
[3] 展开【图层】工具栏上的【图层控制】列表,选择【轮廓线】作为当前图层。
[4] 执行【绘图】菜单中的【构造线】命令,绘制一条水平的构造线作为定位辅助线。命令行操作如下:

```
命令: _xline
指定点或 [水平(H)/垂直(V)/角度(A)/二等分(B)/偏移(O)]:  //H Enter,激活【水平】选项
指定通过点:                    //在俯视图上侧的适当位置拾取一点
指定通过点:                    // Enter,绘制结果如图 3-83 所示。
```

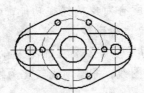

图 3-83 绘制结果

[5] 按 Enter 键,重复执行【构造线】命令,绘制其他定位辅助线,具体操作如下:

```
命令:                         // Enter,重复执行命令
XLINE
指定点或 [水平(H)/垂直(V)/角度(A)/二等分(B)/偏移(O)]: //O Enter,激活【偏移】选项
指定偏移距离或 [通过(T)] <通过>:   //16 Enter,设置偏移距离
选择直线对象:                   //选择刚绘制的水平辅助线
指定向哪侧偏移:                 //在水平辅助线上侧拾取一点
选择直线对象:                   // Enter,结果如图 3-84 所示。
```

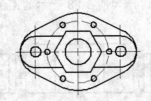

图 3-84 绘制结果

```
命令:                         // Enter,重复执行命令
XLINE
指定点或 [水平(H)/垂直(V)/角度(A)/二等分(B)/偏移(O)]: //O Enter,激活【偏移】选项
指定偏移距离或 [通过(T)] <通过>:   //4 Enter,设置偏移距离
选择直线对象:                   //选择刚绘制的水平辅助线
```

指定向哪侧偏移：   //在水平辅助线上侧拾取一点
选择直线对象：   // Enter，结果如图3-85所示。

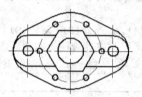

图 3-85　绘制结果

[6] 再次执行【构造线】命令，配合对象的捕捉功能，分别通过俯视图各位置的特征点，绘制如图3-86所示的垂直定位辅助线。

[7] 综合使用【修改】菜单中的【修剪】和【删除】命令，对刚绘制的水平和垂直辅助线进行修剪编辑，删除多余图线，将辅助线转化为图形轮廓线，结果如图3-87所示。

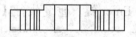

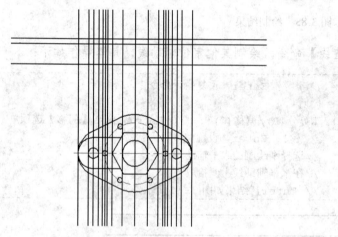

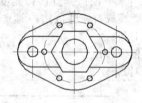

图 3-86　绘制垂直定位辅助线　　　　　　　　　图 3-87　编辑结果

[8] 在无命令执行的前提下，选择如图3-88所示的图线，使其夹点显示。

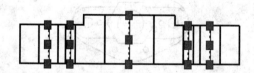

图 3-88　夹点显示图线

[9] 单击【图层】工具栏上的【图层控制】列表，在展开的下拉列表中选择【点画线】，将夹点显示的图线图层修改为【点画线】。

[10] 按下Esc键取消对象的夹点显示状态，结果如图3-89所示。

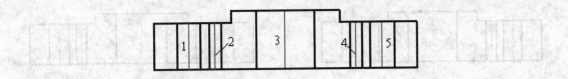

图 3-89 修改结果

[11] 执行【修改】菜单中的【拉长】命令,将各位置中心线进行两端拉长。命令行操作如下:

```
命令:_lengthen
选择对象或 [增量(DE)/百分数(P)/全部(T)/动态(DY)]:    //de Enter,激活【增量】选项
输入长度增量或 [角度(A)] <0.0>:              //3 Enter,设置拉长的长度
选择要修改的对象或 [放弃(U)]:                //在中心线1的上端单击左键
选择要修改的对象或 [放弃(U)]:                //在中心线1的下端单击左键
选择要修改的对象或 [放弃(U)]:                //在中心线2的上端单击左键
选择要修改的对象或 [放弃(U)]:                //在中心线2的下端单击左键
选择要修改的对象或 [放弃(U)]:                //在中心线3的上端单击左键
选择要修改的对象或 [放弃(U)]:                //在中心线3的下端单击左键
选择要修改的对象或 [放弃(U)]:                //在中心线4的上端单击左键
选择要修改的对象或 [放弃(U)]:                //在中心线4的下端单击左键
选择要修改的对象或 [放弃(U)]:                //在中心线5的上端单击左键
选择要修改的对象或 [放弃(U)]:                //在中心线5的下端单击左键
选择要修改的对象或 [放弃(U)]:                // Enter,拉长结果如图3-90所示。
```

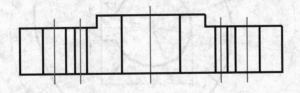

图 3-90 拉长结果

[12] 将【剖面线】设置为当前图层,执行【绘图】菜单中的【图案填充】命令,在弹出的【图案填充创建】选项卡中设置填充参数如图3-91所示。

图 3-91 设置填充参数

[13] 为剖视图填充剖面图案,填充结果如图3-92所示。

[14] 重复执行【图案填充】命令,将填充角度设置为90°,其他参数保持不变,继续对剖视图填充剖面图案,最终的填充效果如图3-93所示。

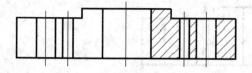
图 3-92 填充结果

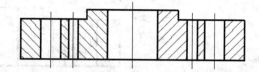
图 3-93 最终效果

[15] 执行【文件】菜单中的【另存为】命令，将当前图形命名存储为【某零件剖视图.dwg】。

3.6.2 绘制凸轮

引入光盘：无
结果文件：多媒体\实例结果文件\Ch03\凸轮.dwg
视频文件：多媒体\视频\Ch03\凸轮.avi

下面通过绘制如图 3-94 所示的异形轮轮廓图，对本节相关知识进行综合练习和应用。

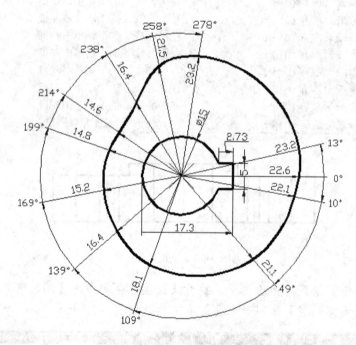

图 3-94 本例效果

操作步骤

[1] 使用【新建】命令创建空白文件。
[2] 按下 F12 键，关闭状态栏上的【动态输入】功能。
[3] 选择菜单【视图】|【平移】|【实时】命令，将坐标系图标移至绘图区中央位置上。
[4] 执行【绘图】菜单栏中的【多段线】命令，配合坐标输入法绘制内部轮廓线。命令行操作如下：

```
命令：_pline
指定起点：                                          //9.8,0 Enter
当前线宽为 0.0000
指定下一个点或 [圆弧(A)/半宽(H)/长度(L)/放弃(U)/宽度(W)]：      //9.8,2.5 Enter
指定下一点或 [圆弧(A)/闭合(C)/半宽(H)/长度(L)/放弃(U)/宽度(W)]：//@-2.73,0 Enter
指定下一点或 [圆弧(A)/闭合(C)/半宽(H)/长度(L)/放弃(U)/宽度(W)]： //a Enter，转入画弧模式
指定圆弧的端点或[角度(A)/圆心(CE)/闭合(CL)/方向(D)/半宽(H)/直线(L)/半径(R)/第二个点(S)/放弃(U)/宽度(W)]：            //ce Enter
指定圆弧的圆心：                                     //0,0 Enter
指定圆弧的端点或 [角度(A)/长度(L)]：                  //7.07,-2.5 Enter
指定圆弧的端点或 [角度(A)/圆心(CE)/闭合(CL)/方向(D)/半宽(H)/直线(L)/半径(R)/第二个点(S)/放弃(U)/宽度(W)]：            //l Enter，转入画线模式
指定下一点或 [圆弧(A)/闭合(C)/半宽(H)/长度(L)/放弃(U)/宽度(W)]：     //9.8,-2.5 Enter
指定下一点或 [圆弧(A)/闭合(C)/半宽(H)/长度(L)/放弃(U)/宽度(W)]：  //c Enter，结束命令，绘制结果如图 3-95 所示。
```

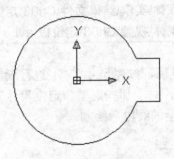

图 3-95 绘制内轮廓

[5] 单击【绘图】工具栏中的按钮，激活【样条曲线】命令，绘制外轮廓线。命令行操作如下：

```
命令：_spline
指定第一个点或 [对象(O)]：                    //22.6,0 Enter
指定下一点：                                 //23.2<13 Enter
指定下一点或 [闭合(C)/拟合公差(F)] <起点切向>：  //23.2<-278 Enter
指定下一点或 [闭合(C)/拟合公差(F)] <起点切向>：  //21.5<-258 Enter
指定下一点或 [闭合(C)/拟合公差(F)] <起点切向>：  //16.4<-238 Enter
指定下一点或 [闭合(C)/拟合公差(F)] <起点切向>：  //14.6<-214 Enter
指定下一点或 [闭合(C)/拟合公差(F)] <起点切向>：  //14.8<-199 Enter
指定下一点或 [闭合(C)/拟合公差(F)] <起点切向>：  //15.2<-169 Enter
指定下一点或 [闭合(C)/拟合公差(F)] <起点切向>：  //16.4<-139 Enter
指定下一点或 [闭合(C)/拟合公差(F)] <起点切向>：  //18.1<-109 Enter
指定下一点或 [闭合(C)/拟合公差(F)] <起点切向>：  //21.1<-49 Enter
指定下一点或 [闭合(C)/拟合公差(F)] <起点切向>：  //22.1<-10 Enter
指定下一点或 [闭合(C)/拟合公差(F)] <起点切向>：  //c Enter
指定切向：         //将光标移至如图 3-96 所示位置单击左键，以确定切向，绘制结果如图 3-97 所示。
```

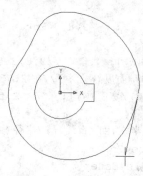
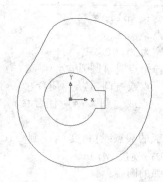

图 3-96 确定切向　　　　　　　　　图 3-97 绘制结果

[6] 最后执行【保存】命令，将图形命名存储为【综合例题三.dwg】。

3.6.3 绘制定位板

引入光盘：无
结果文件：多媒体\实例\结果文件\Ch03\定位板.dwg
视频文件：多媒体\视频\Ch03\定位板.avi

绘制如图 3-98 所示中的定位板，按照尺寸 1：1 进行绘制，不需要标注尺寸。绘制平面图形是按照一定的顺序来绘制的，对于那些定型和定位尺寸齐全的图线，我们称它们为已知线段，应该首先绘制，尺寸不齐全的线段后绘制。

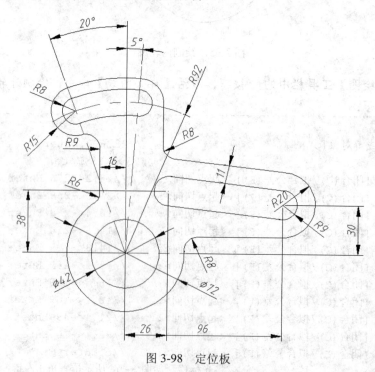

图 3-98 定位板

操作步骤

[1] 新建一个空白文件。

[2] 设置图层。选择菜单栏中的【格式】|【图层】命令，打开【图层特性管理器】面板。

[3] 新建两个图层：第一图层命名为【轮廓线】，线宽属性为 0.3mm，其余属性默认；第二图层命名为【中心线】，颜色设为红色，线型加载为 CENTER，其余属性默认；如图 3-99 所示。

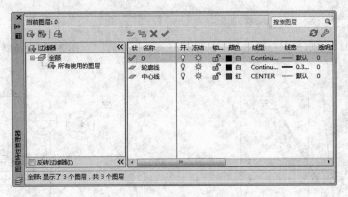

图 3-99 新建两个图层

[4] 将【中心线】层设置为当前层。单击【绘图】工具栏中的【直线】按钮，绘制中心线。结果如图 3-100 所示。

[5] 单击【偏移】按钮，将竖直中心线向右分别偏移 26 和 96，如图 3-101 所示。

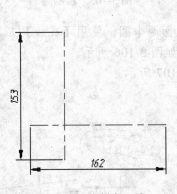

图 3-100 绘制中心线

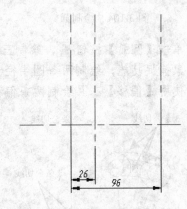

图 3-101 偏移竖直中心线

[6] 再单击【偏移】按钮，将水平中心线，向上分别偏移 30 和 38，如图 3-102 所示。

[7] 绘制两条重合于竖直中心线的直线，然后单击【旋转】按钮，分别旋转 -5° 和 20°，如图 3-103 所示。

[8] 单击【圆】按钮绘制一个半径为 92 的圆，绘制结果如图 3-104 所示。

[9] 将【轮廓线】层设置为当前层。单击【圆】按钮，分别绘制出直径为 72、42 的两个圆，半径为 8 的两个圆，半径为 9 的两个圆，半径为 15 的两个圆，半径为 20 的一个圆，如图 3-105 所示。

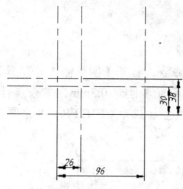

图 3-102 移水平中心线

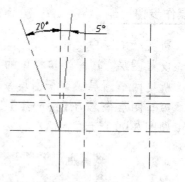

图 3-103 旋转直线

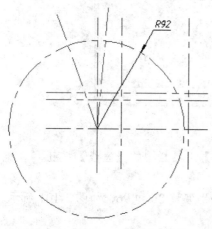

图 3-104 绘制圆

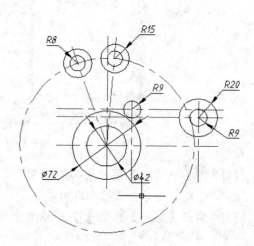

图 3-105 绘制圆

[10] 单击【圆弧】按钮，绘制三条公切线连接上面两个圆。使用【直线】工具利用对象捕捉功能，绘制两条圆半径为 9 的公切线，如图 3-106 所示。

[11] 使用【偏移】工具绘制两条偏移直线，如图 3-107 所示。

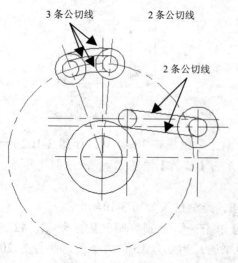

图 3-106 绘制公切线

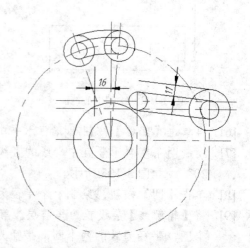

图 3-107 绘制辅助线

[12] 使用【直线】工具利用对象捕捉功能,绘制两条如图 3-108 所示的公切线。

[13] 单击【绘图】工具栏中的【相切,相切,半径】按钮,分别绘制相切于四条辅助直线半径为 9,半径为 6,半径为 8,半径为 8 的四个圆。绘制结果如图 3-109 所示。

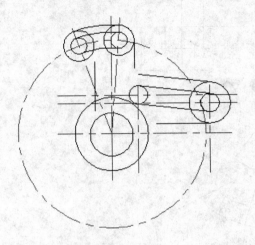

图 3-108 绘制公切线

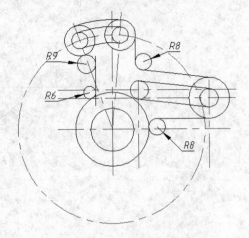

图 3-109 绘制相切圆

[14] 使用【修剪】工具将多余图线进行修剪,并标注尺寸。结果如图 3-110 所示。

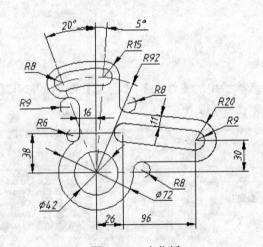

图 3-110 定位板

[15] 按 Ctrl+Shift+S 组合键,将图形另存为【定位板.dwg】。

3.6.4 绘制垫片

引入光盘:无
结果文件:多媒体\实例\结果文件\Ch03\垫片.dwg
视频文件:多媒体\视频\Ch03\垫片.avi

绘制如图 3-111 所示中的垫片,按照尺寸 1:1 进行绘制。

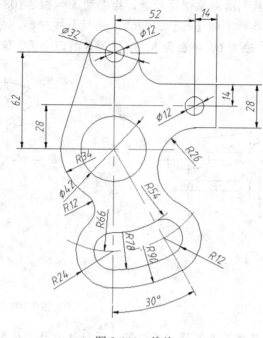

图 3-111 垫片

操作步骤

[1] 新建一个空白文件。
[2] 设置图层。选择菜单栏中的【格式】|【图层】命令，打开【图层特性管理器】面板。
[3] 新建三个图层，如图 3-112 所示。

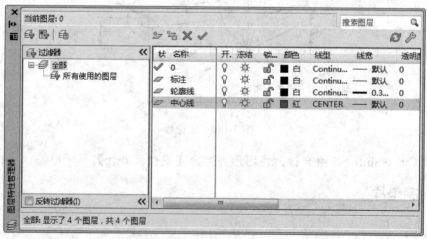

图 3-112 创建图层

[4] 将【中心线】层设置为当前层。然后单击【绘图】工具栏中的【直线】按钮，绘制中心线，结果如图 3-113 所示。
[5] 单击【偏移】按钮，将水平中心线向上分别偏移 28 和 62，就竖直中心线向右分别偏移 52 和 66，结果如图 3-114 所示。

[6] 利用【直线】工具绘制一条倾斜角度为 30°的直线，如图 3-115 所示。

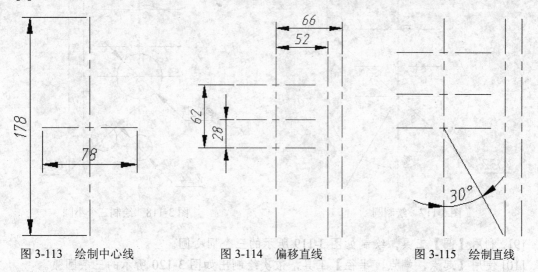

图 3-113　绘制中心线　　　　图 3-114　偏移直线　　　　图 3-115　绘制直线

操作技巧

在绘制倾斜直线时，您可以按 Tab 键切换图形区中坐标输入的数值文本框，以此确定直线的长度和角度，如图 3-116 所示。

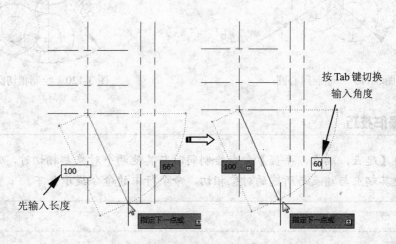

图 3-116　坐标输入的切换操作

[7] 单击【圆】按钮 ⊙ 绘制一个直径为 132 的辅助圆，结果如图 3-117 所示。
[8] 再利用【圆】工具，绘制如图 3-118 所示的三个小圆。

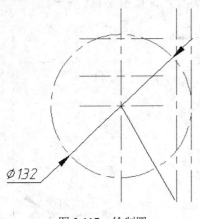

图 3-117 绘制圆

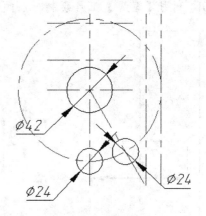

图 3-118 绘制三个小圆

[9] 利用【圆】工具，绘制如图 3-119 所示的三个同心圆。

[10] 使用【起点，端点，半径】工具，依次绘制出如图 3-120 所示的三条圆弧。

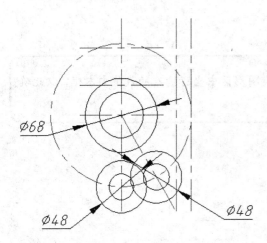

图 3-119 绘制同心圆

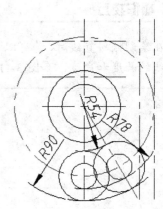

图 3-120 绘制相切圆弧

操作技巧

利用【起点，端点，半径】命令绘制同时与其他两个对象都相切时，需要输入 tan 命令，使其起点与端点与所选的对象相切，命令行中的命令提示如下。

```
命令: _arc
指定圆弧的起点或 [圆心(C)]: tan↙
到
指定圆弧的第二个点或 [圆心(C)/端点(E)]: _e          //指定圆弧起点
指定圆弧的端点: tan↙                                //指定圆弧端点
到
指定圆弧的圆心或 [角度(A)/方向(D)/半径(R)]: _r 指定圆弧的半径:78 ↙
```

[11] 为了后续观察图形的需要,使用【修剪】工具将多余的图线修剪掉,如图 3-121 所示。

[12] 单击【圆】按钮绘制两个直径为 12 的圆,和一个直径为 32 的圆,如图 3-122 所示。

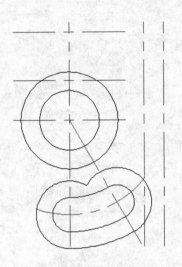

图 3-121 修剪结果

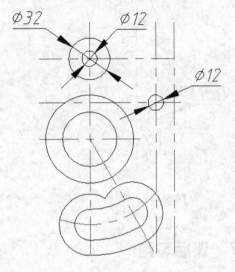

图 3-122 绘制圆

[13] 使用【直线】工具绘制一条公切线,如图 3-123 所示。

[14] 使用【偏移】工具绘制两条辅助线,然后连接两条辅助线,如图 3-124 所示。

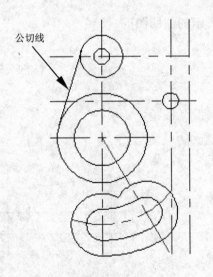

图 3-123 绘制公切线

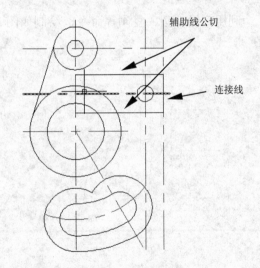

图 3-124 绘制辅助线和连接线

[15] 单击【绘图】工具栏中的【相切,相切,半径】按钮,分别绘制半径为 26、16、12 的相切圆,如图 3-125 所示。

[16] 使用【修剪】工具修剪多余图线,最后结果如图 3-126 所示。

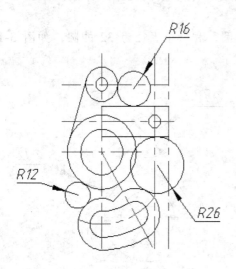

图 3-125 绘制三个相切圆

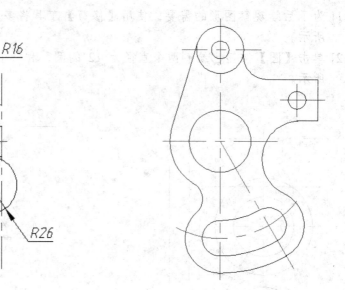

图 3-126 最后结果图

3.7 课后习题

1. 绘制挂轮架

利用直线、圆弧、圆、复制、镜像等命令，绘制如图 3-127 所示的挂轮架。

2. 绘制曲柄

利用直线、圆、复制等命令，绘制如图 3-128 所示的曲柄图形。

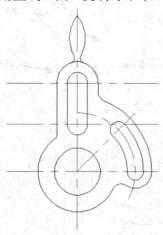

图 3-127 挂轮架

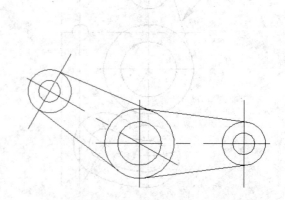

图 3-128 绘制曲柄图形

第 4 章
机械图形的尺寸约束

图形尺寸标注是 AutoCAD 绘图设计工作中的一项重要内容,因为标注显示出了对象的几何测量值、对象之间的距离或角度、部件的位置。AutoCAD 包含了一套完整的尺寸标注命令和实用程序,可以轻松完成图纸中要求的尺寸标注。本章将详细地介绍 AutoCAD 2015 注释功能和尺寸标注的基本知识、尺寸标注的基本应用。

知识要点

- ◆ 机械图纸尺寸标注常识
- ◆ 标注样式创建与修改
- ◆ AutoCAD 2015 基本尺寸标注
- ◆ 快速标注
- ◆ AutoCAD 其他标注
- ◆ 编辑标注

案例解析

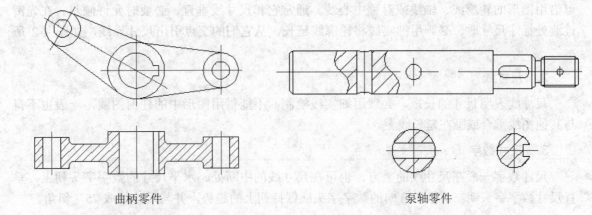

曲柄零件　　　　　　　　　　　　泵轴零件

4.1 机械图纸尺寸标注常识

标注显示出了对象的几何测量值、对象之间的距离或角度或者部件的位置，因此标注图形尺寸时要满足尺寸的合理性。除此之外，用户还要掌握尺寸标注的方法、步骤等。

4.1.1 尺寸的组成

在 AutoCAD 工程图中，一个完整的尺寸标注应由尺寸界线、尺寸线、尺寸数字、箭头及引线等元素组成，如图 4-1 所示。

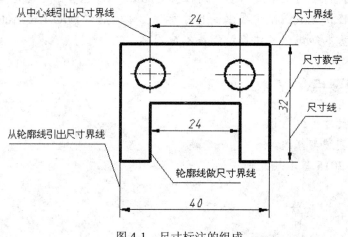

图 4-1　尺寸标注的组成

1．尺寸界线

尺寸界线表明尺寸的界限，用细实线绘制，并应由轮廓线、轴线或对称中心线引出，也可借用图形的轮廓线、轴线或对称中心线。通常它和尺寸线垂直，必要时允许倾斜。在光滑过渡处标注尺寸时，必须用细实线将轮廓线延长，从它们的交点引出尺寸界线，如图 4-2 所示。

2．尺寸线

尺寸线表明尺寸的长短，必须用细实线绘制，不能借用图形中的任何图线，一般也不得与其他图线重合或画在延长线上。

3．尺寸数字

尺寸数字一般在尺寸线的上方，也可在尺寸线的中断处。水平尺寸的数字字头朝上，垂直尺寸数字字头朝左，倾斜方向的数字字头应保持朝上的趋势，并与尺寸线成 75°斜角。

4．箭头

指示尺寸线的端点。尺寸线终端有两种形式：箭头和斜线。箭头适用于各种类型的图样，如图 4-3（a）所示。斜线用细实线绘制，当尺寸线的终端采用斜线形式时，尺寸线与尺寸界线必须互相垂直，如图 4-3（b）所示。

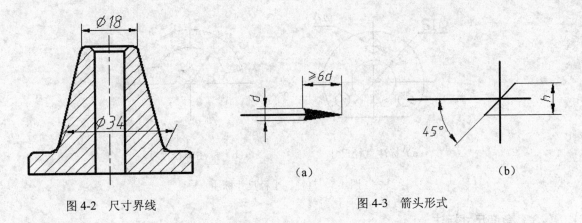

图 4-2 尺寸界线　　　　　　　　　　图 4-3 箭头形式

5. 引线

形成一个从注释到参照部件的实线前导。根据标注样式，如果标注文字在延伸线之间容纳不下，将会自动创建引线。也可以创建引线将文字或块与部件连接起来。

4.1.2 尺寸标注类型

工程图纸中的尺寸标注类型大致分为 3 类：线性尺寸标注、直径或半径尺寸标注、角度标注。其中线性标注又分为水平标注、垂直标注和对齐标注。接下来对这 3 类尺寸标注类型做大致介绍。

1. 线性尺寸标注

线性尺寸标注包括水平标注、垂直标注和对齐标注，如图 4-4 所示。

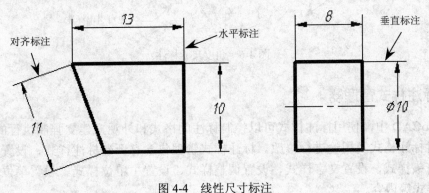

图 4-4 线性尺寸标注

2. 直径或半径尺寸标注

一般情况下，整圆或大于半圆的圆弧应标注直径尺寸，并在数字前面加注符号"ϕ"；小于或等于半圆的的圆弧应标注为半径尺寸，并在数字前面加上"R"。如图 4-5（a）、图 4-5（b）所示。

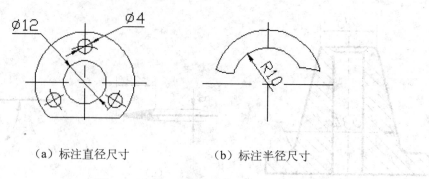

（a）标注直径尺寸　　　　　　（b）标注半径尺寸

图 4-5　直径、半径尺寸标注

3. 角度尺寸标注

标注角度尺寸时，延伸线应沿径向引出，尺寸线是以该角度顶点为圆心的一段圆弧。角度的数字一律字头朝上水平书写，并配置在尺寸线的中断处。必要时也可以引出标注或把数字写在尺寸线旁，如图 4-6 所示。

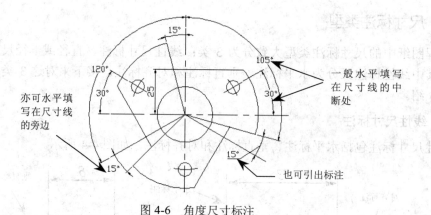

图 4-6　角度尺寸标注

4.1.3　标注样式管理器

在 AutoCAD 中，使用标注样式可以控制标注的格式和外观，建立强制执行的绘图标准，并有利于对标注格式及用途进行修改。标注样式管理包含有新建标注样式、设置线样式、设置符号和箭头样式、设置文字样式、设置调整样式、设置主单位样式、设置单位换算样式、设置公差样式等内容。

标注样式是标注设置的命名集合，可用来控制标注的外观，如箭头样式、文字位置和尺寸公差等。用户可以创建标注样式，以快速指定标注的格式，并确保标注符合行业或项目标准。

创建标注时，标注将使用当前标注样式中的设置。如果要修改标注样式中的设置，则图形中的所有标注将自动使用更新后的样式。用户可以创建与当前标注样式不同的指定标注类型的标准子样式，如果需要，可以临时替代标注样式。

在【注释】选项卡的【标注】面板中单击【标注样式】按钮，弹出【标注样式管理器】对话框，如图 4-7 所示。

第 4 章 机械图形的尺寸约束

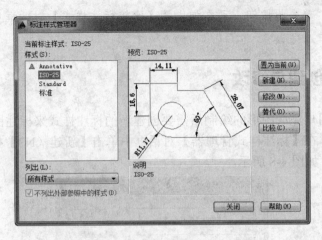

图 4-7 【标注样式管理器】对话框

该对话框各选项、命令的含义如下：
- 当前标注样式：显示当前标注样式的名称。默认标注样式为国际标准 ISO-25。当前样式将应用于所创建的标注。
- 样式（S）：列出图形中的标注样式，当前样式被亮显。在列表中单击鼠标右键可显示快捷菜单及选项，可用于设置当前标注样式、重命名样式和删除样式。不能删除当前样式或当前图形使用的样式。样式名前的 图标表示样式是注释性。
- 注意：除非勾选【不列出外部参照中的样式】复选框，否则，将使用外部参照命名对象的语法显示外部参照图形中的标注样式。
- 列表：在【样式】列表中控制样式显示。

> **操作技巧**
>
> 　　如果要查看图形中所有的标注样式，需选择【所有样式】选项，如果只希望查看图形中标注当前使用的标注样式，则选择【正在使用的样式】选项。

- 列出（L）：在【列出】下拉列表框中选择选项来控制样式显示。如果要查看图形中所有的标注样式，需选择【所有样式】；如果只希望查看图形中标注当前使用的标注样式，选择【正在使用的样式】选项即可。
- 不列出外部参照中的样式：如果勾选此复选框，在【列出】下拉列表框中将不显示【外部参照图形的标注样式】选项。
- 说明：主要说明【样式】列表中与当前样式相关的选定样式。如果说明超出给定的空间，可以单击窗格并使用箭头键向下滚动。
- 置为当前（U）：将【样式】列表下选定的标注样式设置为当前标注样式。当前样式将应用于用户所创建的标注中。
- 新建（N）：单击此按钮，可在弹出的【新建标注样式】对话框中创建新的标注样式。
- 修改（M）：单击此按钮，可在弹出的【修改标注样式】对话框中修改当前标注样式。
- 替代（O）：单击此按钮，可在弹出的【替代标注样式】对话框中设置标注样式的临时替代值。替代样式将作为未保存的更改结果显示在【样式】列表中。

- 比较（C）：单击此按钮，可在弹出的【比较标注样式】对话框中比较两个标注样式的所有特性。

4.2 标注样式创建与修改

多数情况下，用户完成图形的绘制后需要创建新的标注样式来标注图形尺寸，以满足各种各样的设计需要。在【标注样式管理器】对话框中单击【新建（N）】按钮，弹出【创建新标注样式】对话框，如图4-8所示。

图4-8 【创建新标注样式】对话框

此对话框的选项含义如下：
- 新样式名：指定新的样式名。
- 基础样式：设置作为新样式的基础样式。对于新样式，仅修改那些与基础特性不同的特性。
- 注释性：通常用于注释图形的对象有一个特性称为注释性。使用此特性，用户可以自动完成缩放注释的过程，从而使注释能够以正确的大小在图纸上打印或显示。
- 用于：创建一种仅适用于特定标注类型的标注子样式。例如，可以创建一个Stndard标注样式的版本，该样式仅用于直径标注。

在【创建新标注样式】对话框中完成系列选项的设置后，单击【继续】按钮，再弹出【新建标注样式：副本ISO-25】对话框，如图4-9所示。

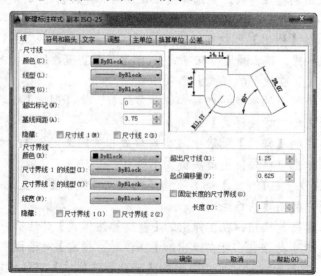

图4-9 【新建标注样式：副本ISO-25】对话框

在此对话框中用户可以定义新标注样式的特性,最初显示的特性是在【创建新标注样式】对话框中所选择的基础样式的特性。【新建标注样式:副本 ISO-25】对话框包括 7 个功能选项卡:线、符号和箭头、文字、调整、主单位、换算单位和公差。

1. 【线】选项卡

【线】选项卡的主要功能是设置尺寸线、延伸线、箭头和圆心标记的格式和特性。该选项卡包含两个功能选项组(尺寸线和延伸线)和一个设置预览区。

操作技巧

AutoCAD 中尺寸标注的【延伸线】就是机械制图中的【尺寸界线】。

2. 【符号和箭头】选项卡

【符号和箭头】选项卡的主要功能是设置箭头、圆心标记、弧长符号和折弯半径标注的格式和位置。该选项卡包含有【箭头】、【圆心标记】、【折断标注】、【弧长符号】、【折弯半径标注】、【线性折弯标注】等选项组。

【符号和箭头】选项卡的功能选项如图 4-10 所示。

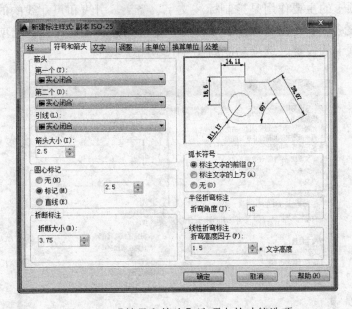

图 4-10 【符号和箭头】选项卡的功能选项

3. 【文字】选项卡

【文字】选项卡主要用于设置标注文字的格式、放置和对齐。该选项卡的设置、控制功能选项如图 4-11 所示。【文字】选项卡下包含有【文字外观】、【文字位置】和【文字对齐】选项组。

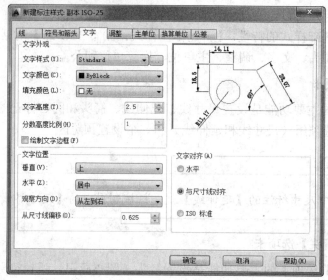

图 4-11 【文字】选项卡的设置、控制功能选项

4. 【调整】选项卡

【调整】选项卡的主要作用是控制标注文字、箭头、引线和尺寸线的放置。【调整】选项卡下包含有【调整选项】、【文字位置】、【标注特征比例】和【优化】等选项组。

【调整】选项卡的设置、选项功能如图 4-12 所示。

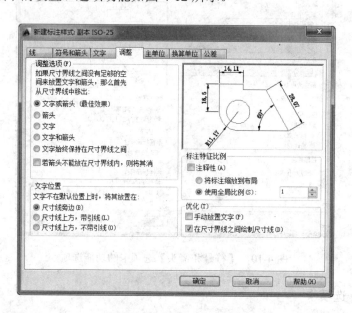

图 4-12 【调整】选项卡

5. 【主单位】选项卡

【主单位】选项卡的主要功能是设置主标注单位的格式和精度,并设置标注文字的前缀和后缀。该选项卡包含有【线性标注】和【角度标注】等功能选项组。【主单位】选项卡的设置、选项功能如图 4-13 所示。

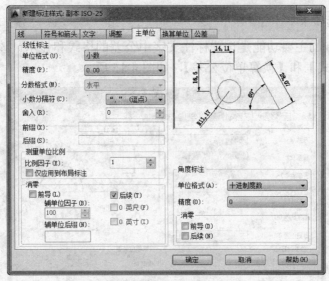

图 4-13 【主单位】选项卡

6. 【换算单位】选项卡

【换算单位】选项卡主要功能是设置标注测量值中换算单位的显示及其格式和精度。该选项卡包括有【换算单位】、【消零】和【位置】选项组，选项卡的设置、选项功能如图 4-14 所示。

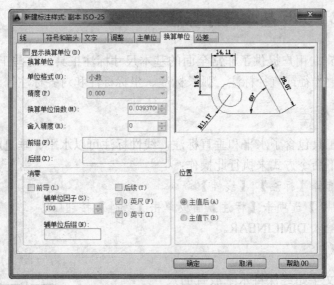

图 4-14 【换算单位】选项卡

操作技巧

【换算单位】选项组和【消零】选项组中的选项含义与前面介绍的【主单位】选项卡中的【线性标注】选项组中的选项含义相同，这里就不重复叙述了。

7. 【公差】选项卡

【公差】选项卡的主要功能是设置标注文字中公差的格式和显示。该选项卡包括两个功能选项组：【公差格式】和【换算单位公差】，如图4-15所示。

图4-15 【公差】选项卡

4.3 AutoCAD 2015 基本尺寸标注

AutoCAD 2015 向用户提供了非常全面的基本尺寸标注工具，这些工具包括线性尺寸标注、角度尺寸标注、半径或直径标注、弧长标注、坐标标注和对齐标注等。

4.3.1 线性尺寸标注

线性尺寸标注工具包含了水平和垂直标注，线性标注可以水平、垂直放置。
用户可通过以下命令方式来执行此操作：
- 菜单栏：选择【标注】|【线性】命令。
- 面板：【注释】选项卡【标注】面板单击【线性】按钮。
- 命令行：输入 DIMLINEAR。

1. 水平标注

尺寸线与标注文字始终保持水平放置的尺寸标注就是水平标注。在图形中任选两点作为延伸线的原点，程序自动以水平标注方式作为默认的尺寸标注，如图4-16所示。将延伸线沿竖直方向移动至合适位置，即确定尺寸线中心点位置，随后即可生成水平尺寸标注，如图4-17所示。

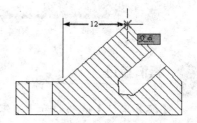

图4-16 程序默认的水平标注

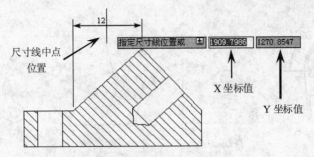

图 4-17 确定尺寸线中心点以创建标注

执行 DIMLINEAR 命令，并在图形中指定延伸线的原点或要标注的对象，命令行中显示如下操作提示：

```
命令：_dimlinear
指定第一条延伸线原点或 <选择对象>：                    //指定标注原点 1
指定第二条延伸线原点：                                //指定标注原点 2
指定尺寸线位置或
[多行文字(M)/文字(T)/角度(A)/水平(H)/垂直(V)/旋转(R)]：    //标注选项
```

2．垂直标注

尺寸线与标注文字始终保持竖直方向放置的尺寸标注就是水平标注。当指定了延伸线原点或标注对象后，程序默认的标注是水平标注，将延伸线沿水平方向进行移动，或在命令行中输入 V 命令，即可创建出垂直标注，如图 4-18 所示。

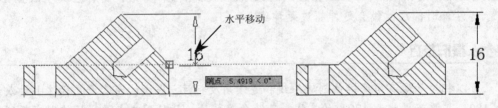

图 4-18 创建垂直标注

 操作技巧

> 垂直标注的命令行命令提示与水平标注的命令提示是相同的。

4.3.2 角度尺寸标注

角度尺寸标注用来测量选定的对象或三个点之间的角度。可选择的测量对象包括圆弧、圆和直线，如图 4-19 所示。

用户可通过以下命令方式来执行此操作：
- ◆ 菜单栏：选择【标注】|【角度】命令。
- ◆ 面板：【注释】选项卡【标注】面板单击【角度】按钮。
- ◆ 命令行：输入 DIMANGULAR。

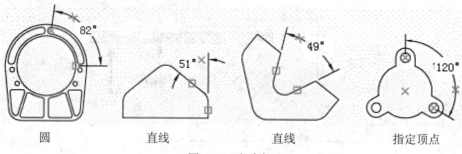

| 圆 | 直线 | 直线 | 指定顶点 |

图 4-19 角度标注

执行 DIMANGULAR 命令,并在图形窗口中选择标注对象,命令行显示如下操作提示:

```
命令: _dimangular
选择圆弧、圆、直线或 <指定顶点>:                            //指定直线1
选择第二条直线:                                             //指定直线2
指定标注弧线位置或 [多行文字(M)/文字(T)/角度(A)/象限点(Q)]:   //标注选项
```

命令操作提示下包含有四个选项,其含义如下:

◆ 指定标注弧线位置:指定尺寸线的位置并确定绘制延伸线的方向。指定位置之后,dimangular 命令将结束。
◆ 多行文字(M):编辑用于标注的多行文字,可添加前缀和后缀。
◆ 文字(T):用户自定义文字,生成的标注测量值显示在尖括号中。
◆ 角度(A):修改标注文字的角度。
◆ 象限点(Q):指定标注应锁定到的象限。打开象限行为后,将标注文字放置在角度标注外时,尺寸线会延伸超过延伸线。

 操作技巧

可以相对于现有角度标注创建基线和连续角度标注。基线和连续角度标注小于或等于 180°。要获得大于 180° 的基线和连续角度标注,请使用夹点编辑拉伸现有基线或连续标注的尺寸延伸线。

4.3.3 半径或直径标注

当标注对象为圆弧或圆时,需创建半径或直径标注。一般情况下,整圆或大于半圆的圆弧应标注直径尺寸,小于或等于半圆的圆弧应标注为半径尺寸,如图 4-20 所示。

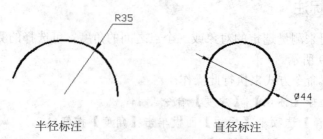

半径标注　　　　　　　　直径标注

图 4-20 半径标注和直径标注

1. 半径标注

半径标注工具用来测量选定圆或圆弧的半径值，并显示前面带有字母 R 的标注文字。用户可通过以下命令方式来执行此操作：

- ◆ 菜单栏：选择【标注】|【半径】命令。
- ◆ 面板：【注释】选项卡【标注】面板中单击【半径】按钮。
- ◆ 命令行：输入 DIMRADIUS。

执行 DIMRADIUS 命令，再选择圆弧来标注，命令行则显示如下操作提示：

```
命令: _dimradius
选择圆弧或圆：                                    //选择标注的圆弧
标注文字 = 35
指定尺寸线位置或 [多行文字(M)/文字(T)/角度(A)]:     //标注选项
```

2. 直径标注

直径标注工具用来测量选定圆或圆弧的直径值，并显示前面带有直径符号的标注文字。用户可通过以下命令方式来执行此操作：

- ◆ 菜单栏：选择【标注】|【直径】命令。
- ◆ 面板：【注释】选项卡【标注】面板单击【直径】按钮。
- ◆ 命令行：输入 DIMDIAMETER。

对圆弧进行标注时，半径或直径标注不需要直接沿圆弧进行放置。如果标注位于圆弧末尾之后，则将沿进行标注的圆弧的路径绘制延伸线，或者不绘制延伸线。取消（关闭）延伸线后，半径标注或直径标注的尺寸线将通过圆弧的圆心（而不是按照延伸线）进行绘制，如图 4-21 所示。

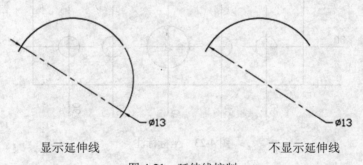

显示延伸线　　　　　　　　　　　　　　不显示延伸线

图 4-21　延伸线控制

4.3.4 弧长标注

弧长标注用于测量圆弧或多段线弧线段上的距离。默认情况下，弧长标注在标注文字的上方或前面将显示圆弧符号【⌒】，如图 4-22 所示。

用户可通过以下命令方式来执行此操作：

- ◆ 菜单栏：选择【标注】|【弧长】命令。
- ◆ 面板：【注释】选项卡【标注】面板单击【弧长】按钮。
- ◆ 命令行：输入 DIMARC。

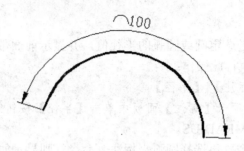

图 4-22 弧长标注

执行 DIMARC 命令，选择弧线段作为标注对象，命令行则显示如下操作提示：

```
命令：_dimarc
选择弧线段或多段线弧线段：                                    //选择弧线段
指定弧长标注位置或 [多行文字(M)/文字(T)/角度(A)/部分(P)/引线(L)]：  //弧长标注选项
```

4.3.5 坐标标注

坐标标注主要用于测量从原点（基准）到要素（如部件上的一个孔）的水平或垂直距离。这种标注保持特征点与基准点的精确偏移量，从而避免增大误差。一般的坐标标注如图 4-23 所示。

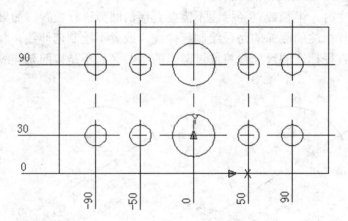

图 4-23 坐标标注

用户可通过以下命令方式来执行此操作：

◆ 菜单栏：选择【标注】|【坐标】命令。
◆ 面板：【注释】选项卡【标注】面板单击【坐标】按钮。
◆ 命令行：输入 DIMORDINATE。

执行 DIMORDINATE 命令，命令行则显示如下操作提示：

```
命令：_dimordinate
指定点坐标：
指定引线端点或 [X 基准(X)/Y 基准(Y)/多行文字(M)/文字(T)/角度(A)]：
```

操作提示中各标注选项含义如下：

- 指定引线端点：使用点坐标和引线端点的坐标差可确定是 X 坐标标注还是 Y 坐标标注。如果 Y 坐标的坐标差较大，标注就测量 X 坐标，否则就测量 Y 坐标。
- X 基准（X）：测量 X 坐标并确定引线和标注文字的方向。确定时将显示【引线端点】提示，从中可以指定端点，如图 4-24 所示。
- Y 基准（Y）：测量 Y 坐标并确定引线和标注文字的方向，如图 4-25 所示。

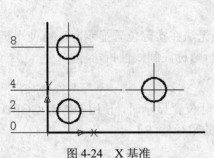

图 4-24　X 基准　　　　　　　　　　图 4-25　Y 基准

- 多行文字（M）：编辑用于标注的多行文字，可添加前缀和后缀。
- 文字（T）：用户自定义文字，生成的标注测量值显示在尖括号中。
- 角度（A）：修改标注文字的角度。
- 部分（P）：缩短弧长标注的长度。
- 引线（L）：添加引线对象。仅当圆弧（或弧线）大于 90°时才会显示此选项，引线是按径向绘制的，指向所标注圆弧的圆心。

在创建坐标标注之前，需要在基点或基线上先创建一个用户坐标系，如图 4-26 所示。

4.3.6　对齐标注

当标注对象为倾斜的直线线形时，可使用【对齐】标注。对齐标注可以创建与指定位置或对象平行的标注，如图 4-27 所示。

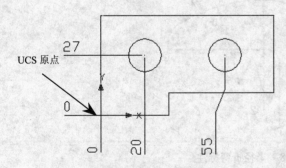
图 4-26　创建用户坐标系

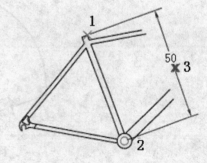
图 4-27　对齐标注

用户可通过以下命令方式来执行此操作：
- 菜单栏：选择【标注】|【对齐】命令。
- 面板：【注释】选项卡【标注】面板单击【对齐】按钮。
- 命令行：输入 DIMALIGNED。

执行 DIMALIGNED 命令后，命令行显示如下操作提示：

```
命令: _dimaligned
指定第一条延伸线原点或 <选择对象>:          //指定标注起点
指定第二条延伸线原点:                      //指定标注终点
指定尺寸线位置或
[多行文字(M)/文字(T)/角度(A)]:            //指定尺寸线及文字位置或输入选项
```

4.3.7 折弯标注

当标注不能表示实际尺寸，或者圆弧或圆的中心无法在实际位置显示时，可使用折弯标注来表达。在 AutoCAD 2015 中，折弯标注包括半径折弯标注和线性折弯标注。

1. 半径折弯标注

当圆弧或圆的中心位于布局之外并且无法在其实际位置显示时，使用 DIMJOGGED 命令可以创建半径折弯标注，半径折弯标注也称为【缩放的半径标注】。

用户可通过以下命令方式来执行此操作：

- ◆ 菜单栏：选择【标注】|【折弯】命令。
- ◆ 工具栏：【注释】选项卡【标注】面板单击【折弯】按钮。
- ◆ 命令行：输入 DIMJOGGED。

创建半径折弯标注，需指定圆弧、图示中心位置、尺寸线位置和折弯线位置。执行 DIMJOGGED 命令后，命令行的操作提示如下。半径折弯标注的典型图例如图 4-28 所示。

```
命令: _dimjogged
选择圆弧或圆:                            //选择标注对象
指定图示中心位置:                        //指定折弯标注新圆心
标注文字 = 34.62
指定尺寸线位置或 [多行文字(M)/文字(T)/角度(A)]:   //指定标注文字位置或输入选项
指定折弯位置:                            //指定折弯线中点
```

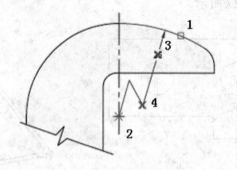

图 4-28 半径折弯标注

操作技巧

图 4-28 中的点 1 表示选择圆弧时关光标位置，点 2 表示新圆心位置，点 3 表示标注文字的位置，点 4 表示折弯中点位置。

2. 线性折弯标注

折弯线用于表示不显示实际测量值的标注值。将折弯线添加到线性标注，即线性折弯标注。通常，折弯标注的实际测量值小于显示的值。

用户可通过以下命令方式来执行此操作：

- ◆ 菜单栏：选择【标注】|【折弯线性】命令。
- ◆ 面板：【注释】选项卡【标注】面板下单击【折弯线】按钮 。
- ◆ 命令行：输入 DIMJOGLINE。

通常，在线性标注或对齐标注中可添加或删除折弯线，如图 4-29 所示。折弯线性标注中的折弯线表示所标注的对象中的折断，标注值表示实际距离，而不是图形中测量的距离。

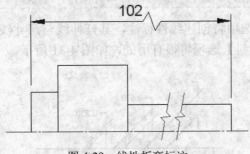

图 4-29　线性折弯标注

> **操作技巧**
>
> 折弯由两条平行线和一条与平行线成 90°角的交叉线组成。折弯的高度由标注样式的线性折弯大小值决定。

4.3.8　折断标注

使用折断标注可以使标注、尺寸延伸线或引线不显示。还可以在标注和延伸线与其他对象的相交处打断或恢复标注和延伸线，如图 4-30 所示。

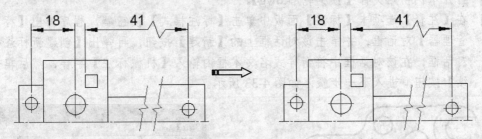

图 4-30　折断标注

用户可通过以下命令方式来执行此操作：

- ◆ 菜单栏：选择【标注】|【标注打断】命令。
- ◆ 面板：【注释】选项卡【标注】面板下单击【打断】按钮。
- ◆ 命令行：输入 DIMBREAK。

4.3.9 倾斜标注

倾斜标注可使线性标注的延伸线倾斜，也可旋转、修改或恢复标注文字。用户可通过以下命令方式来执行此操作：

- ◆ 菜单栏：选择【标注】|【倾斜】命令。
- ◆ 面板：【注释】选项卡【标注】面板下单击【倾斜】按钮。
- ◆ 命令行：输入 DIMEDIT。
- ◆ 执行 DIMEDIT 命令后，命令行显示如下操作提示：

```
命令：_dimedit
输入标注编辑类型 [默认(H)/新建(N)/旋转(R)/倾斜(O)] <默认>：      //标注选项
```

命令行中的【倾斜】选项将创建线性标注，其延伸线与尺寸线方向垂直。当延伸线与图形的其他要素冲突时，【倾斜】选项将很有用处，如图 4-31 所示。

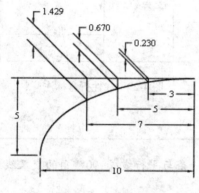

图 4-31 倾斜标注

实训——常规尺寸的标注

二维锁钩轮廓图形如图 4-32 所示。

[1] 打开本例初始文件【锁钩轮廓.dwg】。
[2] 在【注释】选项卡【标注】面板中单击【标注样式】按钮，程序弹出【标注样式管理器】对话框，并单击该对话框上的【新建】按钮，再弹出【创建新标注样式】对话框，在该对话框中将新样式名文本框内输入【机械标注】字样，然后单击【继续】按钮，进入下一步骤，如图 4-33 所示。

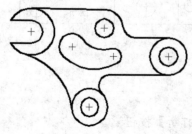

图 4-32 锁钩轮廓图形

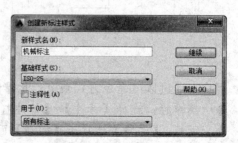

图 4-33 命名新标注样式

[3] 在随后弹出的【新建标注样式：机械标注】对话框中作如下选项设置：在【线】选项卡下设置基线间距为7.5、超出尺寸线2.5；在【箭头和符号】选项卡下设置箭头大小为3.5；在【文字】选项卡下设置文字高度为5、从尺寸线偏移为1、文字对齐采用【ISO标准】；在【主单位】选项卡下设置精度为0.0、小数分隔符为"."（句点），如图4-34所示。

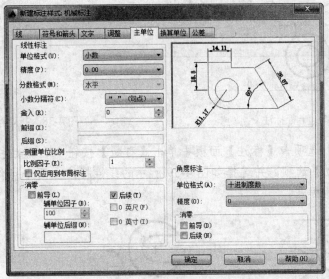

图4-34 设置新标注样式

[4] 在【注释】选项卡【标注】面板中单击【线性】按钮，然后在如图4-35所示的图形处选择两个点作为线性标注延伸线的原点，并完成该标注。

[5] 同理，继续使用【线性】标注工具将其余的主要尺寸进行标注，标注完成的结果如图4-36所示。

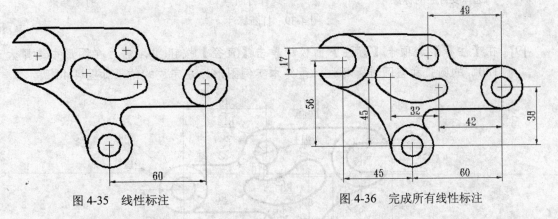

图4-35 线性标注　　　　　　图4-36 完成所有线性标注

[6] 在【注释】选项卡【标注】面板中单击【半径】按钮，然后在图形中选择小于180°的圆弧进行标注，结果如图4-37所示。

[7] 在【注释】选项卡【标注】面板中单击【折弯】按钮，然后选择如图4-38所示的圆弧进行折弯半径标注。

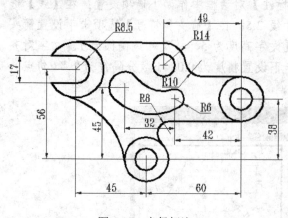
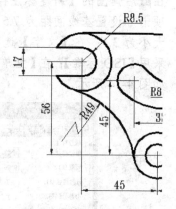

图 4-37 半径标注　　　　　　　图 4-38 折弯半径标注

[8] 在【注释】选项卡【标注】面板中单击【打断】按钮，然后按命令行的操作提示选择【手动】选项，并选择如图 4-39 所示的线性标注上两个点作为打断点，并最终完成该打断标注。

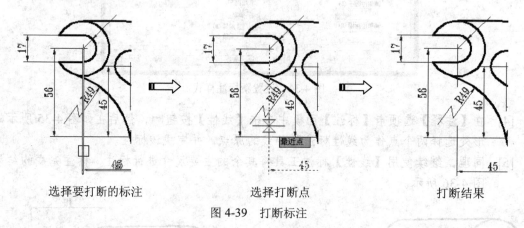

选择要打断的标注　　　　选择打断点　　　　打断结果

图 4-39 打断标注

[9] 在【注释】选项卡【标注】面板中单击【直径】按钮，然后在图形中选择大于 180°的圆弧和整圆进行标注，最终本实例图形标注完成的结果如图 4-40 所示。

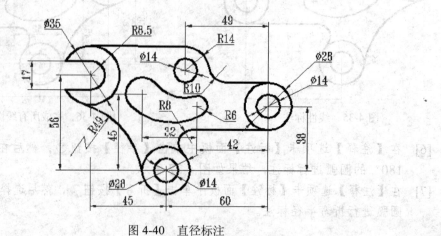

图 4-40 直径标注

4.4 快速标注

当图形中存在连续的线段、并列的线条或相似的图样时，可使用 AutoCAD 2015 为用户提供的快速标注工具来完成标注，以此来提高标注的效率。快速标注工具包括有【快速标注】、【基线标注】、【连续标注】和【等距标注】。

4.4.1 快速标注

【快速标注】就是对选择的对象创建一系列的标注。这一系列的标注可以是一系列连续标注、一系列并列标注、一系列基线标注、一系列坐标标注、一系列半径标注，或者一系列直径标注，如图 4-41 所示为多段线的快速标注。

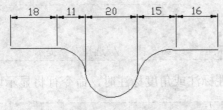

图 4-41 快速标注

用户可通过以下命令方式来执行此操作：
- 菜单栏：选择【标注】|【快速标注】命令。
- 面板：【注释】选项卡【标注】面板下单击【快速标注】按钮。
- 命令行：输入 QDIM。

执行 QDIM 命令后，命令行的操作提示显示如下：

```
命令：_qdim
选择要标注的几何图形：找到 1 个
选择要标注的几何图形：
指定尺寸线位置或 [连续(C)/并列(S)/基线(B)/坐标(O)/半径(R)/直径(D)/基准点(P)/编辑(E)/设置(T)] <连续>：
```

4.4.2 基线标注

【基线标注】是从上一个标注或选定标注的基线处创建线性标注、角度标注或坐标标注，如图 4-42 所示。

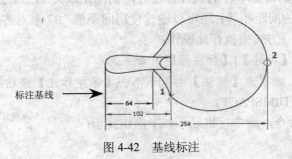

图 4-42 基线标注

> **操作技巧**
>
> 可以通过标注样式管理器、【直线】选项卡和【基线间距】（DIMDLI 系统变量）设置基线标注之间的默认间距。

用户可通过以下命令方式来执行此操作：

- ◆ 菜单栏：选择【标注】|【基线】命令。
- ◆ 面板：【注释】选项卡【标注】面板下单击【基线】按钮。
- ◆ 命令行：输入 DIMBASELINE。

如果当前任务中未创建任何标注，将提示用户选择线性标注、坐标标注或角度标注，以用作基线标注的基准。提示如下：

```
命令：_dimbaseline
选择基准标注：
需要线性、坐标或角度关联标注。          //选择对象提示
```

当选择的基准标注是线性标注或角度标注时，命令行将显示以下操作提示：

```
命令：_dimbaseline
指定第二条延伸线原点或 [放弃(U)/选择(S)] <选择>：    //指定标注起点或输入选项
```

4.4.3 连续标注

【连续标注】是从上一个标注或选定标注的第二条延伸线处开始，创建线性标注、角度标注或坐标标注，如图 4-43 所示。

用户可通过以下命令方式来执行此操作：

- ◆ 菜单栏：选择【标注】|【连续】命令面板。
- ◆ 【注释】选项卡【标注】面板下单击【连续】按钮。
- ◆ 命令行：输入 DIMCONTINUE。

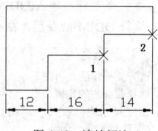

图 4-43　连续标注

连续标注将自动排列尺寸线。连续标注的标注方法与基线标注的方法相同，因此不再重复介绍了。

4.4.4 等距标注

【等距标注】可自动调整平行的线性标注之间的间距或共享一个公共顶点的角度标注之间的间距；尺寸线之间的间距相等；还可以通过使用间距值"0"来对齐线性标注或角度标注。

用户可通过以下命令方式来执行此操作：

- ◆ 菜单栏：选择【标注】|【标注间距】命令。
- ◆ 面板：【注释】选项卡【标注】面板下单击【等距标注】按钮。
- ◆ 命令行：输入 DIMSPACE。

执行 DIMSPACE 命令，命令行将显示如下操作提示：

第 4 章 机械图形的尺寸约束

```
命令：_DIMSPACE
选择基准标注：           //选择平行线性标注或角度标注以从基准标注均匀隔开，并按 Enter 键
选择要产生间距的标注：    //指定标注
输入值或 ［自动(A)］<自动>：   //输入间距值或输入选项
```

例如，间距值为 17 mm 的等距标注，如图 4-44 所示。

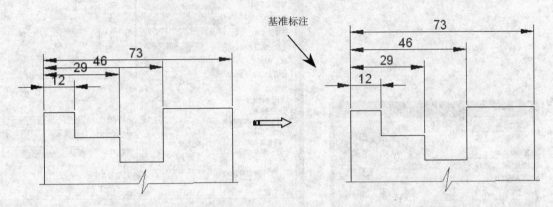

图 4-44　等距标注

实训——快速标注范例

标注完成的法兰零件图如图 4-45 所示。

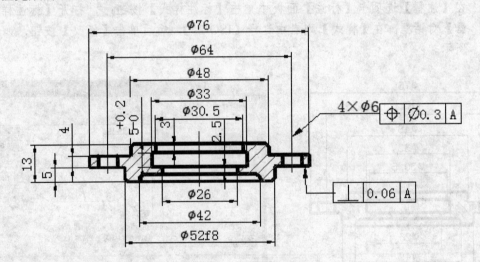

图 4-45　法兰零件图

[1] 打开本例初始文件【法兰零件.dwg】。

[2] 在【注释】选项卡【标注】面板中单击【标注样式】按钮，打开【标注样式管理器】对话框。单击该对话框的【新建】按钮，弹出【创建新标注样式】对话框，在此对话框的【新样式名】文本框中输入新样式名【机械标注-1】，并单击【继续】按钮，如图 4-46 所示。

[3] 在随后弹出的【新建标注样式：机械标注-1】对话框中作如下选项设置：在【文字】

选项卡下设置文字高度为 3.5、从尺寸线偏移为 1、文字对齐采用【ISO 标准】；在【主单位】选项卡下设置精度为 0.0、小数分隔符为"."（句点）、前缀输入"%%c"，如图 4-47 所示。

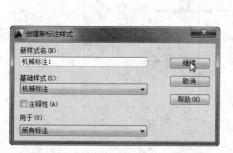

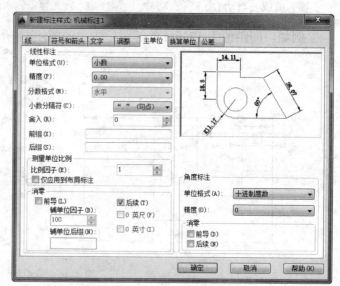

图 4-46　命名新标注样式　　　　　　　　　图 4-47　设置新标注样式

[4] 设置完成后单击【确定】按钮，退出对话框，程序自动将【机械标注-1】样式设为当前样式。使用【线性】标注工具，标注出如图 4-48 所示的尺寸。

[5] 在【注释】选项卡【标注】面板中单击【标注样式】按钮，打开【标注样式管理器】对话框。在【样式】列表中选择【ISO-25】，然后单击【修改】按钮，如图 4-49 所示。

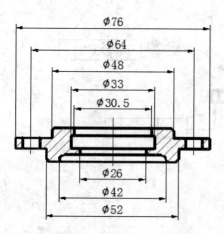

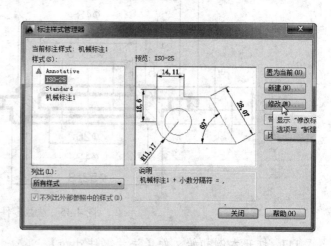

图 4-48　线性标注图形　　　　　　　　　　图 4-49　选择要修改的标注样式

[6] 在弹出的【修改标注样式】对话框中作如下修改：在【文字】选项卡下设置文字高度为 3.5、从尺寸线偏移为 1、文字对齐采用【与尺寸线对齐】；在【主单位】选项卡下设置精度为 0.0、小数分隔符为"."（句点）。

[7] 使用【线性】标注工具，标注出如图 4-50 所示的尺寸。

[8] 在【注释】选项卡【标注】面板中单击【标注样式】按钮，打开【标注样式管理器】对话框。在【样式】列表中选择【ISO-25】，然后单击【替代】按钮，打开【替代当前样式】对话框。并在对话框的【公差】选项卡下【公差格式】选项组中设置方式为【极限偏差】、上偏差输入值为 0.2。完成后单击【确定】按钮，退出替代样式设置。

[9] 使用【线性】标注工具，标注出如图 4-51 所示的尺寸。

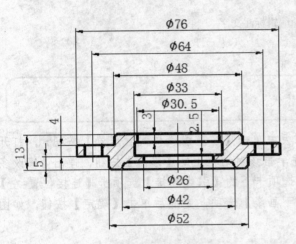

图 4-50 线性标注尺寸

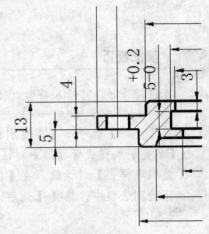

图 4-51 替代样式的标注

[10] 在【注释】选项卡【标注】面板中单击【折断标注】按钮，然后按命令行的操作提示选择【手动】选项，选择如图 4-52 所示的线性标注上两个点作为打断点，并完成折断标注。

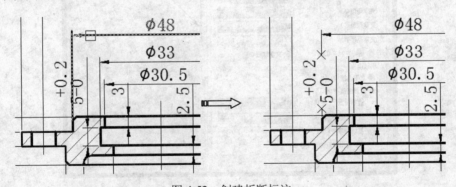

图 4-52 创建折断标注

[11] 使用【编辑标注】工具编辑【φ52】的标注文字，命令行操作提示如下。编辑文字的过程及结果如图 4-53 所示。

```
命令：_dimedit
输入标注编辑类型 [默认(H)/新建(N)/旋转(R)/倾斜(O)] <默认>：n↙
选择对象：找到 1 个                    //选择要编辑文字的标注
选择对象：↙
```

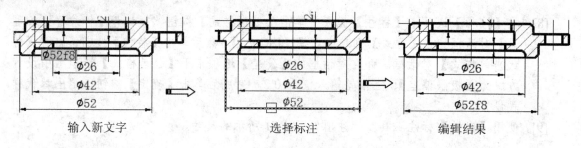

图 4-53 编辑标注文字

 操作技巧

直径符号 φ，可输入符号 "%%c" 替代。

[12] 在【注释】选项卡【多重引线】面板中单击【多重引线样式管理器】按钮，打开【多重引线样式管理器】对话框，并单击该对话框上的【修改】按钮，弹出【修改多重引线样式】对话框。在【内容】选项卡下的【引线连接】选项卡【连接位置-左】下拉列表框中，选择【最后一行加下画线】选项，完成后单击【确定】按钮，如图 4-54 所示。

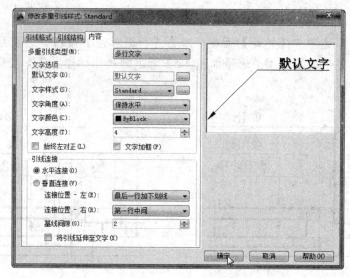

图 4-54 修改多重引线样式

[13] 使用【多重引线】工具，创建第一个引线标注。过程及结果如图 4-55 所示。命令行的操作提示如下：

```
命令：_mleader
指定引线箭头的位置或 [引线基线优先(L)/内容优先(C)/选项(O)] <选项>：
指定引线基线的位置：                    //指定基线位置并单击鼠标
```

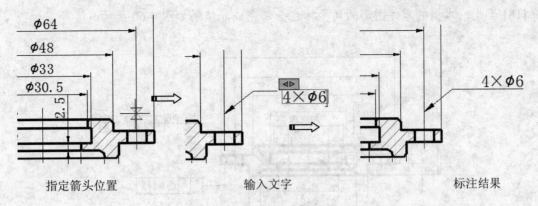

指定箭头位置　　　　　　　输入文字　　　　　　　标注结果

图 4-55　多重引线标注

[14] 再使用【多重引线】工具，创建第二个引线标注，但不标注文字，如图 4-56 所示。

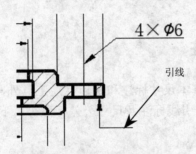

图 4-56　创建不标注文字的引线

[15] 在【标注】面板中单击【公差】按钮，然后在随后弹出的【形位公差】对话框中设置特征符号、公差值 1 及公差值 2，如图 4-57 所示。

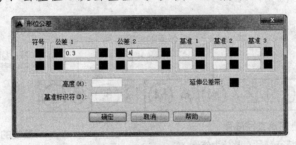

图 4-57　设置形位公差

[16] 公差设置完成后，将特征框置于第一引线标注上，如图 4-58 所示。

[17] 同理，在另一引线上也创建出如图 4-59 所示的形位公差标注。

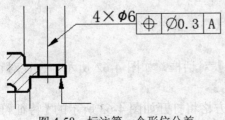

图 4-58　标注第一个形位公差

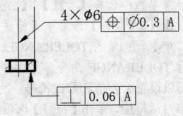

图 4-59　标注第二个形位公差

[18] 至此，本例的零件图形的尺寸标注全部完成，结果如图 4-60 所示。

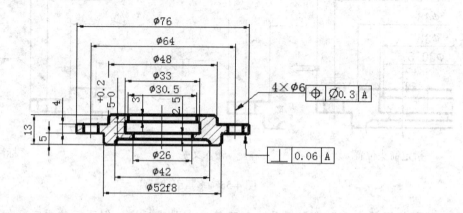

图 4-60　零件图形标注

4.5　AotuCAD 其他标注

在 AotuCAD 2015 中，除基本尺寸标注和快速标注工具外，还有用于特殊情况下的图形标注或注释，如形位公差标注、引线标注及尺寸公差标注等，下面一一介绍。

4.5.1　形位公差标注

形位公差表示特征的形状、轮廓、方向、位置和跳动的允许偏差。

形位公差一般由指形位公差代号、形位公差框、形位公差值及基准代号组成，如图 4-61 所示。

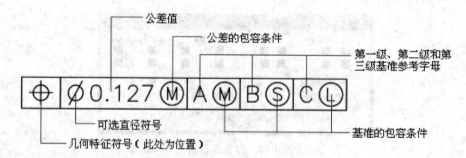

图 4-61　形位公差标注的基本组成

用户可通过以下命令方式来执行此操作：

- ◆ 菜单栏：选择【标注】|【公差】命令。
- ◆ 面板：【注释】选项卡【标注】面板下单击【公差】按钮。
- ◆ 命令行：输入 TOLERANCE。

执行 TOLERANCE 命令，程序弹出【形位公差】对话框，如图 4-62 所示。在该对话框中用户可以设置公差值和修改符号。

在该对话框中，单击【符号】选项组中的黑色小方格将打开如图 4-63 所示的【特征符号】对话框。在该对话框中可以选择特征符号，当确定好符号后单击该符号即可。

在【形位公差】对话框中单击【基准1】选项组后面的黑色小方格将打开如图4-64所示的【附加符号】对话框。在该对话框中可以选择包容条件,当确定好包容条件后单击该特征符号即可。

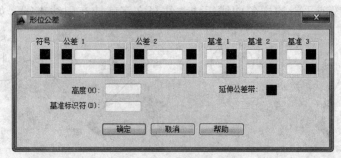

图4-62 【形位公差】对话框

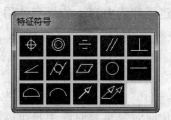

图4-63 【特征符号】对话框

图4-64 【附加符号】对话框

表4-1中表示了国家标准规定的各种形位公差符号及其含义。

表4-1 特征符号含义

符号	含义	符号	含义
⌖	位置度	▱	平面度
◎	同轴度	○	圆度
═	对称度	─	直线度
∥	平行度	⌒	面轮廓度
⊥	垂直度	⌒	线轮廓度
∠	倾斜度	↗	圆跳度
⌭	圆柱度	↗↗	全跳度

表4-2给出了与形位公差有关的材料控制符号及其含义。

表4-2 附加符号

符号	含义
Ⓜ	材料的一般中等状况
Ⓛ	材料的最大状况
Ⓢ	材料的最小状况

4.5.2 多重引线标注

引线是连接注释和图形对象的一条带箭头的线,用户可从图形的任意点或对象上创建引线。引线可由直线段或平滑的样条曲线组成,注释文字就放在引线末端,如图4-65所示。

图 4-65 多重引线

多重引线对象或多重引线可先创建箭头,也可先创建尾部或内容。如果已使用多重引线样式,则可以从该样式创建多重引线。

4.6 编辑标注

当标注的尺寸界线、文字和箭头与当前图形文件中几何对象重叠时,用户可能不想显示这些标注元素或者要进行适当的位置调整,通过更改、替换标注尺寸样式或者编辑标注的外观可以使图纸更加清晰、美观,增强可读性。

1. 修改与替代标注样式

要对当前样式进行修改但又不想创建新的标注样式,此时可以修改当前标注样式或创建标注样式替代。选择菜单栏中的【标注】|【样式】命令,然后在弹出的【标注样式管理器】对话框中单击【修改】按钮,打开如图4-66所示的【新建标注样式】对话框。在该对话框中可以调整、修改样式,包括尺寸界线、公差、单位以及其可见性。

图 4-66 【新建标注样式】对话框

若用户创建标注样式替代，替代标注样式后，AutoCAD 将在标注样式名下显示【<样式替代>】，如图 4-67 所示。

图 4-67　显示样式替代

2. 尺寸文字的调整

尺寸文字的位置可通过移动夹点来调整，也可利用快捷菜单来调整标注的位置。在利用移动夹点来调整尺寸文字的位置时，先选中要调整的标注，按住夹点直接拖动光标进行移动，如图 4-68 所示。

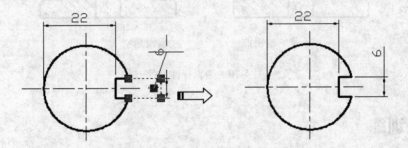

图 4-68　使用夹点移动来调整文字位置

利用右键菜单命令来调整文字位置时，先选择要调整的标注，单击鼠标右键，在弹出的快捷菜单中选择【标注文字位置】命令，然后再从下拉菜单中选择一条适当的命令，如图 4-69 所示。

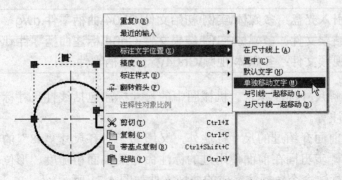

图 4-69　使用右键菜单命令调整文字位置

3. 编辑标注文字

有时需要将线性标注修改为直径标注，这就需要对标注的文字进行编辑，AutoCAD 2015 提供了标注文字编辑功能。

用户可以执行以下命令方式：

- 命令行：输入 DIMEDIT 命令。
- 工具条：【标注】工具条上单击【编辑标注】按钮。
- 菜单栏：选择【修改】|【对象】|【文字】|【编辑】命令。

执行以上命令后，可以通过在功能区弹出的【文字编辑器】选项卡对标注文字进行编辑。如图 4-70 所示为标注文字编辑的前后对比。

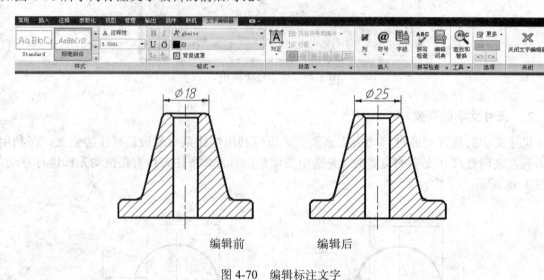

图 4-70　编辑标注文字

4.7 综合训练

为了便于读者能熟练应用基本尺寸标注工具来标注零件图形，特以 2 个机械零件图形的图形尺寸标注为例，来说明零件图尺寸标注的方法。

4.7.1 标注曲柄零件尺寸

引入光盘：多媒体\实例\初始文件\Ch04\曲柄零件.dwg
结果文件：多媒体\实例\结果文件\Ch04\标注曲柄零件.dwg
视频文件：多媒体\视频\Ch04\标注曲柄零件.avi

本实例主要讲解尺寸标注综合。机械图中的尺寸标注包括线性尺寸标注、角度标注、引线标注、粗糙度标注等。

该图形中除了前面介绍过的尺寸标注外，又增加了对齐尺寸"48"的标注。通过本例的学习，不但可以进一步巩固在前面使用过的标注命令及表面粗糙度、形位公差的标注方法，同时还将掌握对齐标注命令。标注完成的曲柄零件如图 4-71 所示。

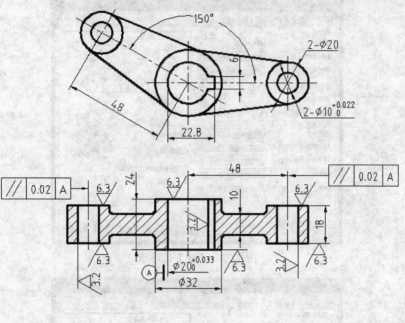

图 4-71 曲柄零件

操作步骤

1. 创建一个新层【bz】用于尺寸标注

[1] 单击【标准】工具栏中的【打开】按钮,在弹出的【选择文件】对话框中,选取前面保存的图形文件【曲面零件.dwg】,单击【确定】按钮,则该图形显示在绘图窗口中,如图 4-72 所示。

[2] 单击【图层】工具栏中的【图层特性管理器】按钮,打开【图层特性管理器】对话框。

[3] 方法同前,创建一个新层【bz】,线宽为 0.09 mm,其他设置不变,用于标注尺寸。并将其设置为当前层。

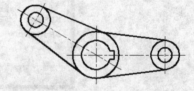

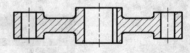

图 4-72 曲柄

[4] 设置文字样式【SZ】,选择菜单栏中的【格式】|【文字样式】命令。打开【文字样式】对话框,方法同前,创建一个新的文字样式【SZ】。

2. 设置尺寸标注样

[1] 单击【标注】工具栏中的【标注样式】按钮,设置标注样式。方法同前,在打开的【标注样式管理器】对话框中,单击【新建】按钮,创建新的标注样式【机械图样】,用于标注图样中的线性尺寸。

[2] 单击【继续】按钮,对打开的【新建标注样式:机械图样】对话框中的各个选项卡,进行设置,如图 4-73、图 4-74、图 4-75 所示。设置完成后,单击【确定】按钮。选取【机械图样】,单击【新建】按钮,分别设置直径及角度标注样式。

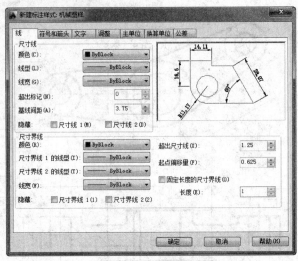

图 4-73 【线】选项卡

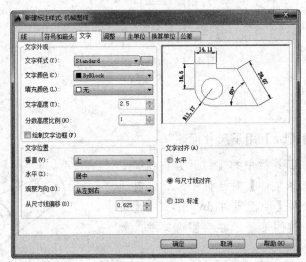

图 4-74 【文字】选项卡

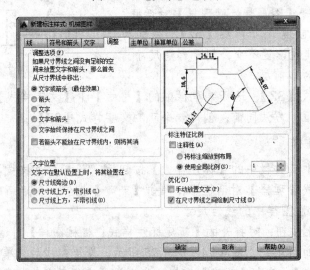

图 4-75 【调整】选项卡

[3] 其中，在直径标注样式的【调整】选项卡中的【调整】选项区，选取复选框【标注时手动放置文字】，在【文字】选项卡中的【文字对齐】选项区，选取【iso 标准】；角度标注样式的【文字】选项卡中的【文字对齐】选项区，选取【水平】；其他选项卡的设置均不变。

[4] 在【标注样式管理器】对话框中，选取【机械图样】标注样式，单击【置为当前】按钮，将其设置为当前标注样式。

3. 标注曲柄视图中的线性尺寸

[1] 单击【标注】工具栏中的【线线】按钮，方法同前，从上至下，依次标注曲柄主视图及俯视图中的线性尺寸为 6、22.8、48、18、10、⌀20 和⌀32。

[2] 在标注尺寸【⌀20】时，需要输入【%%c20{\h0.7x;\s+0.033^0;}】。

[3] 单击【标注】工具栏中的【编辑标注文字】按钮，命令行提示与操作如下：

```
命令: _dimtedit
选择标注:                    //（选取曲柄俯视图中的线性尺寸【24】）
为标注文字指定新位置或 [左对齐(L)/右对齐(R)/居中(C)/默认(H)/角度(A)]:
    //拖动文字到尺寸界线外部
```

[4] 单击【标注】工具栏中的【编辑标注文字】按钮，选取俯视图中的线性尺寸【10】，将其文字拖动到适当位置。结果如图 4-76 所示。

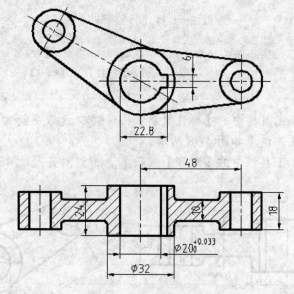

图 4-76 标注线性尺寸

[5] 单击【标注】工具栏中的【标注样式】按钮，在打开的【标注样式管理器】的样式列表中选择【机械图样】，单击【替代】按钮。

[6] 系统打开【替代当前样式】对话框，方法同前，单击【线】选项卡，如图 4-77 所示，在【隐藏】选项区，选取【尺寸界线 2】；在【箭头】选项区，将【第二个】设置为【无】。

图 4-77 替代样式

[7] 单击【标注】工具栏中的【标注更新】按钮，更新该尺寸样式，命令行提示与操作如下：

```
命令：_-dimstyle
当前标注样式：            //机械标注样式    注释性：否
输入标注样式选项
[注释性(AN)/保存(S)/恢复(R)/状态(ST)/变量(V)/应用(A)/?] <恢复>：    //_apply
选择对象：                //（选取俯视图中的线性尺寸【∅20】）
选择对象：↵
```

[8] 单击【标注】工具栏中的【标注更新】按钮，选取更新的线性尺寸，将其文字拖动到适当位置。结果如图 4-78 所示。

[9] 单击【标注】工具栏中的【对齐】按钮，标注对齐尺寸 48。结果如图 4-79 所示。

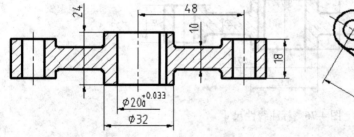

图 4-78 编辑俯视图中的线性尺寸

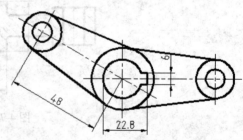

图 4-79 标注主视图对齐尺寸

4. 标注曲柄主视图中的角度尺寸等

[1] 单击【标注】工具栏中的【角度标注】按钮，标注角度尺寸 150°。

[2] 单击【标注】工具栏中的【直径标注】按钮，标注曲柄水平臂中的直径尺寸【2

∅10】及【2 ∅20】。在标注尺寸【2 ∅20】时,需要输入标注文字【2 <>】;在标注尺寸【2 ∅10】时,需要输入标注文字【2 <>】。

[3] 单击【标注】工具栏中的【标注样式】按钮,在打开的【标注样式管理器】的样式列表中选择【机械图样】,单击【替代】按钮。

[4] 系统打开【替代当前样式】对话框,方法同前,单击【主单位】选项卡,将【线性标注】选项区中的【精度】值设置为 0.000;单击【公差】选项卡,在【公差格式】选项区中,将【方式】设置为【极限偏差】,设置【上偏差】为 0.022,下偏差为 0,【高度比例】为 0.7,设置完成后单击【确定】按钮。

[5] 单击【标注】工具栏中的【标注更新】按钮,选取直径尺寸【2 ∅10】,即可为该尺寸添加尺寸偏差。结果如图 4-80 所示。

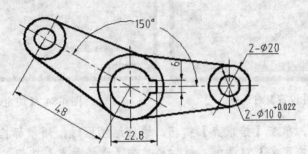

图 4-80 标注角度及直径尺寸

5. 标注曲柄俯视图中的表面粗糙度

[1] 绘制表面粗糙度符号,如图 4-81 所示。

[2] 选择菜单栏中的【格式】|【文字样式】,打开【文字样式】对话框,在其中设置标注的粗糙度值的文字样式,如图 4-82 所示。

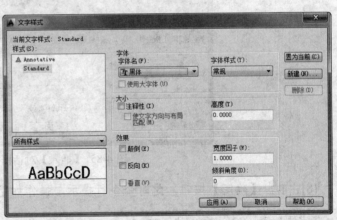

图 4-81 绘制的表面粗糙度符号　　　　图 4-82 【文字样式】对话框

[3] 在命令行输入命令 DDATTDEF,执行后,打开【属性设置】对话框,如图 4-83 所示。按照图中所示进行填写和设置。

[4] 填写完毕后,单击【拾取点】按钮,返回绘图区域,用鼠标拾取图 4-81 中的点 A,即 Ra 符号的右下角,此时返回【属性设置】对话框,然后单击【确定】按钮,完成

属性设置。

[5] 在功能区【插入】选项卡中单击【创建块】按钮，AutoCAD 打开【块定义】对话框，按照图中所示进行填写和设置，如图 4-84 所示。

图 4-83 【属性设置】对话框

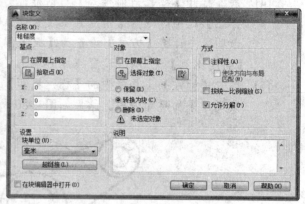

图 4-84 【块定义】对话框

[6] 填写完毕后，单击【拾取点】按钮，返回绘图区域，用鼠标拾取图 4-81 中的点 B，此时返回【块定义】对话框，然后再单击【选择对象】按钮，选择图 4-94 所示的图形，此时返回【块定义】对话框，最后按【确定】按钮完成块定义。

[7] 在功能区【插入】选项卡中单击【插入】按钮，AutoCAD 打开【插入】对话框，在【名称】下拉选项中选择【粗糙度】一项，如图 4-85 所示。

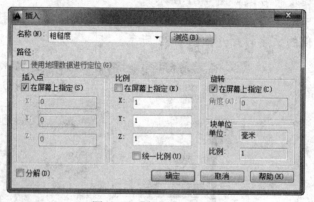

图 4-85 【插入】对话框

[8] 单击【确定】按钮，此时命令行提示与操作如下：

```
指定插入点或 [基点(B)/比例(S)/X/Y/Z/旋转(R)]：      //（捕捉曲柄俯视图中的左臂上线的最近点，作为插入点）
指定旋转角度 <0>:                          //（输入要旋转的角度）
输入属性值
请输入表面粗糙度值 <1.6>:                    //6.3↙（输入表面粗糙度的值 6.3
```

[9] 单击【修改】工具栏中的【复制】按钮，选取标注的表面粗糙度，将其复制到俯

视图右边需要标注的地方。结果如图 4-86 所示。

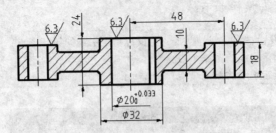

图 4-86 标注表面粗糙度

[10] 单击【修改】工具栏中的【镜像】按钮，选取插入的表面粗糙度图块，分别以水平线及竖直线为镜像线，进行镜像操作，并且镜像后不保留源对象。

[11] 单击【修改】工具栏中的【复制】按钮，选取镜像后的表面粗糙度，将其复制到俯视图下部需要标注的地方。结果如图 4-87 所示。

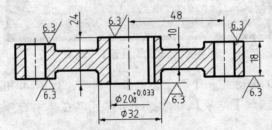

图 4-87 标注表面粗糙度

[12] 单击【绘图】工具栏中的【插入块】按钮，打开【插入块】对话框，插入【粗糙度】图块。重复【插入块】命令，标注曲柄俯视图中的其它表面粗糙度。结果如图 4-88 所示。

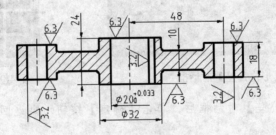

图 4-88 标注表面粗糙度

6. 标注曲柄俯视图中的形位公差

[1] 在标注表面及形位公差之前，需要设置引线的样式。在命令行中输入 QLEADER 命令，命令行提示与操作如下：

```
命令:QLEADER✓
指定第一个引线点或 [设置(S)] <设置>: S✓
```

[2] 选择该选项后，AutoCAD 打开如图 4-89 所示的【引线设置】对话框，在其中选择

公差一项，即把引线设置为公差类型。设置完毕后，单击【确定】按钮，返回命令行，命令行提示与操作如下：

```
指定第一个引线点或 [设置(S)] <设置>：(用鼠标指定引线的第一个点)
指定下一点：(用鼠标指定引线的第二个点)
指定下一点：(用鼠标指定引线的第三个点)
```

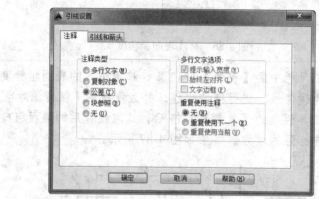

图 4-89　【引线设置】对话框

[3] 此时，AutoCAD 自动打开【形位公差】对话框，如图 4-90 所示，单击【符号】黑框，AutoCAD 打开【符号】对话框，用户可以在其中选择需要的符号，如图 4-91 所示。

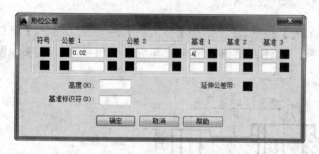 

图 4-90　【形位公差】对话框　　　　图 4-91　【符号】对话框

[4] 填写完【形位公差】对话框后，单击【确定】按钮，则返回绘图区域，完成形位公差的标注。
[5] 方法同前，标注俯视图左边的形位公差。
[6] 创建基准符号号块，首先绘制基准符号，如图 4-92 所示。

图 4-92　绘制的基准符号

[7] 在命令行输入命令 DDATTDEF，执行后，打开【属性定义】对话框，如图 4-93 所示。按照图中所示进行填写和设置。

[8] 填写完毕后，然后单击【确定】按钮，此时返回绘图区域，用鼠标拾取图中的圆心。创建基准符号块

[9] 单击【绘图】工具栏中的【创建块】按钮，打开【块定义】对话框，按照图中所示进行填写和设置，如图 4-94 所示。

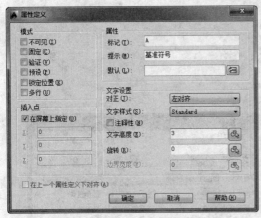

图 4-93 【属性定义】对话框

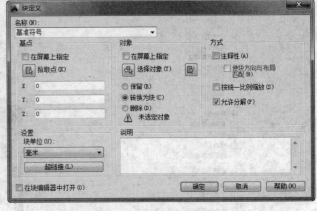

图 4-94 【块定义】对话框

[10] 填写完毕后，单击【拾取点】按钮，返回绘图区域，用鼠标拾取图中的水平直线的中点，此时返回【块定义】对话框，然后再单击【选择对象】按钮，选择图形，此时返回【块定义】对话框，最后按【确定】按钮完成块定义。

[11] 单击【绘图】工具栏中的【插入块】按钮，打开【插入】对话框，在【名称】下拉选项中选择【基准符号】一项，如图 4-95 所示。

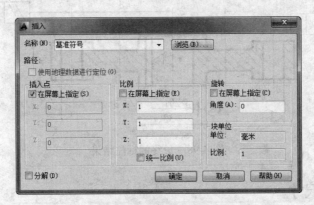

图 4-95 【插入】对话框

[12] 单击【确定】按钮，此时命令行提示与操作如下：

指定插入点或 [基点(B)/比例(S)/X/Y/Z/旋转(R)]：（在尺寸【⌀20】左边尺寸界线的左部适当位置拾取一点）

[13] 单击【修改】工具栏中的【旋转】按钮，选取插入的【基准符号】图块，将其旋转 90°。

[14] 选取旋转后的【基准符号】图块，单击鼠标右键，在打开的如图 4-96 所示的快捷菜单中，选取【编辑属性】，打开【增强属性编辑器】对话框，单击【文字选项】选项卡，如图 4-97 所示。

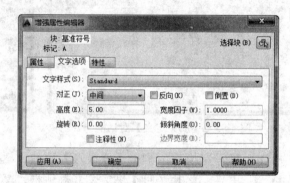

图 4-96　快捷菜单　　　　　　　图 4-97　【增强属性编辑器】对话框

[15] 将旋转角度修改为【0】，最终的标注结果如图 4-98 所示。

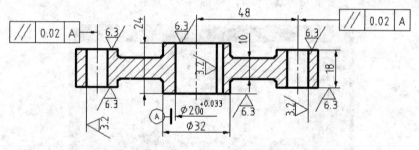

图 4-98　最终的标注结果

4.7.2　标注泵轴尺寸

引入光盘：多媒体\实例\初始文件\Ch04\泵轴零件.dwg
结果文件：多媒体\实例\结果文件\Ch04\标注泵轴零件.dwg
视频文件：多媒体\视频\Ch04\标注泵轴零件.avi

本例着重介绍编辑标注文字位置命令的使用以及表面粗糙度的标注方法。同时，对尺寸偏差的标注进行进一步的巩固练习。标注完成的泵轴如图 4-99 所示。

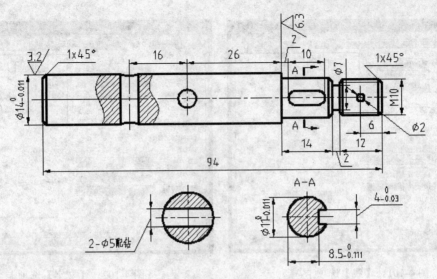

图 4-99 泵轴尺寸

操作步骤

1. 标注设置

[1] 打开图形文件【泵轴零件.dwg】，如图 4-100 所示。

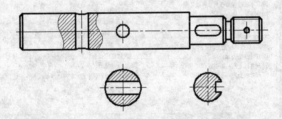

图 4-100 泵轴

[2] 创建一个新层【BZ】用于尺寸标注，单击【图层】工具栏中的【图层特性管理器】按钮，打开【图层特性管理器】对话框。方法同前，创建一个新层【BZ】，线宽为 0.09mm，其他设置不变，用于标注尺寸。并将其设置为当前层。

[3] 设置文字样式【SZ】，选择菜单栏中的【格式】|【文字样式】命令。弹出【文字样式】对话框，方法同前，创建一个新的文字样式【SZ】。

[4] 设置尺寸标注样式，单击【标注】工具栏中的【标注样式】按钮，设置标注样式。方法同前，在打开的【标注样式管理器】对话框中，单击【新建】按钮，创建新的标注样式【机械图样】，用于标注图样中的尺寸。

[5] 单击【继续】按钮，对打开的【新建标注样式：机械图样】对话框中的各个选项卡，进行设置，如图 4-101、图 4-102、图 4-103 所示。不再设置其他标注样式。

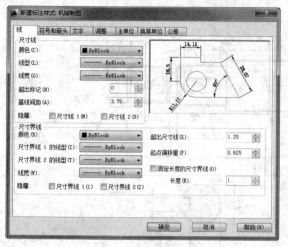
图 4-101 【线】选项卡

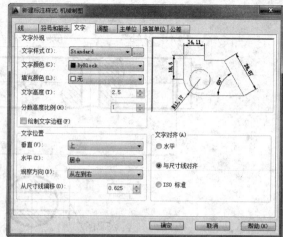
图 4-102 【文字】选项卡

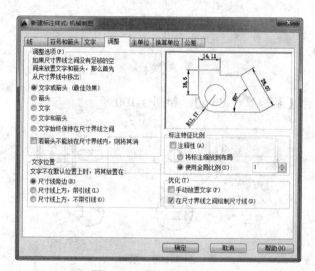
图 4-103 【调整】选项卡

2. 标注尺寸

[1] 在【标注样式管理器】对话框中，选取【机械图样】标注样式，单击【置为当前】按钮，将其设置为当前标注样式。

[2] 标注泵轴视图中的基本尺寸，单击【标注】工具栏中的【线型标注】按钮，方法同前，标注泵轴主视图中的线性尺寸 m10、∅7 及 6。

[3] 单击【标注】工具栏中的【基线标注】按钮，方法同前，以尺寸 6 的右端尺寸线为基线，进行基线标注，标注尺寸 12 及 94。

[4] 单击【标注】工具栏中的【连续标注】按钮，选取尺寸 12 的左端尺寸线，标注连续尺寸 2 及 14。

[5] 单击【标注】工具栏中的【线型标注】按钮，标注泵轴主视图中的线性尺寸 16；方法同前。

[6] 单击【标注】工具栏中的【连续标注】按钮，标注连续尺寸26、2及10。

[7] 单击【标注】工具栏中的【直径标注】按钮，标注泵轴主视图中的直径尺寸∅2。

[8] 单击【标注】工具栏中的【线性标注】按钮，标注泵轴剖面图中的线性尺寸【2̃ ∅5配钻】，此时应输入标注文字【2̃%%c5配钻】。

[9] 单击【标注】工具栏中的【线性标注】按钮，标注泵轴剖面图中的线性尺寸 8.5 和 4。结果如图 4-104 所示。

[10] 修改泵轴视图中的基本尺寸。

```
命令：dimtedit↙
选择标注：           //（选择主视图中的尺寸【2】）
指定标注文字的新位置或 [左(l)/右(r)/中心(c)/默认(h)/角度(a)]:（拖动鼠标，在适当位置处单击鼠标，确定新的标注文字位置）
```

[11] 方法同前，单击【标注】工具栏中的【标注样式】按钮，分别修改泵轴视图中的尺寸【2-∅5配钻】及2。结果如图 4-105 所示。

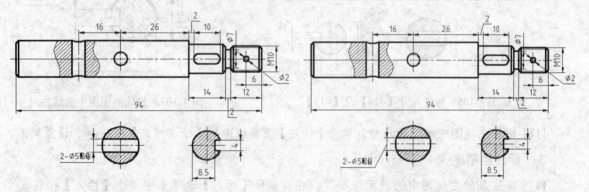

图 4-104　基本尺寸　　　　　　　　图 4-105　修改视图中的标注文字位置

[12] 用重新输入标注文字的方法，标注泵轴视图中带尺寸偏差的线性尺寸。

```
命令：dimlinear↙
指定第一条尺寸界线原点或 <选择对象>:（捕捉泵轴主视图左轴段的左上角点）
指定第二条尺寸界线原点：（捕捉泵轴主视图左轴段的左下角点）
指定尺寸线位置或[多行文字(M)/文字(T)/角度(A)/水平(H)/垂直(V)/旋转(R)]: t↙
输入标注<14>: %%c14{\h0.7x;\s0^-0.011;}↙
指定尺寸线位置或[多行文字(M)/文字(T)/角度(A)/水平(H)/垂直(V)/旋转(R)]:（拖动鼠标，在适当位置处单击）
标注文字 =14
```

[13] 标注泵轴剖面图中的尺寸∅11，输入标注文字【%%c11{\h0.7x;\ s0^0.011;}】。结果如图 4-106 所示。

[14] 用标注替代的方法，为泵轴剖面图中的线性尺寸添加尺寸偏差，单击【标注】工具栏中的【标注样式】按钮，在打开的【标注样式管理器】的样式列表中选择【机械图样】，单击【替代】按钮。

[15] 系统打开【替代当前样式】对话框，方法同前，单击【主单位】选项卡，将【线性

标注】选项区中的【精度】值设置为 0.000；单击【公差】选项卡，在【公差格式】选项区中，将【方式】设置为【极限偏差】，设置【上偏差】为 0，下偏差为 0.111，【高度比例】为 0.7，设置完成后单击【确定】按钮。

[16] 单击【标注】工具栏中的【标注更新】按钮，选取剖面图中的线性尺寸 8.5，即可为该尺寸添加尺寸偏差。

[17] 继续设置替代样式。设置【公差】选项卡中的【上偏差】为 0，下偏差为 0.030。单击【标注】工具栏中的【标注更新】按钮，选取线性尺寸 4，即可为该尺寸添加尺寸偏差。结果如图 4-107 所示。

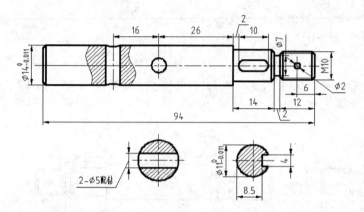

图 4-106　标注尺寸【⌀14】及【⌀11】　　　　图 4-107　替代剖面图中的线性尺寸

[18] 标注主视图中的倒角尺寸，单击【标注】工具栏中的【标注样式】按钮，设置同前。

3. 标注粗糙度

[1] 标注泵轴主视图中的表面粗糙度。在功能区【插入】选项卡中单击【插入】按钮。打开【插入】对话框，如图 4-108 所示，单击【浏览】按钮，选取前面保存的块图形文件【粗糙度】；在【缩放比例】选项区中，选取【统一比例】复选框，设置缩放比例为 0.5，单击【确定】按钮。命令行提示与操作如下：

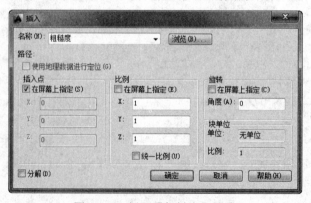

图 4-108　插入【粗糙度】图块

```
指定插入点或 [基点(B)/比例(S)/旋转(R)]：（捕捉 φ14 尺寸上端尺寸界线的最近点，作为插入点）
输入属性值
请输入表面粗糙度值 <1.6>：3.2↙（输入表面粗糙度的值 3.2，结果如图 4-109 所示）
```

[2] 单击【绘图】工具栏中的【直线】按钮，捕捉尺寸 26 右端尺寸界线的上端点，绘制竖直线。

[3] 单击【绘图】工具栏中的【插入块】按钮，插入【粗糙度】图块，设置均同前。此时，输入属性值为 6.3。

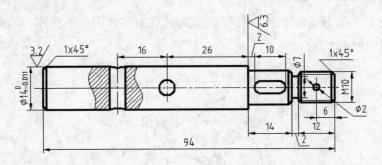

图 4-109 标注表面粗糙度

[4] 单击【修改】工具栏中的【镜像】按钮，将刚刚插入的图块，以水平线为镜像线，进行镜像操作，并且镜像后不保留源对象。

[5] 单击【修改】工具栏中的【旋转】按钮，选取镜像后的图块，将其旋转 90°。

[6] 单击【修改】工具栏中的【镜像】按钮，将旋转后的图块，以竖直线为镜像线，进行镜像操作，并且镜像后不保留源对象。

[7] 标注泵轴剖面图的剖切符号及名称，选择菜单栏中的【标注】|【多重引线】命令，用多重引线标注命令，从右向左绘制剖切符号中的箭头。

[8] 将【轮廓线】层设置为当前层，单击【绘图】工具栏中的【直线】按钮，捕捉带箭头引线的左端点，向下绘制一小段竖直线。

[9] 在命令行输入 text，或者选择菜单栏中的【绘图】|【文字】|【单行文字】命令，在适当位置处单击一点，输入文字 a。

[10] 单击【修改】工具栏中的【镜像】按钮，将输入的文字及绘制的剖切符号以水平中心线为镜像线，进行镜像操作。方法同前，在泵轴剖面图上方输入文字【a-a】。结果如图 4-110 所示。

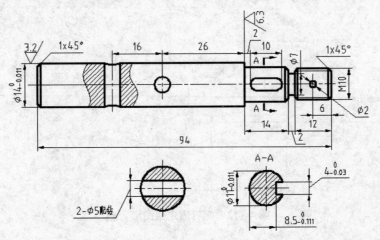

图 4-110 输入文字

4.8 课后习题

1. 标注阀体底座零件图形

利用线性标注、直径标注、半径标注完成阀体底座零件图形的标注，如图 4-111 所示。标注字体选用 gbeitc.shx。

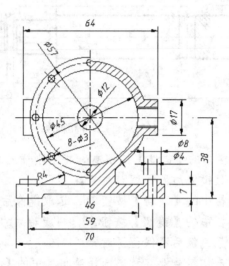

图 4-111　阀体底座零件

2. 标注螺钉固定架图形

利用半径标注、线性标注、角度标注完成螺钉固定架图形的标注，如图 4-112 所示。

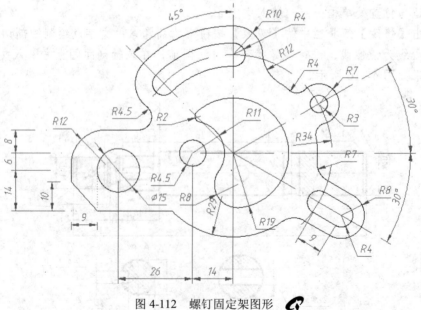

图 4-112　螺钉固定架图形

第 5 章
块在机械图纸中的应用

在绘制图形时,如果图形中有大量相同或相似的内容,或者所绘制的图形与已有的图形文件相同,可以把要重复绘制的图形创建成块(也称为图块),并根据需要为块创建属性,指定块的名称、用途及设计者等信息,在需要时直接插入它们,从而提高绘图效率。

 知识要点

- 块与外部参照概述
- 创建块
- 块编辑器
- 动态块
- 块属性

 案例解析

机械图纸中的粗糙度符号块

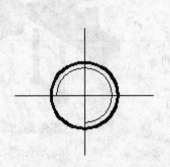

要插入的"螺纹孔"块

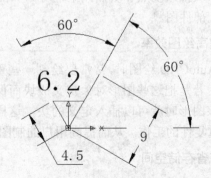

动态块

5.1 块与外部参照概述

块与外部参照有相似的地方，但它们的主要区别是：一旦插入了块，该块就永久性地插入到当前图形中，成为当前图形的一部分。而以外部参照方式将图形插入到某一图形（称之为主图形）后，被插入图形文件的信息并不直接加入到主图形中，主图形只是记录参照的关系。在功能区中，用于创建块和参照的【插入】选项卡如图 5-1 所示。

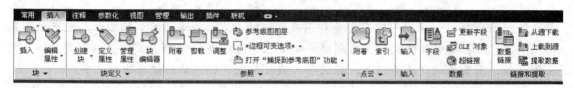

图 5-1 【插入】选项卡

5.1.1 块定义

块可以是绘制在几个图层上的不同颜色、线型和线宽特性的对象的组合。尽管块总是在当前图层上，但块参照保存了有关包含在该块中的对象的原图层、颜色和线型特性的信息。

块的定义方法主要有以下几种：
- ◆ 合并对象以在当前图形中创建块定义。
- ◆ 使用【块编辑器】将动态行为添加到当前图形中的块定义。
- ◆ 创建一个图形文件，随后将它作为块插入到其他图形中。
- ◆ 使用若干种相关块定义创建一个图形文件以用做块库。

5.1.2 块的特点

在 AutoCAD 中，使用块可以提高绘图速度、节省存储空间、便于修改图形，能够为块添加属性，还可以控制块中的对象是保留其原特性还是继承当前的图层、颜色、线型或线宽设置。

例如，在机械装配图中，常用的螺帽、螺钉、弹簧等标准件都可以定义为块，在定义成块时，需指定块名、块中对象、块插入基点和块插入单位等。如图 5-2 所示为零件装配部件图。

图 5-2 零件装配部件图

1. 提高绘图效率

使用 AutoCAD 绘图时，常常要绘制一些重复出现的图形对象，若是把这些图形对象定义成块而保存起来，再次绘制该图形时就可以插入定义的块，这样就避免了大量的、重复性的工作，从而提高用户的制图效率。

2. 节省存储空间

AutoCAD 要保存图中每一个对象的相关信息，如对象的类型、位置、图层、线型及颜色等，这些信息占据了大量的程序存储空间。如果在一副图中绘制大量的、相同的图形，势必会造成操作系统运行缓慢，但如果把这些相同的图形定义成块，需要该图形时可以直接插入，从而节省了磁盘空间。

3. 便于修改图形

一张工程图往往要经过多次的修改。如在机械设计中，旧的国家标准（GB）用虚线表示螺栓的内径，而新的 GB 则用细实线表示，如果对旧图纸上的每一个螺栓按新 GB 来修改，既费时又不方便。但如果原来各螺栓是通过插入块的方法绘制的，那么只要简简单单地修改定义的块，图中所有块图形都会相应的做修改。

4. 可以添加属性

很多块还要求有文字信息以进一步解释其用途。AutoCAD 允许为块创建这些文字属性，而且还可以在插入的块中显示或不显示这些属性，也可以从图中提取这些信息并将它们传送到数据库中。

5.2 创建块

块是一个或多个对象组成的对象集合，常用于绘制复杂、重复的图形。一旦一组对象组合成块，就可以根据做图需要将这组对象插入到图中任意指定位置，而且还可以按不同的比例和旋转角度插入。本节将着重介绍创建块、插入块、删除块、存储并参照块、嵌套块、间隔插入块、多重插入块及创建块库等内容。

5.2.1 块的创建

通过选择对象、指定插入点然后为其命名，可创建块定义。用户可以创建自己的块，也可以使用设计中心或工具选项板中提供的块。

用户可通过以下命令方式来执行此操作：

- ◆ 菜单栏：选择【绘图】|【块】|【创建】命令。
- ◆ 面板：【常用】选项卡【块】面板单击【创建】按钮。
- ◆ 面板：【插入】选项卡【块定义】面板单击【创建块】按钮。
- ◆ 命令行：BLOCK。

执行 BLOCK 命令，程序将弹出【块定义】对话框，如图 5-3 所示。

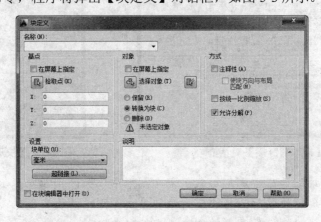

图 5-3 【块定义】对话框

该对话框中各选项含义如下：

- 名称：指定块的名称。名称最多可以包含 255 个字符，包括字母、数字、空格，以及操作系统或程序未作他用的任何特殊字符。
- 注意：不能用 DIRECT、LIGHT、AVE_RENDER、RM_SDB、SH_SPOT 和 OVERHEAD 作为有效的块名称。
- 【基点】选项卡：指定块的插入基点。默认值是（0，0，0）。
- 注意：此基点是图形插入过程中旋转或移动的参照点。
- 在屏幕上指定：在屏幕窗口上指定块的插入基点。
- 【拾取点】按钮：暂时关闭对话框以使用户能在当前图形中拾取插入基点。
- X：指定基点的 X 坐标值。
- Y：指定基点的 Y 坐标值。
- Z：指定基点的 Z 坐标值。
- 【设置】选项卡：指定块的设置。
- 块单位：指定块参照插入单位。
- 【超链接】按钮：单击此按钮，打开【插入超链接】对话框，使用该对话框将某个超链接与块定义相关联，如图 5-4 所示。
- 在块编辑器中打开：勾选此复选框，将在块编辑器中打开当前的块定义。
- 【对象】选项卡：指定新块中要包含的对象，以及创建块之后如何处理这些对象，是保留还是删除选定的对象或者是将它们转换成块实例。
- 在屏幕上指定：在屏幕中选择块包含的对象。
- 【选择对象】按钮：暂时关闭【块定义】对话框，允许用户选择块对象。完成选择对象后，按 Enter 键重新打开【块定义】对话框。
- 【快速选择】按钮：单击此按钮，将打开【快速选择】对话框，该对话框定义选择集，如图 5-5 所示。

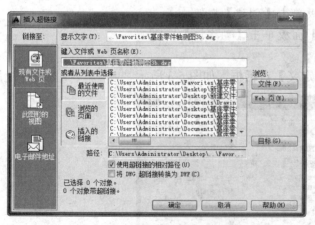

图 5-4 【插入超链接】对话框

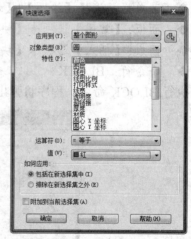

图 5-5 【快速选择】对话框

- 保留：创建块以后，将选定对象保留在图形中作为区别对象。
- 转换为块：创建块以后，将选定对象转换成图形中的块实例。
- 删除：创建块以后，从图形中删除选定的对象。

- ◆ 【未选定的对象】：此区域将显示选定对象的数目。
- ◆ 【方式】选项卡：指定块的生成方式。
- ◆ 注释性：指定块为注释性。单击信息图标可以了解有关注释性对象的更多信息。
- ◆ 使块方向与布局匹配：指定在图纸空间视口中的块参照的方向与布局的方向匹配。如果未选择【注释性】选项，则该选项不可用。
- ◆ 按统一比例缩放：指定块参照是否按统一比例缩放。
- ◆ 允许分解：指定块参照是否可以被分解。

每个块定义必须包括块名、一个或多个对象、用于插入块的基点坐标值和所有相关的属性数据。插入块时，将基点作为放置块的参照。

> **操作技巧**
>
> 建议用户指定基点位于块中对象的左下角。在以后插入块时将提示指定插入点，块基点与指定的插入点对齐。

下面以实例来说明块的创建。

实训——块的创建

[1] 打开本例光盘"多媒体\实例\初始文件\Ch05\ex-1.dwg"文件。
[2] 在【插入】选项卡【块】面板单击【创建】按钮，打开【块定义】对话框。
[3] 在【名称】的文本框内输入块的名称【齿轮】，然后单击【拾取点】按钮，如图5-6所示。
[4] 程序将暂时关闭对话框，在绘图区域中指定图形的中心点作为块插入基点，如图5-7所示。

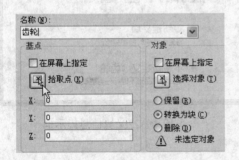

图 5-6 输入块名称

图 5-7 指定基点

[5] 指定基点后，程序再打开【块定义】对话框。单击该对话框中的【选择对象】按钮，切换到图形窗口，使用窗口选择的方法全部选择窗口中的图形元素，然后单击 Enter 键返回到【块定义】对话框。
[6] 此时，在【名称】文本框旁边生成块图标。接着在对话框的【说明】选项卡中输入块的说明文字，如输入"齿轮分度圆直径"12"、齿数"18"、压力角"20""等字样。再保留其余选项默认设置，最后单击【确定】按钮，完成块的定义，如图5-8所示。

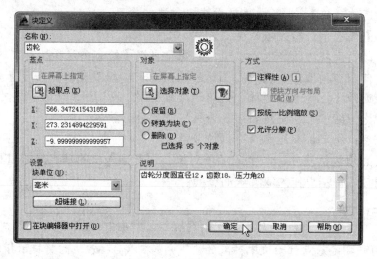

图 5-8　完成块的定义

操作技巧

创建块时，必须先输入要创建块的图形对象，否则显示【块-未选定任何对象】选择信息提示框，如图 5-9 所示。如果新块名与已有块重名，程序将显示【块重新定义块】信息提示框，要求用户更新块定义或参照，如图 5-10 所示。

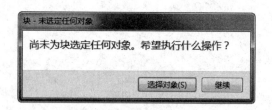

图 5-9　对象选择信息提示框

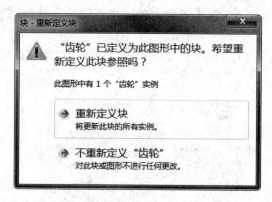

图 5-10　重定义块信息提示框

5.2.2　插入块

插入块时，需要创建块参照并指定它的位置、缩放比例和旋转度。插入块操作将创建一个称做块参照的对象，因为参照了存储在当前图形中的块定义。

用户可通过以下命令方式来执行此操作：

◆ 面板：【插入】选项卡【块】面板单击【插入】按钮。
◆ 命令行：IBSERT。

执行 IBSERT 命令，程序将弹出【插入】对话框，如图 5-11 所示。

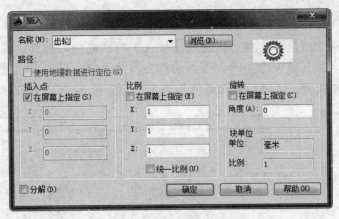

图 5-11 【插入】对话框

该对话框中各选项卡、选项的含义如下：
- 【名称】列表框：在该列表框中指定要插入块的名称，或指定要作为块插入的文件的名称。
- 【浏览】按钮：单击此按钮，打开【选择图形文件】对话框（标准的文件选择对话框），从中可选择要插入的块或图形文件。
- 路径：显示块文件的浏览路径。
- 【插入点】选项卡：控制块的插入点。
- 在屏幕上指定：用定点设备指定块的插入点。
- 【比例】选项卡：指定插入块的缩放比例。如果指定负的 X、Y、Z 缩放比例因子，则插入块的镜像图像。

操作技巧

如果插入的块所使用的图形单位与为图形指定的单位不同，则块将自动按照两种单位相比的等价比例因子进行缩放。

- 在屏幕上指定：用定点设备指定块的比例。
- 统一比例：为 X、Y、Z 坐标指定单一的比例值。为 X 指定的值也反映在 Y 和 Z 的值中。
- 【旋转】选项卡：在当前 UCS 中指定插入块的旋转角度。
- 在屏幕上指定：用定点设备指定块的旋转角度。
- 角度：设置插入块的旋转角度。
- 【块单位】选项卡：显示有关块单位的信息。
- 单位：显示块的单位。
- 比例：显示块的当前比例因子。
- 分解：分解块并插入该块的各个部分。勾选【分解】复选框时，只可以指定统一比例因子。

块的插入方法较多，主要有以下几种：通过【插入】对话框插入块、在命令行输入 -insert 命令、在工具选项板单击块工具。

1. 通过【插入】对话框插入块

凡用户自定义的块或块库，都可以通过【插入】对话框插入到其他图形文件中。将一个完整的图形文件插入到其他图形中时，图形信息将作为块定义复制到当前图形的块表中，后续插入参照具有不同位置、比例和旋转角度的块定义，如图 5-12 所示。

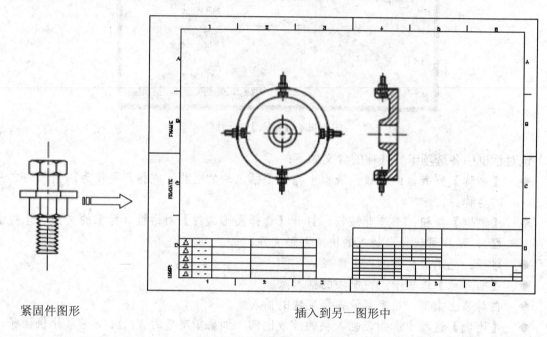

紧固件图形　　　　　　　　　　　　　插入到另一图形中

图 5-12　作为块插入图形文件

2. 命令行输入 –insert 命令

如果在命令提示下输入 –insert 命令，将显示以下命令操作提示：

```
命令：-insert
输入块名或 [?] <上一个>：                        //输入块名
单位：毫米    转换：1.00000000                   //显示转换单位和比例
指定插入点或 [基点(B)/比例(S)/X/Y/Z/旋转(R)]：     //指定插入点或输入选项
输入 X 比例因子，指定对角点，或 [角点(C)/XYZ(XYZ)] <1>：  //输入 X 缩放因子
输入 Y 比例因子或 <使用 X 比例因子>：              //输入 Y 缩放因子
指定旋转角度 <0>：                              //输入块旋转角度
```

操作提示下的选项含义如下：

- 输入块名：如果在当前编辑任务期间已经在当前图形中插入了块，则最后插入的块的名称做为当前块出现在提示中。
- 插入点：指定块或图形的位置，此点与块定义时的基点重合。
- 基点：将块临时放置到其当前所在的图形中，并允许在将块参考拖动到位时为其指定新基点。这不会影响为块参照定义的实际基点。
- 比例：设置 X、Y 和 Z 轴的比例因子。
- X/Y/Z：设置 XYZ 的比例因子。

- 旋转：设置块插入的旋转角度。
- 指定对角点：指定缩放比例的对角点。

实训——插入块的操作

下面以实例来说明在命令行中输入-insert 命令插入块的操作过程。

[1] 打开本例光盘"多媒体\实例\初始文件\Ch05\ex-2.dwg"文件。
[2] 在命令行输入-insert 命令，并单击 Enter 键执行命令。
[3] 插入块时，将块放大为原来的 1.1 倍，并旋转 45°。命令行的操作提示如下：

```
命令: -insert
输入块名或 [?] <扳手>: ✓
单位: 毫米   转换: 1.00000000                              //转换单位信息
指定插入点或 [基点(B)/比例(S)/X/Y/Z/旋转(R)]: s✓          //输入 S 选项
指定 XYZ 轴的比例因子 <1>: 1.1✓                           //输入比例因子
指定插入点或 [基点(B)/比例(S)/X/Y/Z/旋转(R)]: r✓          //输入 F 选项
指定旋转角度 <0>: 45✓                                      //输入旋转角度
指定插入点或 [基点(B)/比例(S)/X/Y/Z/旋转(R)]:              //指定插入点
```

[4] 插入块的操作过程及结果如图 5-13 所示。

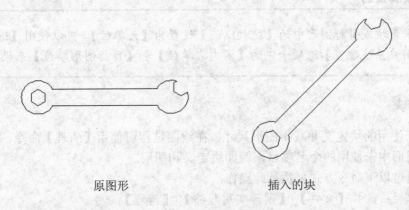

原图形　　　　　　　　　　　插入的块

图 5-13　在图形中插入块

3. 在工具选项板单击块工具

AutoCAD 中，工具选项板上的所有工具都是定义的块，从工具选项板中拖动的块将根据块和当前图形中的单位比例自动进行缩放。例如，如果当前图形使用米作为单位，而块使用厘米，则单位比例为 1m/100cm。将块拖动至图形时，该块将按照 1/100 的比例插入。

对于从工具选项板中拖动来进行放置的块，必须在放置后经常旋转或缩放。从工具选项板中拖动块时可以使用对象捕捉，但不能使用栅格捕捉。在使用该工具时，可以为块或图案填充工具设置辅助比例来替代常规比例设置。

从工具选项板单击块工具或拖动块来创建的图形如图 5-14 所示。

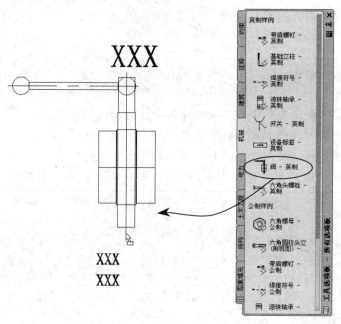

图 5-14　在工具选项板选择块工具并拖动

操作技巧

如果源块或目标图形中的【拖放比例】设置为【无单位】，可以使用【选项】对话框的【用户系统配置】选项卡中的【源内容单位】和【目标图形单位】来设置。

5.2.3　删除块

要删除未使用的块定义并减小图形尺寸，在绘图过程可使用【清理】命令。【清理】命令主要是删除图形中未使用的命名项目，例如块定义和图层。

用户可通过以下命令方式来执行此操作：

- ◆ 菜单栏：选择【文件】|【图形实用程序】|【清理】命令。
- ◆ 命令行：PURGE。

执行 PURGE 命令，程序将弹出【清理】对话框，如图 5-15 所示。

该对话框显示可被清理的项目。对话框中各单选按钮、选项的含义如下：

- ◆ 查看能清理的项目：切换树状图以显示当前图形中可以清理的命名对象的概要。
- ◆ 查看不能清理的项目：切换树状图以显示当前图形中不能清理的命名对象的概要。
- ◆ 【图形中未使用的项目】选项卡：列出当前图形中未使用的、可被清理的命名对象。可以通过单击加号或双击对象类型列出任意对象类型的项目。通过选择要清理的项目来清理项目。
- ◆ 确认要清理的每个项目：清理项目时显示【清理-确认清理】对话框，如图 5-16 所示。
- ◆ 清理嵌套项目：从图形中删除所有未使用的命名对象，即使这些对象包含在其他未使用的命名对象中或被这些对象所参照。

◆ 在对话框的【图形中未使用的项目】列表中选择【块】选项，然后单击【清理】按钮，定义的块将被删除。

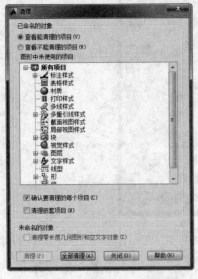

图 5-15 【清理】对话框

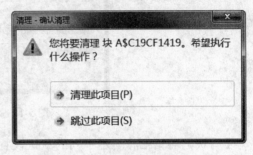

图 5-16 【清理-确认清理】对话框

5.2.4 存储并参照块

每个图形文件都具有一个称做块定义表的不可见数据区域。块定义表中存储着全部的块定义，包括块的全部关联信息。在图形中插入块时，所参照的就是这些块定义。

如图 5-17 所示的图例是三个图形文件的概念性表示。每个矩形表示一个单独的图形文件，并分为两个部分：较小的部分表示块定义表，较大的部分表示图形中的对象。

插入块时即插入了块参照。不仅仅是将信息从块定义复制到绘图区域。而是在块参照与块定义之间建立了链接。因此，如果修改块定义，所有的块参照也将自动更新。

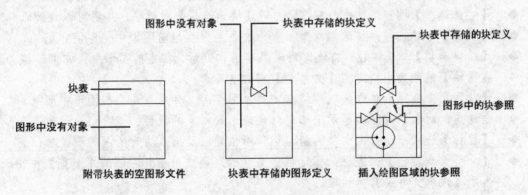

图 5-17 图形文件的概念性表示

当用户使用 BLOCK 命令定义一个块时，该块只能在存储该块定义的图形文件中使用。为了能在别的文件中再次引用块，必须使用 WBLOCK 命令，即打开【写块】对话框来进行文件的存放设置。【写块】对话框如图 5-18 所示。

图 5-18 【写块】对话框

【写块】对话框将显示不同的默认设置，这取决于是否选定了对象、是否选定了单个块或是否选定了非块的其他对象。对话框中各选项含义如下：

- 【块】单选按钮：指明存入图形文件的是块。此时用户可以从列表中选择已定义的块的名称。
- 【整个图形】单选按钮：将当前图形文件看成一个块，将该块存储于指定的文件中。
- 【对象】单选按钮：将选定对象存入文件，此时要求指定块的基点，并选择块所包含的对象。
- 【基点】选项卡：指定块的基点。默认值是（0，0，0）。
- 【拾取点】按钮：暂时关闭对话框以使用户能在当前图形中拾取插入基点。
- 【对象】选项卡：设置用于创建块的对象上的块创建的效果。
- 【选择对象】按钮：临时关闭该对话框以便可以选择一个或多个对象以保存至文件。
- 【快速选择】按钮：单击此按钮，打开【快速选择】对话框，从中可以过滤选择集。
- 【保留】单选按钮：将选定对象另存为文件后，在当前图形中仍保留它们。
- 【转换为块】单选按钮：将选定对象另存为文件后，在当前图形中将它们转换为块。在【块】的列表中指定为【文件名】中的名称。
- 【从图形中删除】单选按钮：将选定对象另存为文件后，从当前图形中删除。
- 未选定的对象：该区域显示未选定对象或选定对象的数目。
- 【目标】选项卡：指定文件的新名称和新位置以及插入块时所用的测量单位。
- 【文件名和路径】列表框：指定目标文件的路径，单击其右侧的【浏览】按钮，显示【浏览文件夹】对话框。
- 【插入单位】列表框：设置将此处创建的块文件插入其他图形时所使用的单位。该列表框中包括多种可选单位。

5.2.5 嵌套块

使用嵌套块，可以在几个部件外创建单个块。使用嵌套块可以简化复杂块定义的组织。

例如，可以将一个机械部件的装配图作为块插入，该部件包括机架、支架和紧固件，而紧固件又是由螺钉、垫片和螺母组成的块，如图5-19、图5-20所示。

嵌套块的唯一限制是不能插入参照自身的块。

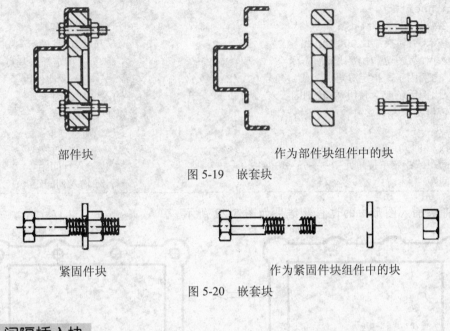

部件块　　　　　　　　　　　　作为部件块组件中的块

图 5-19　嵌套块

紧固件块　　　　　　　　　　　　作为紧固件块组件中的块

图 5-20　嵌套块

5.2.6　间隔插入块

在命令行执行 DIVIDE 命令（定数等分）或者 MEASURE 命令（定距等分），可以将点对象或块沿对象的长度或周长等间隔排列，也可以将点对象或块在对象上指定间隔处放置。

5.2.7　多重插入块

多重插入块就是在矩形阵列中插入一个块的多个引用。在插入过程中，MINSERT 命令不能像使用 INSERT 命令那样在块名前使用【*】号来分解块对象。

下面以实例来说明多重插入块的操作过程。

实训——多重插入块的操作

本例中插入块的块名称为"螺纹孔"，基点为孔中心，如图 5-21 所示。

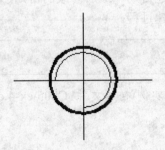

图 5-21　要插入的"螺纹孔"块

[1] 打开本例光盘"多媒体\实例\ start\Ch05\ex-3.dwg"文件。

[2] 在命令行执行 MINSERT 命令，然后将【螺纹孔】块插入到图形中，命令行的操作提示如下：

```
命令: minsert
输入块名或 [?] <螺纹孔>:                              //输入块名
单位: 毫米    转换: 1.00000000                        //转换信息提示
指定插入点或 [基点(B)/比例(S)/X/Y/Z/旋转(R)]:         //指定插入基点
输入 X 比例因子，指定对角点，或 [角点(C)/XYZ(XYZ)] <1>: ✓  //输入 X 比例因子
输入 Y 比例因子或 <使用 X 比例因子>: ✓                //输入 Y 比例因子
指定旋转角度 <0>: ✓                                   //输入块旋转角度
输入行数 (---) <1>: 2✓                                //输入行数
输入列数 (|||) <1>: 4 ✓                               //输入列数
输入行间距或指定单位单元 (---): 38 ✓                  //输入行间距
指定列间距 (|||): 23✓                                 //输入列间距
```

[3] 将块插入图形中的过程及结果如图 5-22 所示。

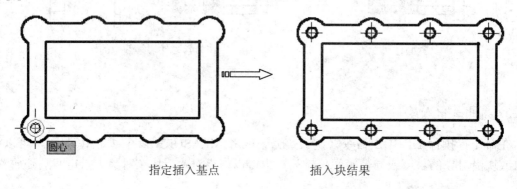

指定插入基点　　　　　插入块结果

图 5-22　插入块

5.2.8 创建块库

块库是存储在单个图形文件中的块定义的集合。在创建插入块时，用户可以使用 Autodesk 或其他厂商提供的块库或自定义块库。

通过在同一图形文件中创建块，可以组织一组相关的块定义。使用这种方法的图形文件称为块、符号或库。这些块定义可以单独插入正在其中工作的任何图形。除块几何图形之外，还可以包括提供块名的文字、创建日期、最后修改的日期、以及任何特殊的说明或约定。

下面以实例来说明块库的创建过程。

实训——创建块库

[1] 打开本例光盘"多媒体\实例\初始文件\ Ch05\ex-4.dwg"文件，打开的图形如图 5-23 所示。

图 5-23 实例图形

[2] 首先为 4 个代表粗糙度符号及基准代号的小图形创建块定义，名称分别为"粗糙度符号-1"、"粗糙度符号-2"、"粗糙度符号-3"和"基准代号"。添加的说明分别是"基本符号，可用任何方法获得"、"基本符号，表面是用不去除材料的方法获得"、"基本符号，表面是用去除材料的方法获得"和"此基准代号的基准要素为线或面"。其中，创建"基准代号"块图例如图 5-24 所示。

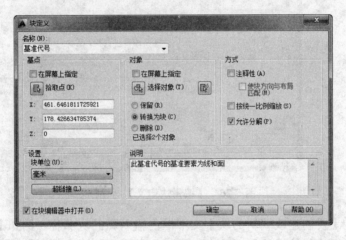

图 5-24 创建【基准代号】块

[3] 在命令行执行 ADCENTER（设计中心）命令，打开【设计中心】面板。从面板中可看见创建块库，块库中包含了先前创建的 4 个块以及说明，如图 5-25 所示。

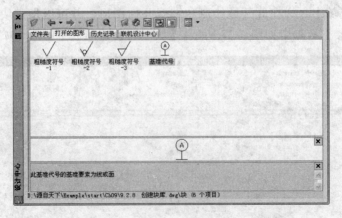

图 5-25 定义的块库

5.3 块编辑器

在 AutoCAD 2015 中，用户可使用【块编辑器】来创建块定义和添加动态行为。用户可通过以下命令方式来执行此操作：
- ◆ 菜单栏：选择【工具】|【块编辑器】命令。
- ◆ 面板：【插入】选项卡【块定义】面板单击【块编辑器】按钮。
- ◆ 命令行：BEDIT。

执行 BEDIT 命令，程序将弹出【编辑块定义】对话框，如图 5-26 所示。

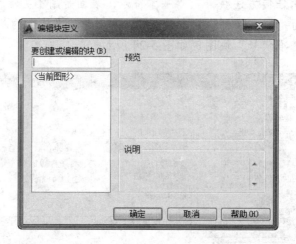

图 5-26 【编辑块定义】对话框

在该对话框的【要创建或编辑的块】文本框内输入新的块名称，例如【A】。单击【确定】按钮，程序自动显示【块编辑器】选项卡，同时打开【块编写选项板】面板。

5.3.1 【块编辑器】选项卡

功能区【块编辑器】上下文选项卡和【块编写】选项板还提供了绘图区域，用户可以像在程序的主绘图区域中一样在此区域绘制和编辑几何图形，并可以指定块编辑器绘图区域的背景色。【块编辑器】选项卡如图 5-27 所示。【块编写】选项板中的命令如图 5-28 所示。

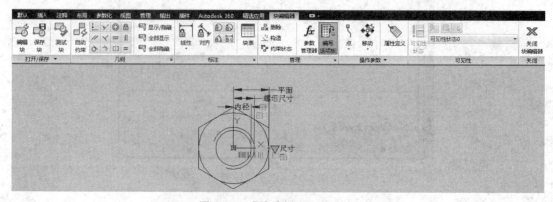

图 5-27 【块编辑器】选项卡

第 5 章 块在机械图纸中的应用

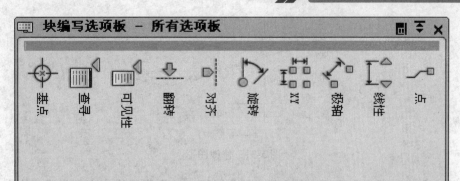

图 5-28 【块编写】选项板中的命令

操作技巧

用户可使用【块编辑器】选项卡或【块编辑器】中的大多数命令。如果用户输入了块编辑器中不允许执行的命令，命令提示上将显示一条消息。

下面以实例来说明利用块编辑器来编辑块定义的操作过程。

实训——编辑块定义

[1] 打开本例光盘"多媒体\实例\初始文件\Ch05\ex-5.dwg"文件，在图形中插入的块如图 5-29 所示。

[2] 在【插入】选项卡【块】面板单击【块编辑器】按钮，打开【编辑块定义】对话框。在对话框的列表中选择【粗糙度符号-3】，并单击【确定】按钮，如图 5-30 所示。

图 5-29 插入的块图形

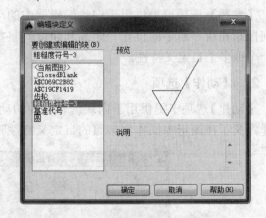

图 5-30 选择要编辑的块

[3] 随后程序打开【块编辑器】选项卡。使用 LINE 命令和 CIRCLE 命令在绘图区域中原图形基础之上添加一条直线（长度为 10）和一个圆（直径为 2.4），如图 5-31 所示。

185

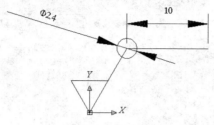

图 5-31　修改图形

[4]　单击【打开/保存】面板上的【保存块】按钮，将编辑的块定义保存。然后单击【关闭】面板中的【关闭块编辑】按钮，退出块编辑器。

5.3.2　块编写选项板

【块编写选项板】面板上有三个块编写选项：【参数】、【动作】和【参数集】，如图 5-32 所示。【块编写选项板】面板可通过单击【块编辑器】选项卡【工具】面板的【块编写选项板】按钮，来打开或关闭。

图 5-32　【块编写选项板】面板

1．【参数】选项

【参数】选项可提供用于向块编辑器中的动态块定义中添加参数的工具。参数用于指定几何图形在块参照中的位置、距离和角度。将参数添加到动态块定义中时，该参数将定义块的一个或多个自定义特性。

2．【动作】选项

【动作】选项卡提供用于向块编辑器中的动态块定义中添加动作的工具，如图 5-33 所示。动作定义了在图形中操作块参照的自定义特性时，动态块参照的几何图形将如何移动或变化。

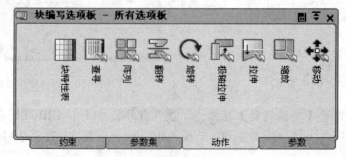

图 5-33　【动作】选项

3. 【参数集】选项

【参数集】选项提供用于在块编辑器中向动态块定义中添加一个参数和至少一个动作的工具，如图5-34所示。将参数集添加到动态块中时，动作将自动与参数相关联。将参数集添加到动态块中后，双击黄色警告图标，然后按照命令提示将该动作与几何图形选择集相关联。

图5-34 【参数集】选项卡

4. 【约束】选项

【约束】选项中各选项用于图形的位置约束。这些选项与块编辑器的【几何】面板中的约束选项相同。

5.4 动态块

如果向块定义中添加了动态行为，也就为块几何图形增添了灵活性和智能性。动态块参照并非图形的固定部分，用户在图形中进行操作时可以对其进行修改或操作。

5.4.1 动态块概述

动态块具有灵活性和智能性，用户在操作时可以轻松地更改图形中的动态块参照。这使得用户可以根据需要在位调整块，而不用搜索另一个块以插入或重定义现有的块。

通过【块编辑器】选项选项卡的功能，将参数和动作添加到块，或者将动态行为添加到新的或现有的块定义当中，如图5-35所示。块编辑器内显示了一个定义块，该块包含一个标有【距离】的线性参数，其显示方式与标注类似，此外还包含一个拉伸动作，该动作显示有一个发亮螺栓和一个【拉伸】选项卡。

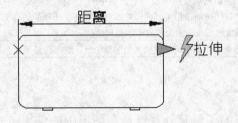

图5-35 向块添加动作和参数

向块中添加参数和动作可以使其成为动态块。如果向块中添加了这些元素，也就为块几何图形增添了灵活性和智能性。

5.4.2 向块中添加元素

用户可以在块编辑器中向块定义中添加动态元素（参数和动作）。特殊情况下，除几何图形外，动态块中通常包含一个或多个参数和动作。

【参数】表示通过指定块中几何图形的位置、距离和角度来定义动态块的自定义特性。
【动作】表示定义在图形中操作动态块参照时，该块参照中的几何图形将如何移动或修改。

添加到动态块中的参数类型决定了添加的夹点类型，每种参数类型仅支持特定类型的动作。表 5-1 显示了参数、夹点和动作之间的关系。

表 5-1 参数、夹点和动作之间的关系

参数类型	夹点类型	说 明	与参数关联的动作
点	■	在图形中定义一个 X 和 Y 位置。在块编辑器中，外观类似于坐标标注	移动、拉伸
线性	▶	可显示出两个固定点之间的距离。约束夹点沿预设角度的移动。在块编辑器中，外观类似于对齐标注	移动、缩放、拉伸、阵列
极轴	■	可显示出两个固定点之间的距离并显示角度值。可以使用夹点和【特性】选项板来共同更改距离值和角度值。在块编辑器中，外观类似于对齐标注	移动、缩放、拉伸、极轴拉伸、阵列
XY	■	可显示出距参数基点的 X 距离和 Y 距离。在块编辑器中，显示为一对标注（水平标注和垂直标注）	移动、缩放、拉伸、阵列
旋转	●	可定义角度。在块编辑器中，显示为一个圆	旋转
翻转	▶	翻转对象。在块编辑器中，显示为一条投影线。可以围绕这条投影线翻转对象。将显示一个值，该值显示出块参照是否已被翻转	翻转
对齐	▶	可定义 X 和 Y 位置以及一个角度。对齐参数总是应用于整个块，并且无需与任何动作相关联。对齐参数允许块参照自动围绕一个点旋转，以便与图形中的另一对象对齐。对齐参数会影响块参照的旋转特性。在块编辑器中，外观类似于对齐线	无（此动作隐藏在参数中）
可见性	▽	可控制对象在块中的可见性。可见性参数总是应用于整个块，并且无需与任何动作相关联。在图形中单击夹点可以显示块参照中所有可见性状态的列表。在块编辑器中，显示为带有关联夹点的文字	无（此动作时隐含的，并且受可见性状态的控制）
查询	▽	定义一个可以指定或设置为计算用户定义的列表或表中的值的自定义特性。该参数可以与单个查寻夹点相关联。在块参照中单击该夹点可以显示可用值的列表。在块编辑器中，显示为带有关联夹点的文字	查询
基点	■	在动态块参照中相对于该块中的几何图形定义一个基点无法与任何动作相关联，但可以归属于某个动作的选择集。在块编辑器中，显示为带有十字光标的圆	无

注意：参数和动作仅显示在块编辑器中。将动态块参照插入到图形中时，将不会显示动态块定义中包含的参数和动作

5.4.3 创建动态块

在创建动态块之前，应当了解其外观以及在图形中的使用方式。确定当操作动态块参照时，块中的哪些对象会更改或移动，另外，还要确定这些对象将如何更改。

下面以实例来说明创建动态块操作过程。本例将创建一个可旋转、可调整大小的动态块。

实训——创建动态块

[1] 在【插入】选项卡【块】面板中单击【块编辑器】按钮,打开【编辑块定义】对话框。在该对话框中输入新块名【动态块】,并单击【确定】按钮,如图 5-36 所示。

[2] 在【常用】选项卡下,使用【绘图】面板中的 LINE 命令创建出图形。然后使用【注释】面板中的【单行文字】命令在图形中添加单行文字,如图 5-37 所示。

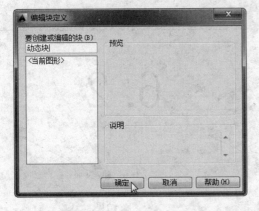

图 5-36 输入动态块名

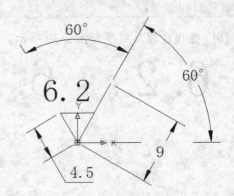

图 5-37 绘制图形和文字

操作技巧

在块编辑器处于激活状态下,仍然可使用功能区上其他选项卡中的功能命令来绘制图形。

[3] 添加点参数。在【块编写选项板】面板的【参数】选项卡中单击【点参数】按钮,然后按命令行的如下操作提示进行操作:

```
命令:_BParameter 点
指定参数位置或 [名称(N)/选项卡(L)/链(C)/说明(D)/选项板(P)]: L↙        //输入选项
输入位置特性选项卡 <位置>: 基点↙                                 //输入选项卡名称
指定参数位置或 [名称(N)/选项卡(L)/链(C)/说明(D)/选项板(P)]:        //指定参数位置
指定选项卡位置:                                                 //指定选项卡位置
```

[4] 操作过程及结果如图 5-38 所示。

图 5-38 添加点参数

[5] 添加线性参数。在【块编写选项板】面板的【参数】选项中单击【线性参数】按钮，然后按命令行的如下操作提示进行操作：

```
命令：_BParameter 线性
指定起点或 [名称(N)/选项卡(L)/链(C)/说明(D)/基点(B)/选项板(P)/值集(V)]：L✓
输入距离特性选项卡 <距离>：拉伸✓
指定起点或 [名称(N)/选项卡(L)/链(C)/说明(D)/基点(B)/选项板(P)/值集(V)]：
指定端点：
指定选项卡位置：
```

[6] 操作过程及结果如图 5-39 所示。

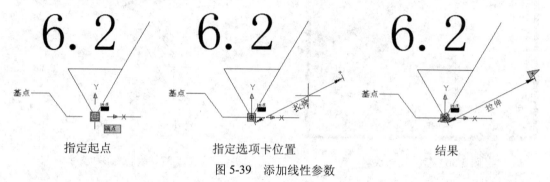

图 5-39　添加线性参数

[7] 添加旋转参数。在【块编写选项板】面板的【参数】选项卡中单击【旋转参数】按钮，然后按命令行的如下操作提示进行操作：

```
命令：_BParameter 旋转
指定基点或 [名称(N)/选项卡(L)/链(C)/说明(D)/选项板(P)/值集(V)]：L✓
输入旋转特性选项卡 <角度>：旋转✓
指定基点或 [名称(N)/选项卡(L)/链(C)/说明(D)/选项板(P)/值集(V)]：
指定参数半径：3✓
指定默认旋转角度或 [基准角度(B)] <0>：270✓
指定选项卡位置：
```

[8] 操作过程及结果如图 5-40 所示。

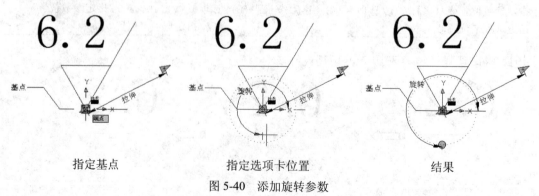

图 5-40　添加旋转参数

[9] 添加缩放动作。在【块编写选项板】面板的【动作】选项中单击【缩放动作】按钮，然后按命令行的如下操作提示进行操作：

```
命令:_BActionTool 缩放
选择参数:✓
指定动作的选择集
选择对象:找到 1 个
选择对象:找到 1 个,总计 2 个
选择对象:找到 1 个,总计 3 个
选择对象:找到 1 个,总计 4 个
选择对象:✓
指定动作位置或 [基点类型(B)]:
```

[10] 操作过程及结果如图 5-41 所示。

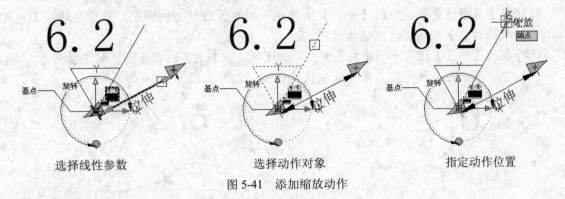

选择线性参数　　　　　选择动作对象　　　　　指定动作位置

图 5-41　添加缩放动作

> **操作技巧**
>
> 双击【动作】选项卡,还可以继续添加动作对象。

[11] 添加旋转动作。在【块编写选项板】面板的【动作】选项卡中单击【旋转动作】按钮,然后按命令行的如下提示进行操作:

```
命令:_BActionTool 旋转
选择参数:✓                              //选择旋转参数
指定动作的选择集
选择对象:找到 1 个                      //选择动作对象1
选择对象:找到 1 个,总计 2 个            //选择动作对象2
选择对象:找到 1 个,总计 3 个            //选择动作对象3
选择对象:找到 1 个,总计 4 个            //选择动作对象4
选择对象:✓
指定动作位置或 [基点类型(B)]:           //指定动作位置
```

[12] 操作过程及结果如图 5-42 所示。

> **操作技巧**
>
> 用户可以通过自定义夹点和自定义特性来操作动态块参照。例如,选择一动作,执行右键【特性】命令,打开【特性】选项板来添加夹点或动作对象。

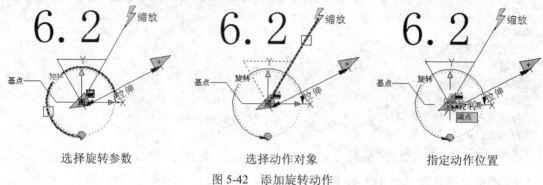

图 5-42 添加旋转动作

[13] 单击【管理】面板中的【保存】按钮，将定义的动态块保存。然后再单击【关闭块编辑器】按钮退出块编辑器。

[14] 使用【插入】选项卡下【块】面板中的【插入点】工具，在绘图区域中插入动态块。单击块，然后使用夹点来缩放块或旋转块，如图 5-43 所示。

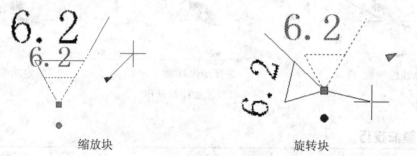

图 5-43 验证动态块

5.5 块属性

块属性是附属于块的非图形信息，是块的组成部分可包含在块定义中的文字对象。在定义一个块时，属性必须预先定义而后选定。通常属性用于在块的插入过程中进行自动注释。如图 5-44 所示的图中显示了具有四种特性（类型、制造商、型号和价格）的块。

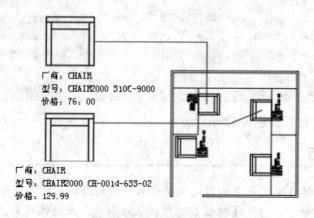

图 5-44 具有属性的块

5.5.1 块属性特点

在 AutoCAD 中，用户可以在图形绘制完成后(甚至在绘制完成前)，使用 ATTEXT 命令将块属性数据从图形中提取出来，并将这些数据写入到一个文件中，这样就可以从图形数据库文件中获取块数据信息了。块属性具有以下特点。

块属性由属性标记名和属性值两部分组成。

定义块前，应先定义该块的每个属性，即规定每个属性的标记名、属性提示、属性默认值、属性的显示格式(可见或不可见)及属性在图中的位置等。

定义块时，应将图形对象和表示属性定义的属性标记名一起用来定义块对象。

插入有属性的块时，系统将提示用户输入需要的属性值。插入块后，属性用它的值表示。

插入块后，用户可以改变属性的显示可见性，对属性做修改，把属性单独提取出来写入文件，以供统计、制表使用，还可以与其他高级语言或数据库进行数据通信。

5.5.2 定义块属性

要创建带有属性的块，可以先绘制希望作为块元素的图形，然后创建希望作为块元素的属性，最后同时选中图形及属性，将其统一定义为块或保存为块文件。

块属性是通过【属性定义】对话框来设置的。用户可通过以下命令方式打开该对话框：

- ◆ 菜单栏：选择【绘图】|【块】|【定义属性】命令。
- ◆ 面板：【插入】选项卡【块定义】面板单击【定义属性】按钮。
- ◆ 命令行：ATTDEF。

执行 ATTDEF 命令，程序将弹出【属性定义】对话框，如图 5-45 所示。

该对话框中各选项含义如下：

- ◆ 【模式】选项卡：在图形中插入块时，设置与块关联的属性值选项。
- ◆ 不可见：指定插入块时不显示或打印属性值。
- ◆ 固定：设置属性的固定值。
- ◆ 验证：插入块时提示验证属性值是否正确。
- ◆ 预设：插入包含预设属性值的块时，将属性设置为默认值。

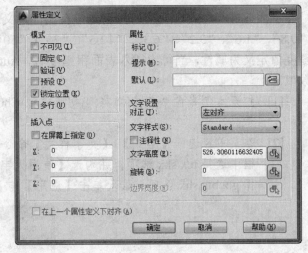

图 5-45 【属性定义】对话框

- ◆ 锁定位置：锁定块参照中属性的位置。解锁后，属性可以相对于使用夹点编辑的块的其他部分移动，并且可以调整多行文字属性的大小。
- ◆ 多行：指定属性值可以包含多行文字。选定此选项后，可以指定属性的边界宽度。
- ◆ 注意：动态块中，由于属性的位置包括在动作的选择集中，因此必须将其锁定。
- ◆ 【插入点】选项卡：指定属性位置。输入坐标值或者选择【在屏幕上指定】，并使用定点设备根据与属性关联的对象指定属性的位置。
- ◆ 在屏幕上指定：使用定点设备相对于要与属性关联的对象指定属性的位置。

- ◆ 【属性】选项卡：设置块属性的数据。
- ◆ 标记：标识图形中每次出现的属性。

> **操作技巧**
>
> 指定在插入包含该属性定义的块时显示的提示。如果不输入提示，属性标记将用做提示。

- ◆ 默认：设置默认的属性值。
- ◆ 【文字设置】选项卡：设置属性文字的对正、样式、高度和旋转。
- ◆ 对正：指定属性文字的对正。
- ◆ 文字样式：指定属性文字的预定义样式。
- ◆ 注释性：勾选此选项，指定属性为注释性。
- ◆ 文字高度：设置文字的高度。
- ◆ 旋转：设置文字的旋转角度。
- ◆ 边界宽度：换行前，请指定多行文字属性中文字行的最大长度。
- ◆ 在上一个属性定义下对齐：将属性标记直接置于之前定义的属性的下面。如果之前没有创建属性定义，则此选项不可用。

实训——定义块属性

下面通过一个实例说明如何创建带有属性定义的块。在机械制图中，表面粗糙度的值有 "0.8"、"1.6"、"3.2"、"6.3"、"12.5"、"25"、"50" 等，用户可以在表面粗糙度图块中将粗糙度值定义为属性，当每次插入表面粗糙度时，AutoCAD 将自动提示用户输入表面粗糙度的数值。

[1] 打开本例光盘 "多媒体\实例\初始文件\Ch05\ex-6.dwg" 实例文件，图形如图 5-46 所示。

[2] 在菜单栏选择【格式】|【文字样式】命令，在弹出的对话框的【字体名】下拉列表框中选择 tex.shx 选项，并勾选【使用大字体】复选框，接着在【大字体】列表中选择 gbcbig.shx 选项，依次单击【应用】与【关闭】按钮，如图 5-47 所示。

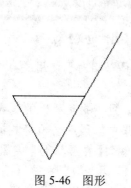

图 5-46 图形

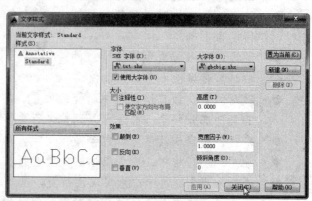

图 5-47 设置文字样式

[3] 在菜单栏中选择【绘图】|【块】|【定义属性】命令,打开如图 5-48 所示的【属性定义】对话框。在【标记】和【提示】文本框中输入相关内容,并单击【确定】按钮关闭该对话框。最后在绘图区域图形上单击以确定属性的位置,结果如图 5-49 所示。

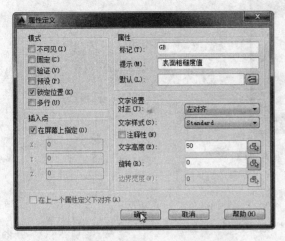

图 5-48 【属性定义】对话框　　　　　　　　图 5-49 定义的属性

[4] 在菜单栏中选择【绘图】|【块】|【创建】命令,打开【块】对话框。在【名称】编辑框中输入【表面粗糙度符号】,并单击【选择对象】按钮,在绘图窗口选中全部对象(包括图形元素和属性),然后单击【拾取点】按钮,在绘图区的适当位置单击以确定块的基点,单击【确定】按钮,如图 5-50 所示。

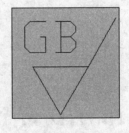

设置块参数　　　　　　　　选择对象　　　　　　拾取基点

图 5-50 创建块

[5] 程序弹出【编辑属性】对话框。在该对话框的【表面粗糙度值】文本框中输入新值"3.2",单击【确定】按钮后,块中的文字 GB 则自动变成实际值"3.2",从图中可以看出,如图 5-51 所示。GB 属性标记已被此处输入的具体属性值所取代。

操作技巧

此后,每插入一次定义属性的块,命令行提示中将提示用户输入新的表面粗糙度值。

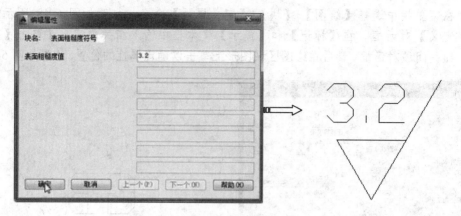

图 5-51 编辑属性

5.5.3 编辑块属性

对于块属性，用户可以像修改其他对象一样对其进行编辑。例如，单击选中块后，系统将显示块及属性夹点，单击属性夹点即可移动属性的位置，如图 5-52 所示。

要编辑块的属性，可在菜单栏中选择【修改】|【对象】|【属性】|【单个】命令，然后在图形区域中选择属性块，弹出【增强属性编辑器】对话框，如图 5-53 所示。在该对话框中用户可以修改块的属性值，属性的文字选项，属性所在图层以及属性的线型、颜色和线宽等。

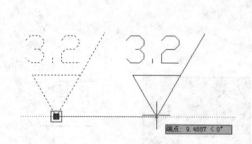

图 5-52 移动属性块

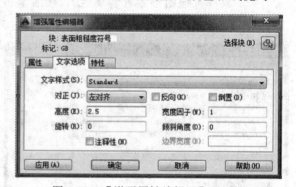

图 5-53 【增强属性编辑器】对话框

若在菜单栏中选择【修改】|【对象】|【属性】|【块属性管理器】命令，然后在图形区域中选择属性块，将弹出【块属性管理器】对话框，如图 5-54 所示。

该对话框的主要特点如下：

- ◆ 可利用【块】下拉列表选择要编辑的块。
- ◆ 在属性列表中选择属性后，单击【上移】或【下移】按钮，可以移动属性在列表中的位置。
- ◆ 在属性列表中选择某属性后，单击【编辑】按钮，将打开如图 5-55 所示的对话框，用户可以在该对话框中，修改属性模式、标记、提示与默认值，属性的文字选项，属性所在图层以及属性的线型、颜色和线宽等。
- ◆ 在属性列表中选择某属性后，单击【删除】按钮，可以删除选中的属性。

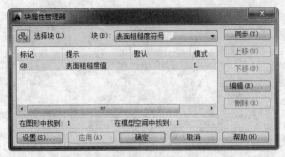

图 5-54 【块属性管理器】对话框

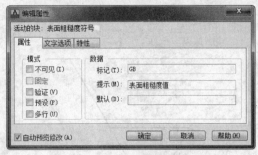

图 5-55 【编辑属性】对话框

5.6 综合训练——标注零件图表面粗糙度

引入光盘：多媒体\实例\初始文件\Ch05\零件图形.dwg
结果文件：多媒体\实例\结果文件\Ch05\标注表面粗糙度.dwg
视频文件：多媒体\视频\Ch04\标注表面粗糙度.avi

本例通过为零件粗糙度标注符号，主要对【定义属性】、【创建块】、【写块】、【插入】等命令进行综合练习和巩固。本例效果如图5-56所示。

操作步骤

[1] 打开本例源文件"零件图形.dwg"，如图 5-57 所示。

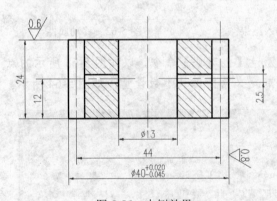

图 5-56 本例效果

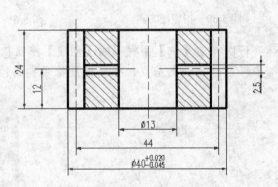

图 5-57 打开结果

[2] 启动【极轴追踪】功能，并设置增量角为 30°。

[3] 使用快捷键"PL"激活【多段线】命令，绘制图5-58所示的粗糙度符号。

[4] 执行菜单【绘图】|【块】|【定义属性】命令，打开【定义属性】对话框，然后设置属性参数，如图5-59所示。

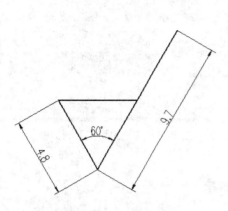

图 5-58 绘制结果　　　　　　　　　图 5-59 设置属性参数

[5] 单击【确定】按钮，捕捉图 5-60 所示的端点作为属性插入点，插入结果如图 5-61 所示。

[6] 使用快捷键"M"激活【移动】命令，将属性垂直下移 0.5 个绘图单位，结果如图 5-62 所示。

图 5-60 指定插入点　　　　图 5-61 插入结果　　　　图 5-62 移动属性

[7] 单击【块】面板中的【创建】按钮，激活【创建块】命令，以如图 5-63 所示的点作为块的基点，将粗糙度符号和属性一起定义为内部块参数设置，如图 5-64 所示。

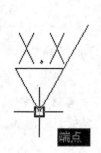 

图 5-63 定义块基点　　　　　　　　图 5-64 设置图块参数

[8] 单击【插入】按钮，激活【插入块】命令，在打开的【插入】对话框中设置参数如图 5-65 所示。

图 5-65　设置插入参数

[9]　单击【确定】按钮返回绘图区，在插入粗糙度属性块的同时，为其输入粗糙度值。
命令行操作如下：

```
命令：_insert
指定插入点或 [基点(B)/比例(S)/旋转(R)]:
//捕捉如图 5-66 所示中点作为插入点。
输入属性值
输入粗糙度值：<0.6>:           // Enter，结果如图 5-67 所示。
```

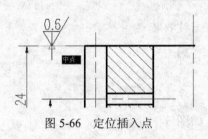

图 5-66　定位插入点

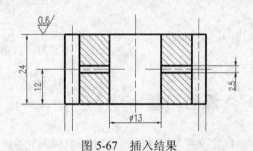

图 5-67　插入结果

[10]　使用快捷键"I"激活【插入块】命令，在弹出的【插入】对话框中，设置参数如图 5-68 所示。

[11]　单击【确定】按钮返回绘图区，根据命令行的操作提示，在插入粗糙度属性块的同时，为其输入粗糙度值。命令行操作如下：

图 5-68　设置块参数

```
命令：_insert
指定插入点或 [基点(B)/比例(S)/旋转(R)]:
//捕捉如图 5-69 所示中点作为插入点。
输入属性值
输入粗糙度值：<0.6>:           // Enter，结果如图 5-70 所示。
```

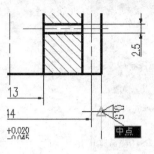
图 5-69 定位插入点

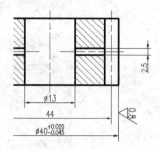
图 5-70 插入结果

[12] 调整视图，使图形全部显示，最终效果如图 5-71 所示。

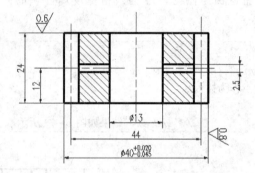
图 5-71 粗糙度符号最终标注效果

5.7 课后习题

自定义粗糙度符号，完成阀体零件的尺寸标注，如图 5-72 所示。

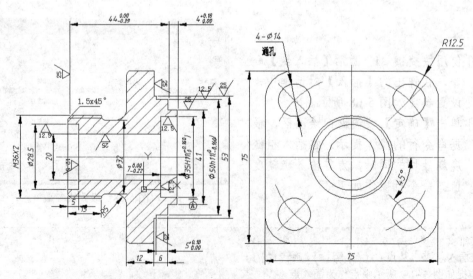
图 5-72 阀体零件的标注

第 6 章

机械图纸注释

标注尺寸以后，还要添加说明文字和明细表格，这样才算一副完整的工程图。本章将着重介绍 AotuCAD 2015 文字和表格的添加与编辑，并让读者详细了解文字样式、表格样式的编辑方法。

 知识要点

- ◆ 文字概述
- ◆ 使用文字样式
- ◆ 单行文字
- ◆ 多行文字
- ◆ 符号与特殊符号
- ◆ 表格的创建与编辑

 案例解析

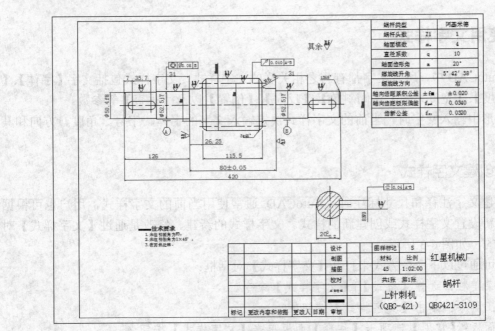

添加文字和表格的最终结果

6.1 文字概述

文字注释是 AotuCAD 图形中很重要的图形元素，也是机械制图、建筑工程图等制图中不可或缺的重要组成部分。在一个完整的图样中，通常都包括一些文字注释来标注图样中的一些非图形信息。例如，机械图形中的技术要求、装配说明、标题栏信息、选项卡，以及建筑工程图中的材料说明、施工要求等。

文字注释功能可通过【文字】面板、【文字】工具条中选择相应命令进行调用，也可通过在菜单栏选择【绘图】|【文字】命令，在弹出的【文字】菜单中选择。【文字】面板如图 6-1 所示，【文字】工具条如图 6-2 所示。

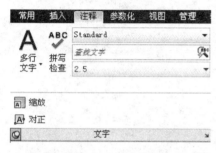 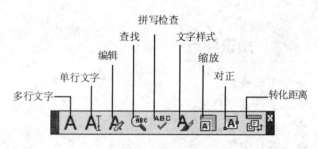

图 6-1 【文字】面板　　　　　　　　图 6-2 【文字】工具条

图形注释文字包括单行文字或多行文字。对于不需要多种字体或多行的简短项，可以创建单行文字。对于较长、较为复杂的内容，可以创建多行或段落文字。

在创建单行或多行文字前，要指定文字样式并设置对齐方式，文字样式设置文字对象的默认特征。

6.2 使用文字样式

在 AutoCAD 中，所有文字都有与之相关联的文字样式。文字样式包括文字【字体】、【字型】、【高度】、【宽度系数】、【倾斜角】、【反向】、【倒置】以及【垂直】等参数。

在图形中输入文字时，当前的文字样式决定输入文字的字体、字号、角度、方向和其他文字特征。

6.2.1 创建文字样式

在创建文字注释和尺寸标注时，AutoCAD 通常使用当前的文字样式，用户也可根据具体要求重新设置文字样式或创建新的样式。文字样式的新建、修改是通过【文字样式】对话框来设置的，如图 6-3 所示。

用户可通过以下命令方式来打开【文字样式】对话框：

- ◆ 菜单栏：选择【格式】|【文字样式】命令。
- ◆ 工具条：单击【文字样式】按钮。
- ◆ 面板：【常用】选项卡【注释】面板单击【文字样式】按钮。
- ◆ 命令行：输入 STYLE。

第6章 机械图纸注释

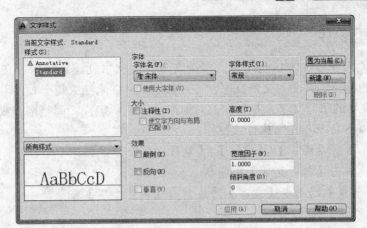

图 6-3 【文字样式】对话框

【字体】选项：该选项卡用于设置字体名、字体格式及字体样式等属性。其中，【字体名】选项下拉列表中列出 FONTS 文件夹中所有注册的 TrueType 字体和所有编译的形（SHX）字体的字体族名。【字体样式】选项指定字体格式，如粗体、斜体等。【使用大字体】复选框用于指定亚洲语言的大字体文件，只有在【字体名】列表下选择带有 SHX 后缀的字体文件，该复选框才被激活，如选择 iso.shx。

6.2.2 修改文字样式

修改多行文字对象的文字样式时，已更新的设置将应用到整个对象中，单个字符的某些格式可能不会被保留，或者会保留。例如，颜色、堆叠和下画线等格式将继续使用原格式，而粗体、字体、高度及斜体等格式，将随着修改的格式而发生改变。

通过修改设置，可以在【文字样式】对话框中修改现有的样式；也可以更新使用该文字样式的现有文字来反映修改的效果。

> **操作技巧**
>
> 某些样式设置对多行文字和单行文字对象的影响不同。例如，修改【颠倒】和【反向】选项对多行文字对象无影响。修改【宽度因子】和【倾斜角度】对单行文字无影响。

6.3 单行文字

对于不需要多种字体或多行的简短项，可以创建单行文字。使用【单行文字】命令创建文本时，可创建单行的文字，也可创建出多行的文字，但创建的多行文字的每一行都是独立的，可对齐进行单独编辑，如图 6-4 所示。

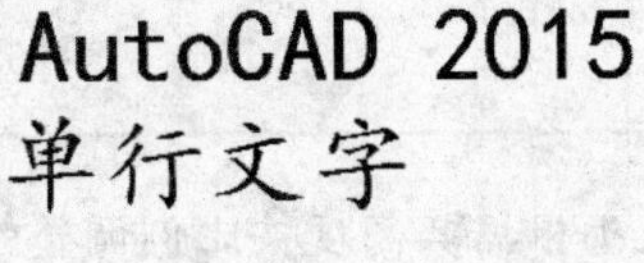

AutoCAD 2015
单行文字

图 6-4 使用"单行文字"命令创建多行文字

6.3.1 创建单行文字

单行文字可输入单行文本，也可输入多行文本。在文字创建过程中，在图形窗口中选择一个点作为文字的起点，并输入文本文字，通过按 Enter 键来结束每一行，若要停止命令，则按 Esc 键。单行文字的每行文字都是独立的对象，可以重新定位、调整格式或进行其他修改。

用户可通过以下命令方式来执行此操作：

- 菜单栏：选择【绘图】|【文字】|【单行文字】命令。
- 工具条：单击【单行文字】按钮 AI。
- 面板：【注释】选项卡【文字】面板单击【单行文字】按钮 AI。
- 命令行：输入 TEXT。

执行 TEXT 命令，命令行将显示如下操作提示：

```
命令：text
当前文字样式：【Standard】  文字高度：2.5000  注释性：否        //文字样式设置
指定文字的起点或 [对正(J)/样式(S)]：                         //文字选项
```

上述操作提示中的选项含义如下：

- 文字的起点：指定文字对象的起点。当指定文字起点后，命令行再显示【指定高度 <2.5000>：】，若要另行输入高度值，直接输入即可创建指定高度的文字。若使用默认高度值，按 Enter 键即可。
- 对正：控制文字的对正方式。
- 样式：指定文字样式，文字样式决定文字字符的外观。使用此选项，需要在【文字样式】对话框中新建文字样式。

在操作提示中若选择【对正】选项，接着命令行会显示如下提示：

```
输入选项
[对齐(A)/布满(F)/居中(C)/中间(M)/右对齐(R)/左上(TL)/中上(TC)/右上(TR)/左中(ML)/正中(MC)/右中(MR)/左下(BL)/中下(BC)/右下(BR)]：
```

此操作提示下的各选项含义如下：

- 对齐：通过指定基线端点来指定文字的高度和方向，如图 6-5 所示。
- 布满：指定文字按照由两点定义的方向和一个高度值布满一个区域。此选项只适用于水平方向的文字，如图 6-6 所示。

图 6-5 对齐文字

图 6-6 布满文字

 操作技巧

对于对齐文字，字符的大小根据其高度按比例调整。文字字符串越长，字符越矮。

- 居中：从基线的水平中心对齐文字，此基线是由用户给出的点指定的，另外居中文字还可以调整其角度，如图6-7所示。
- 中间：文字在基线的水平中点和指定高度的垂直中点上对齐，中间对齐的文字不保持在基线上，如图6-8所示。(【中间】选项也可使文字旋转)。

图6-7 居中文字　　　　　　　　　　图6-8 中间文字

其余选项所表示的文字对正方式如图6-9所示。

图6-9 文字的对正方式

6.3.2 编辑单行文字

编辑单行文字包括编辑文字的内容、对正方式及缩放比例。用户可通过在菜单栏中选择【修改】|【对象】|【文字】命令，在弹出的下拉子菜单中选择相应命令来编辑单行文字。编辑单行文字的命令如图6-10所示。

用户也可以在图形区中双击要编辑的单行文字，然后重新输入新内容。

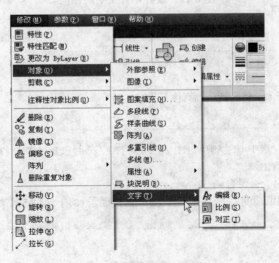

图6-10 编辑单行文字的命令

1. 【编辑】命令

【编辑】命令用于编辑文字的内容。执行【编辑】命令后，选择要编辑的单行文字，即可在激活的文本框中重新输入文字，如图6-11所示。

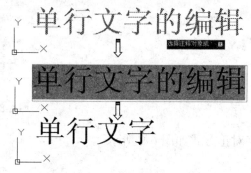

图6-11　编辑单行文字

2. 【比例】命令

【比例】命令用于重新设置文字的图纸高度、匹配对象和比例因子，如图6-12所示。

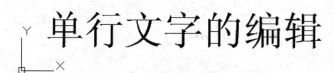

图6-12　设置单行文字的比例

命令行提示如下：

```
SCALETEXT
选择对象：找到 1 个
选择对象：找到 1 个 (1 个重复)，总计 1 个
选择对象：
输入缩放的基点选项
[现有(E)/左对齐(L)/居中(C)/中间(M)/右对齐(R)/左上(TL)/中上(TC)/右上(TR)/左中(ML)/正中(MC)/右中(MR)/左下(BL
)/中下(BC)/右下(BR)] <现有>: C
指定新模型高度或 [图纸高度(P)/匹配对象(M)/比例因子(S)] <1856.7662>:
1 个对象已更改
```

3. 【对正】命令

【对正】命令用于更改文字的对正方式。执行【对正】命令，选择要编辑的单行文字后，

图形区显示对齐菜单。命令行中的提示如下。

```
命令：_justifytext
选择对象：找到 1 个
选择对象：
输入对正选项
[左对齐(L)/对齐(A)/布满(F)/居中(C)/中间(M)/右对齐(R)/左上(TL)/中上(TC)/右上(TR)/左中(ML)/正中(MC)/右中(MR)
/左下(BL)/中下(BC)/右下(BR)] <居中>：
```

6.4 多行文字

【多行文字】又称为段落文字，是一种更易于管理的文字对象，可以由两行以上的文字组成，而且各行文字都是作为一个整体处理。在机械制图中，常使用多行文字功能创建较为复杂的文字说明，如图样的技术要求等。

6.4.1 创建多行文字

在 AotuCAD 2015 中，多行文字创建与编辑功能得到了增强。用户可通过以下命令方式来执行此操作：

- ◆ 菜单栏：选择【绘图】|【文字】|【单行文字】命令。
- ◆ 工具条：单击【单行文字】按钮。
- ◆ 面板：【注释】选项卡【文字】面板单击【单行文字】按钮。
- ◆ 命令行：输入 MTEXT。

执行 MTEXT 命令，命令行显示的操作信息，提示用户需要在图形窗口中指定两点作为多行文字的输入起点与段落对角点。指定点后，程序会自动打开【文字编辑器】选项卡和【在位文字编辑器】，【文字编辑器】选项卡如图 6-13 所示。

图 6-13 【文字编辑器】选项卡

AotuCAD 在位文字编辑器如图 6-14 所示。

【文字编辑器】选项卡包括有【样式】面板、【格式】面板、【段落】面板、【插入】面板、【拼写检查】面板、【工具】面板、【选项】面板和【关闭】面板。

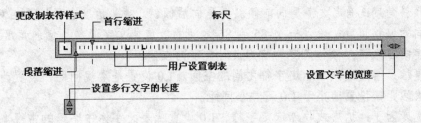

图 6-14 文字编辑器

1. 【样式】面板

【样式】面板用于设置当前多行文字样式、注释性和文字高度。面板中包含有 3 个命令：选择文字样式、注释性、选择和输入文字高度，如图 6-15 所示。

面板中的各个命令含义如下：

- 文字样式：向多行文字对象应用文字样式。如果用户没有新建文字样式，单击【展开】按钮 ，在弹出的样式列表中选择可用的文字样式。
- 注释性：单击【注释性】按钮 ，打开或关闭当前多行文字对象的注释性。
- 功能区组合框-文字高度：按图形单位设置新文字的字符高度或修改选定文字的高度。用户可在文本框中输入新的文字高度来替代当前文本高度。

2. 【格式】面板

【格式】面板用于字体的大小、粗细、颜色、下画线、倾斜、宽度等格式设置，面板中的命令如图 6-16 所示。

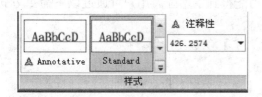
图 6-15　【样式】面板

图 6-16　【格式】面板

面板中各命令的含义如下：

- 粗体：打开和关闭新文字或选定文字的粗体格式。此选项仅适用于使用 TrueType 字体的字符。
- 斜体：打开和关闭新文字或选定文字的斜体格式。此选项仅适用于使用 TrueType 字体的字符。
- 下画线：打开和关闭新文字或选定文字的下画线。
- 上画线：打开和关闭新文字或选定文字的上画线。
- 选择文字的字体：为新输入的文字指定字体或改变选定文字的字体。单击下拉三角按钮，即刻弹出文字字体列表，如图 6-17 所示。
- 选择文字的颜色：指定新文字的颜色或更改选定文字的颜色。单击下拉三角按钮，即刻弹出字体颜色下拉列表，如图 6-18 所示。
- 倾斜角度：确定文字是向前倾斜还是向后倾斜。倾斜角度表示的是相对于 90 度角方向的偏移角度。输入一个-85 到 85 之间的数值使文字倾斜。倾斜角度的值为正时文字向右倾斜；倾斜角度的值为负时文字向左倾斜。
- 追踪：增大或减小选定字符之间的空间。1.0 设置是常规间距，设置为大于 1.0 可增大间距，设置为小于 1.0 可减小间距。
- 宽度因子：扩展或收缩选定字符。1.0 设置代表此字体中字母的常规宽度。

图 6-17 选择文字字体

图 6-18 选择文字颜色

3. 【段落】面板

【段落】面板包含有段落对正、行距设置、段落格式设置、段落对齐,以及段落的分布、编号等功能。在【段落】面板右下角单击按钮,会弹出【段落】对话框,如图 6-19 所示。【段落】对话框可以为段落和段落的第一行设置缩进。指定制表位和缩进,控制段落对齐方式、段落间距和段落行距等。

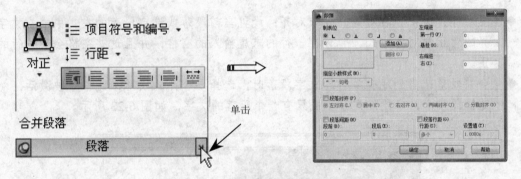

图 6-19 【段落】面板与【段落】对话框

【段落】面板中各命令的含义如下:

◆ 对正:单击【对正】按钮,弹出文字对正方式菜单,如图 6-20 所示。
◆ 行距:单击此按钮,显示程序提供的默认间距值菜单,如图 6-21 所示。选择菜单中的【其他】命令,则弹出【段落】对话框,在该对话框中设置段落行距。

图 6-20 【对正】菜单

图 6-21 【行距】菜单

操作技巧

行距是多行段落中文字的上一行底部和下一行顶部之间的距离。在 AutoCAD 2007 及早期版本中，并不是所有针对段落和段落行距的新选项都受支持。

◆ 项目符号和编号：单击此按钮，显示用于创建列表的选项菜单，如图 6-22 所示。

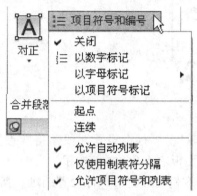

图 6-22 【编号】菜单

◆ 左对齐、居中、右对齐、分布对齐：设置当前段落或选定段落的左、中或右文字边界的对正和对齐方式。包含在一行的末尾输入的空格，并且这些空格会影响行的对正。
◆ 合并段落：当创建有多行的文字段落时，选择要合并的段落，此命令被激活，然后选择此命令，多段落文字变成只有一个段落的文字，如图 6-23 所示。

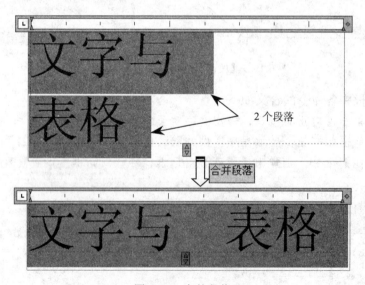

图 6-23 合并段落

4. 【插入】面板

【插入】面板主要用于插入字符、列、字段的设置。【插入点】面板如图 6-24 所示。

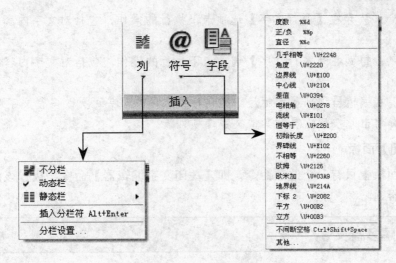

图 6-24 【插入】面板

面板中的命令含义如下:

- 符号: 在光标位置插入符号或不间断空格, 也可以手动插入符号。单击此按钮, 弹出符号菜单。
- 字段: 单击此按钮, 打开【字段】对话框, 从中可以选择要插入到文字中的字段。
- 列: 单击此按钮, 显示栏弹出型菜单, 该菜单提供 3 个栏选项:【不分栏】、【静态栏】和【动态栏】。

5. 【拼写检查】、【工具】和【选项】面板

3 个命令执行面板主要用于字体的查找和替换、拼写检查, 以及文字的编辑等, 如图 6-25 所示。

面板中各命令的含义如下:

图 6-25 3 个命令执行的面板

- 查找和替换: 单击此按钮, 可弹出【查找和替换】对话框, 如图 6-26 所示。在该对话框中输入字体以查找并替换。
- 拼写检查: 打开或关闭【拼写检查】状态。在文字编辑器中输入文字时, 使用该功能可以检查拼写错误。例如, 在输入有拼写错误的文字时, 该段文字下将以红色虚线标记, 如图 6-27 所示。

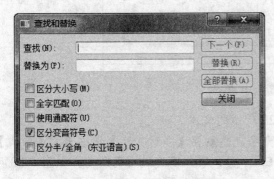

图 6-26 【查找和替换】对话框

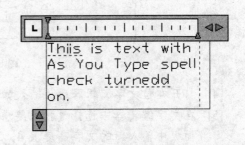

图 6-27 虚线表示有错误的拼写

- ◆ 放弃⤺：放弃在【多行文字】选项卡下执行的操作，包括对文字内容或文字格式的更改。
- ◆ 重做⤻：重做在【多行文字】选项卡下执行的操作，包括对文字内容或文字格式的更改。
- ◆ 标尺：在编辑器顶部显示标尺。拖动标尺末尾的箭头可更改多行文字对象的宽度。
- ◆ 选项：单击此按钮，显示其他文字选项列表。

6. 【关闭】面板

【关闭】面板上只有一个选项命令，即【关闭文字编辑器】命令，执行该命令，将关闭在位文字编辑器。

实训——创建多行文字

下面以实例来说明图纸中多行文字的创建过程。

[1] 打开本例光盘素材"ex-1.dwg"文件。

[2] 在【文字】面板上单击【多行文字】按钮 A，然后按命令行的提示进行操作：

```
命令: _mtext
当前文字样式："Standard"  文字高度：2.5  注释性：否
指定第一角点：                    //指定多行文字的角点1
指定对角点或 [高度(H)/对正(J)/行距(L)/旋转(R)/样式(S)/宽度(W)/栏(C)]：    //指定多行文字的角点2
```

[3] 按提示进行操作指定的角点如图 6-28 所示。

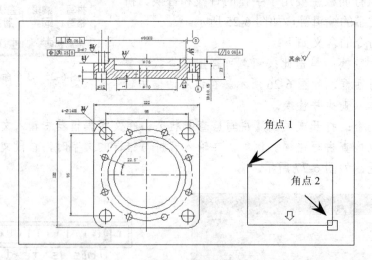

图 6-28 指定角点

[4] 打开在位文字编辑器后，输入如图 6-29 所示的文本。

[5] 在文字编辑器中选择【技术要求】4 个字，然后在【多行文字】选项卡的【样式】面板中输入新的文字高度值 4，并按 Enter 键，字体高度随之而改变，如图 6-30 所示。

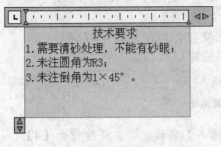 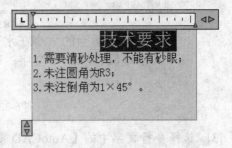

图 6-29　书写文字　　　　　　　　图 6-30　更改文字高度

[6]　在【关闭】面板中单击【关闭文字编辑器】按钮，退出文字编辑器，并完成多行文字的创建，如图 6-31 所示。

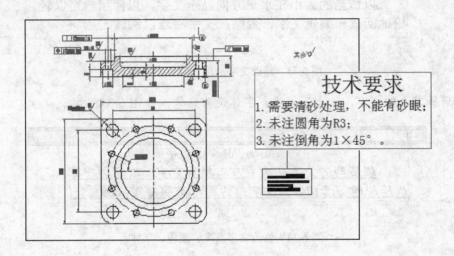

图 6-31　创建的多行文字

6.4.2　编辑多行文字

多行文字的编辑，可通过在菜单栏选择【修改】|【对象】|【文字】|【编辑】命令，或者在命令行输入 DDEDIT，并选择创建的多行文字，打开多行文字编辑器，然后修改并编辑文字的内容、格式、颜色等特性。

用户也可以在图形窗口中双击多行文字，以此打开文字编辑器。

下面以实例来说明多行文字的编辑。本例是在原多行文字的基础之上再添加文字，并改变文字高度和颜色。

实训——编辑多行文字

[1]　新建文件。

[2]　在图形窗口中双击多行文字，程序则打开文字编辑器，如图 6-32 所示。

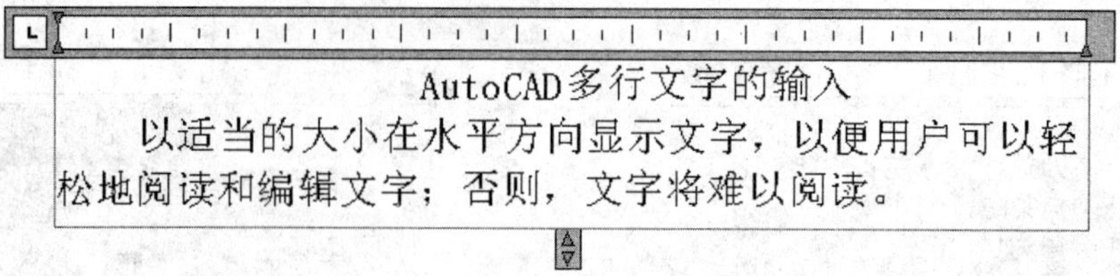

图 6-32　打开文字编辑器

[3] 选择多行文字中的【AutoCAD 多行文字的输入】字段，将其高度设为【4】，颜色设为红色，字体设为【粗体】，如图 6-33 所示。

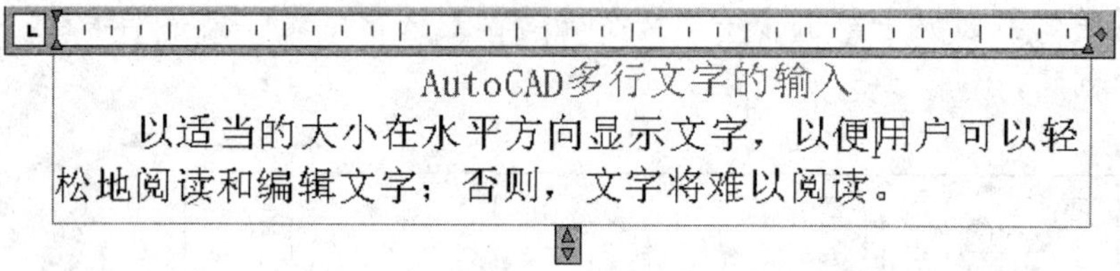

图 6-33　修改文字高度、颜色、字体

[4] 选择其余的文字，加上下画线，字体设为斜体，如图 6-34 所示。

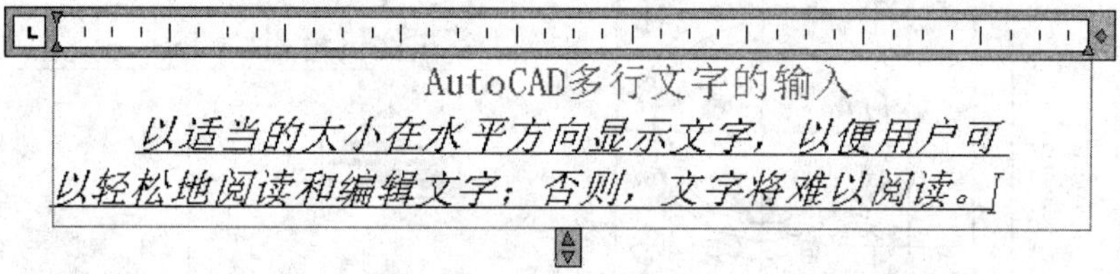

图 6-34　修改文字高度、颜色、字体

[5] 单击【关闭】面板中的【关闭文字编辑器】按钮，退出文字编辑器。创建的多行文字如图 6-35 所示。

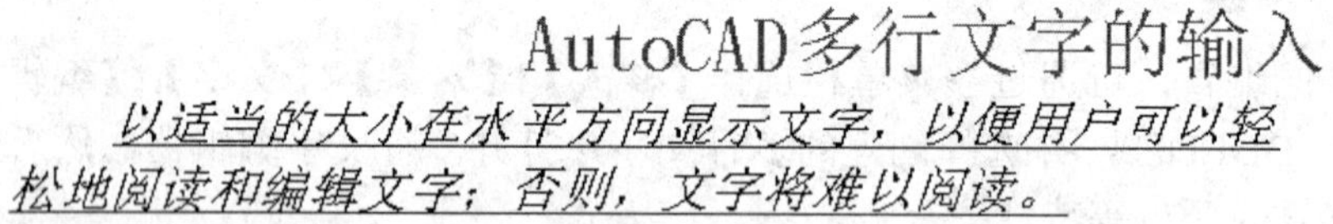

图 6-35　创建、编辑的多行文字

[6] 将创建的多行文字另存为"编辑多行文字"。

6.5　符号与特殊字符

在工程图标注中，往往需要标注一些特殊的符号和字符。例如度的符号"°"、公差符号±或直径符号□，从键盘上不能直接输入。因此，AutoCAD 通过输入控制代码或 Unicode 字符串可以输入这些特殊字符或符号。

AutoCAD 常用标注符号的控制代码、字符串及符号如表 6-1 所示。

表 6-1 AutoCAD 常用标注符号

控制代码	字 符 串	符 号
%%C	\U+2205	直径（⌀）
%%D	\U+00B0	度（°）
%%P	\U+00B1	公差（±）

若要插入其他的数学、数字符号，可在展开的【插入】面板上单击【符号】按钮，或在右键菜单中选择【符号】命令，或在文本编辑器中输入适当的 Unicode 字符串。如表 6-2 所示为其他常见的数学、数字符号及字符串。

表 6-2 数学、数字符号及字符串

名　称	符　号	Unicode 字符串	名　称	符　号	Unicode 字符串
约等于	≈	\U+2248	界碑线	ⅎ	\U+E102
角度	∠	\U+2220	不相等	≠	\U+2260
边界线	₧	\U+E100	欧姆	Ω	\U+2126
中心线	₵	\U+2104	欧米加	Ω	\U+03A9
增量	△	\U+0394	地界线	℞	\U+214A
电相位	Φ	\U+0278	下标 2	5_2	\U+2082
流线	℔	\U+E101	平方	5^2	\U+00B2
恒等于	≌	\U+2261	立方	5^3	\U+00B3
初始长度	⌲	\U+E200			

用户还可以通过利用 Windows 提供的软键盘来输入特殊字符，先将 Windows 的文字输入法设为【智能 ABC】，右键单击【定位】按钮，然后在弹出的菜单中选择符号软键盘命令，打开软键盘后，即可输入需要的字符，如图 6-36 所示。打开的【数学符号】软键盘如图 6-37 所示。

图 6-36 右键菜单命令　　　　　图 6-37 【数学符号】软键盘

6.6 表格

表格是由包含注释（以文字为主，也包含多个块）的单元构成的矩形阵列。在 AutoCAD 2015 中，可以使用【表格】命令建立表格，还可以从其他应用软件 Microsoft Excel 中直接复制表格，并将其作为 AutoCAD 表格对象粘贴到图形中。此外，还可以输出来自 AutoCAD 的表格数据，以供在 Microsoft Excel 或其他应用程序中使用。

6.6.1 新建表格样式

表格样式控制一个表格的外观，用于保证标准的字体、颜色、文本、高度和行距。可以使用默认的表格样式，也可以根据需要自定义表格样式。

创建新的表格样式时，可以指定一个起始表格。起始表格是图形中用做设置新表格样式格式的样例的表格。一旦选定表格，用户即可指定要从此表格复制到表格样式的结构和内容。表格样式是在【表格样式】对话框中来创建的，如图6-38所示。

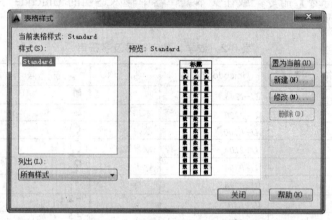

图6-38 【表格样式】对话框

用户可通过以下命令方式来打开此对话框：
- 菜单栏：选择【格式】|【表格样式】命令。
- 面板：【注释】选项卡【表格】面板单击【表格样式】按钮。
- 命令行：输入 TABLESTYLE。

执行 TABLESTYLE 命令，程序弹出【表格样式】对话框。单击该对话框的【新建】按钮，再弹出【创建新的表格样式】对话框，如图6-39所示。

输入新的表格样式名后，单击【继续】按钮，即可在随后弹出的【新建表格样式】对话框中设置相关选项，以此创建新表格样式，如图6-40所示。

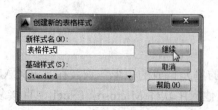

图6-39 【创建新的表格样式】对话框

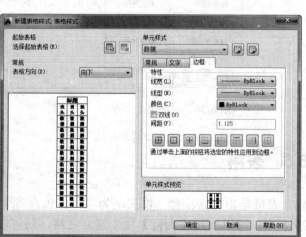

图6-40 【新建表格样式】对话框

【新建表格样式】对话框包含有 4 个功能选项卡和一个预览区域。接下来将各选项卡作如下介绍。

1. 【起始表格】选项

该选项使用户可以在图形中指定一个表格用做样例来设置此表格样式的格式。选择表格后，可以指定要从该表格复制到表格样式的结构和内容。

单击【选择一个表格用做此表格样式的起始表格】按钮，程序暂时关闭对话框，用户在图形窗口中选择表格后，会再次弹出【新建表格样式】对话框。单击【从此表格样式中删除起始表格】按钮，可以将表格从当前指定的表格样式中删除。

2. 【常规】选项

该选项用于更改表格的方向。在选项卡的【表格方向】下拉列表框中，包括【向上】和【向下】两个方向选项，如图 6-41 所示。

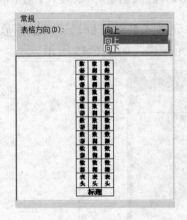
表格方向向上

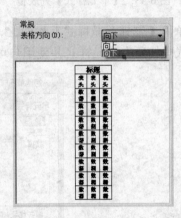
表格方向向下

图 6-41　【常规】选项卡

3. 【单元格式】选项

该选项可定义新的单元样式或修改现有单元样式，也可以创建任意数量的单元样式。选项卡中包含有 3 个小的选项卡：常规、文字、边框，如图 6-42 所示。

【常规】选项卡

【文字】选项卡

【边框】选项卡

图 6-42　【单元格式】选项卡

【常规】选项卡主要设置表格的背景颜色、对齐方式、表格的格式、类型，以及页边距等。【文字】选项卡主要设置表格中文字的高度、样式、颜色、角度等特性。【边框】选项卡主要设置表格的线宽、线型、颜色以及间距等特性。

在单元样式下拉列表框中，列出了多个表格样式，以便用户自行选择合适的表格样式，如图 6-43 所示。

单击【创建新单元样式】按钮，可在弹出的【创建新单元样式】对话框中输入新名称，以创建新样式，如图 6-44 所示。

图 6-43　【单元样式】列表框

图 6-44　【创建新单元样式】对话框

若单击【管理单元样式】按钮，则弹出【管理单元样式】对话框，该对话框显示当前表格样式中的所有单元样式并使用户可以创建或删除单元样式，如图 6-45 所示。

图 6-45　【管理单元样式】对话框

4. 【单元样式预览】选项

该选项显示当前表格样式设置效果的样例。

6.6.2　创建表格

表格是在行和列中包含数据的对象。创建表格对象，首先要创建一个空表格，然后在其中添加要说明的内容。

用户可通过以下命令方式来执行此操作：

- ◆ 菜单栏：选择【绘图】|【表格】命令。
- ◆ 面板：【注释】选项卡【表格】面板单击【表格】按钮。
- ◆ 命令行：输入 TABLE。

执行 TABLE 命令，程序弹出【插入表格】对话框，如图 6-46 所示。该对话框包括【表格样式】选项卡、【插入选项】选项卡、【预览】选项卡、【插入方式】选项卡、【列和行设置】选项卡和【设置单元样式】选项卡，各选项卡所配合的内容及含义如下：

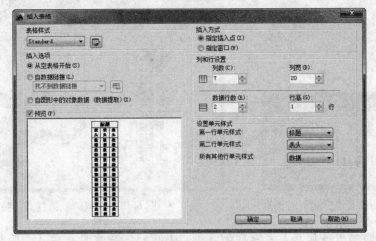

图 6-46 【插入表格】对话框

- 表格样式：在要从中创建表格的当前图形中选择表格样式。通过单击下拉列表旁边的按钮，用户可以创建新的表格样式。
- 插入选项：指定插入选项的方式。包括【从空表格开始】、【自数据连接】和【自图形中的对象数据】方式。
- 预览：显示当前表格样式的样例。
- 插入方式：指定表格位置。包括有【指定插入点】和【指定窗口】方式。
- 列和行设置：设置列和行的数目和大小。
- 设置单元样式：对于那些不包含起始表格的表格样式，需要指定新表格中行的单元格式。

操作技巧

表格样式的设置尽量按照 IOS 国际标准或国家标准。

实训——创建表格

[1] 新建文件。

[2] 在【注释】选项卡【表格】面板中单击【表格样式】按钮，弹出【表格样式】对话框。再单击该对话框的【新建】按钮，又弹出【创建新的表格样式】对话框，并在该对话框输入新的表格样式名称【表格】，如图 6-47 所示。

[3] 单击【继续】按钮，接着弹出【新建表格样式】对话框。在该对话框的【单元样式】选项卡的【文字】选项卡下，设置【文字颜色】为红色，在【边框】选项卡下设置所有边框颜色为【蓝色】，并单击【所有边框】按钮，将设置的表格特性应用到新表格样式中，如图 6-48 所示。

图6-47 【创建新的表格样式】对话框　　图6-48 设置新表格样式的特性

[4] 单击【新建表格样式】对话框的【确定】按钮,接着再单击【表格样式】对话框的【关闭】按钮,完成新表格样式的创建,如图6-49所示。此时,新建的表格样式被自动设为当前样式。

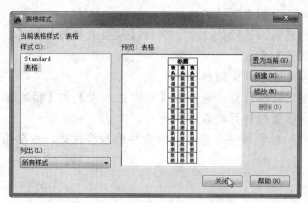

图6-49 完成新表格样式的创建

[5] 在【表格】面板中单击【表格】按钮,弹出【插入表格】对话框,在【列和行设置】选项中设置列数7和数据行数4,如图6-50所示。

[6] 保留该对话框其余选项默认设置,单击【确定】按钮,关闭对话框。然后在图形区中指定一个点作为表格的放置位置,即可创建一个7列2行的空表格,如图6-51所示。

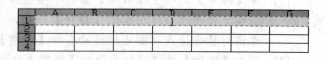

图6-50 设置列数与行数　　图6-51 在窗口中插入的空表格

[7] 插入空表格后,同时程序自动打开文字编辑器及【多行文字】选项卡。利用文字编辑器在空表格中输入文字,如图6-52所示。将主题文字高度设为60,其余文字高度设为40。

操作技巧

在输入文字过程中，可以使用 Tab 键或方向键在表格的单元格上左右上下移动，双击某个单元格，可对齐进行文本编辑。

	A	B	C	D	E	F	G
1	零件明细表						
2	序号	代号	名称	数量	材料	重量	备注
3	1	9	皮带轮轴	5	45	100Kg	
4	2	17	皮带轮	1	HT20	50Kg	

图 6-52　在空表格中输入文字

操作技巧

若输入的字体没有在单元格中间，可使用【段落】面板中的【正中】工具来对中文字。

[8]　单击 Enter 键，完成表格对象的创建，结果如图 6-53 所示。

零件明细表						
序号	代号	名称	数量	材料	重量	备注
1	9	皮带轮轴	5	45	100Kg	
2	17	皮带轮	1	HT20	50Kg	

图 6-53　创建的表格对象

6.6.3　修改表格

表格创建完成后，用户可以单击或双击该表格上的任意网格线以选中该表格，然后通过使用【特性】选项板或夹点来修改该表格。单击表格线显示的表格夹点如图 6-54 所示。

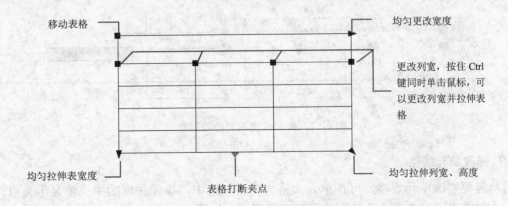

图 6-54　使用夹点修改表格

双击表格线显示的【特性】选项面板和属性面板，如图 6-55 所示。

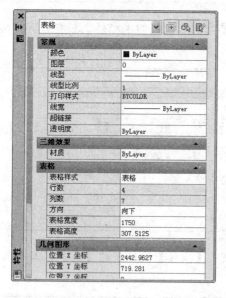
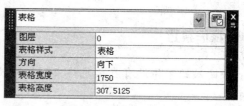

图 6-55　表格的【特性】选项面板和属性面板

1. 修改表格行与列

用户在更改表格的高度或宽度时，只有与所选夹点相邻的行或列才会被更改，表格的高度或宽度均保持不变，如图 6-56 所示。

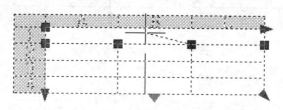

图 6-56　更改列宽、表格大小不变

使用列夹点时按 Ctrl 键可根据行或列的大小按比例来编辑表格的大小，如图 6-57 所示。

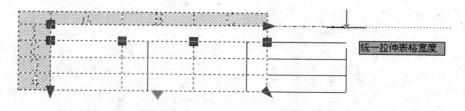

图 6-57　按 Ctrl 键同时拉伸列宽

2. 修改单元表格

用户若要修改单元表格，可在单元表格内单击以选中，单元边框的中央将显示夹点。拖动单元上的夹点可以使单元及其列或行更宽或更小，如图 6-58 所示。

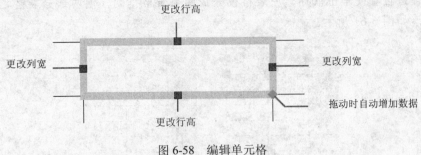

图 6-58 编辑单元格

 操作技巧

选择一个单元，再按 F2 键可以编辑该单元格内的文字。

若要选择多个单元，单击第一个单元格后，在多个单元上拖动。或者按住 Shift 键并在另一个单元内单击，也可以同时选中这两个单元以及它们之间的所有单元，如图 6-59 所示。

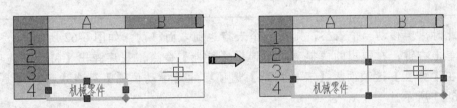

图 6-59 选择多个单元格

3. 打断表格

当表格太多时，用户可以将包含大量数据的表格打断成主要和次要的表格片断。使用表格底部的表格打断夹点，可以使表格覆盖图形中的多列或操作已创建的不同的表格部分。

实训——打断表格的操作

[1] 打开光盘文件"ex-2.dwg"。

[2] 单击表格线，然后拖动表格打断夹点向表格上方拖动至如图 6-60 所示的位置。

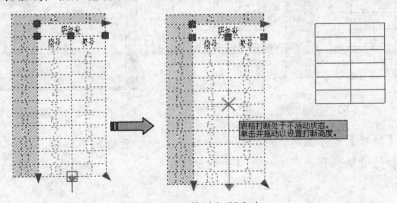

图 6-60 拖动打断夹点

[3] 在合适位置处单击鼠标，原表格被分成两个表格排列，但两部分表格之间仍然有关联，如图 6-61 所示。

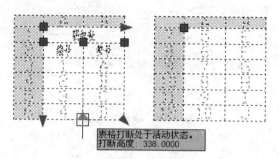

图 6-61　分成两部分的表格

操作技巧

被分隔出去的表格，其行数为原表格总数的一半。如果将打断点移动至少于总数一半的位置时，将会自动生成三个及三个以上的表格。

[4] 此时，若移动一个表格，则另一个表格也随之而移动，如图 6-62 所示。
[5] 单击右键，在弹出的快捷菜单中选择【特性】命令，程序弹出【特性】选项面板。在【特性】选项面板【表格打断】选项组的【手动位置】列表中选择【是】，如图 6-63 所示。

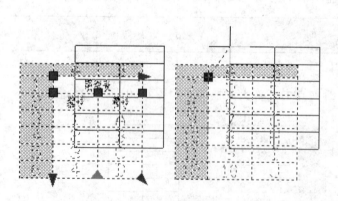

图 6-62　移动表格

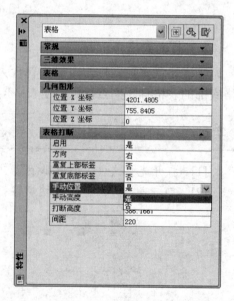

图 6-63　设置表格打断的特性

[6] 关闭【特性】选项面板，移动单个表格，另一个表格则不移动，如图 6-64 所示。
[7] 将打断的表格保存。

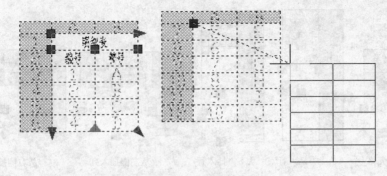

图 6-64 移动表格

6.6.4 功能区【表格单元】选项卡

在功能区处于活动状态时单击某个单元表格，功能区将显示【表格单元】选项卡，如图 6-65 所示。

图 6-65 【表格单元】选项卡

1. 【行数】面板与【列数】面板

【行数】面板与【列数】面板主要是编辑行与列，如插入行、列或删除行与列。【行数】面板与【列数】面板如图 6-66 所示。

图 6-66 【行】面板与【列】面板

面板中的选项含义如下：
- 从上方插入：在当前选定单元或行的上方插入行，如图 6-67（a）所示。
- 从下方插入：在当前选定单元或行的下方插入行，如图 6-67（b）所示。
- 删除行：删除当前选定行。
- 从左侧插入：在当前选定单元或行的左侧插入列，如图 6-67（c）所示。
- 从右侧插入：在当前选定单元或行的右侧插入列，如图 6-67（d）所示。
- 删除列：删除当前选定列。

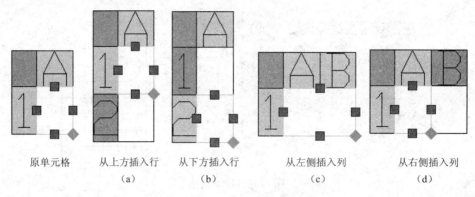

图 6-67 插入行与列

2. 【合并】面板、【单元样式】面板和【单元格式】面板

【合并】面板、【单元样式】面板和【单元格式】面板 3 个面板的主要功能是合并和取消合并单元、编辑数据格式和对齐、改变单元边框的外观、锁定和解锁编辑单元,以及创建和编辑单元样式。3 个面板的工具命令如图 6-68 所示。

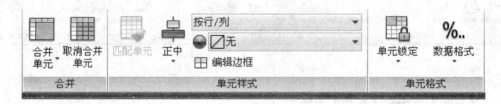

图 6-68　3 个面板的工具命令

面板中的选项含义如下:

- ◆ 合并单元:当选择多个单元格后,该命令被激活。执行此命令,将选定单元合并到一个大单元中,如图 6-69 所示。

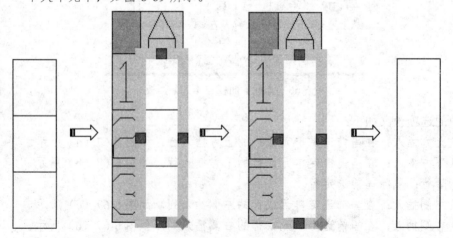

图 6-69　合并单元格的过程

- ◆ 取消合并单元:对之前合并的单元取消合并。
- ◆ 匹配单元:将选定单元的特性应用到其他单元。

- ◆ 【单元样式】列表：列出包含在当前表格样式中的所有单元样式。单元样式标题、表头和数据通常包含在任意表格样式中且无法删除或重命名。
- ◆ 背景填充：指定填充颜色。选择【无】或选择一种背景色，或者选择【选择颜色】命令，以打开【选择颜色】对话框，如图6-70所示。
- ◆ 编辑边框：设置选定表格单元的边界特性。单击此按钮，将弹出如图6-71所示的【单元边框特性】对话框。

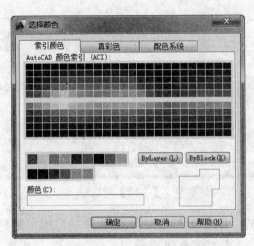
图 6-70 【选择颜色】对话框

图 6-71 【单元边框特性】对话框

- ◆ 【对齐方式】列表：对单元内的内容指定对齐。内容相对于单元的顶部边框和底部边框进行居中对齐、上对齐或下对齐。内容相对于单元的左侧边框和右侧边框居中对齐、左对齐或右对齐。
- ◆ 单元锁定：锁定单元内容和/或格式（无法进行编辑）或对其解锁。
- ◆ 数据格式：显示数据类型列表（【角度】、【日期】、【十进制数】等），从而可以设置表格行的格式。

3. 【插入】面板和【数据】面板

【插入】面板和【数据】面板上的工具命令所起的主要作用是插入块、字段和公式、将表格链接至外部数据等。【插入】面板和【数据】面板上的工具命令如图6-72所示。

图 6-72 【插入】面板和【数据】面板

面板中所包含的工具命令的含义如下：

- ◆ 块：将块插入当前选定的表格单元中，单击此按钮，将弹出【在表格单元中插入块】

对话框，如图 6-73 所示。
- 字段：将字段插入当前选定的表格单元中。单击此按钮，将弹出【字段】对话框，如图 6-74 所示。通过单击【浏览】按钮，查找创建的块。单击【确定】按钮即可将块插入到单元格中。

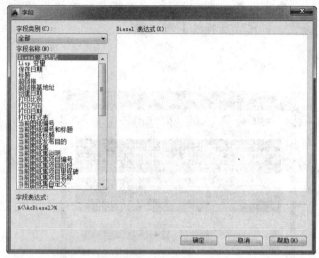

图 6-73　【在表格单元中插入块】对话框　　　图 6-74　【字段】对话框

- 公式：将公式插入当前选定的表格单元中。公式必须以等号（=）开始。用于求和、求平均值和计数的公式将忽略空单元以及未解析为数值的单元。

操作技巧

　如果在算术表达式中的任何单元为空，或者包含非数字数据，则其他公式将显示错误（#）。

- 管理单元内容：显示选定单元的内容。可以更改单元内容的次序以及单元内容的显示方向。
- 链接单元：将数据从在 Microsoft Excel 中创建的电子表格链接至图形中的表格。
- 从源下载：更新由已建立的数据链接中的已更改数据参照的表格单元中的数据。

6.7　综合训练——创建图纸表格

引入光盘：多媒体\实例\初始文件\Ch06\蜗杆零件图.dwg
结果文件：多媒体\实例\结果文件\Ch06\创建图纸表格.dwg
视频文件：多媒体\视频\Ch06\创建图纸表格.avi

　　本节将通过为一张机械零件图样添加文字及制作明细表格的过程，来温习前面几节中所涉及的文字样式、文字编辑、添加文字、表格制作等内容。本例的蜗杆零件图样如图 6-75 所示。

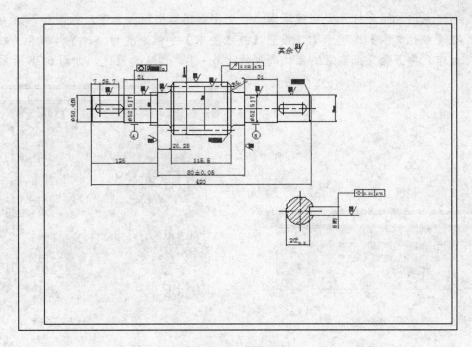

图 6-75 蜗杆零件图样

本例操作的过程是,首先为图样添加技术要求等说明文字,然后创建空格,并编辑表格,最后在空表格中添加文字。

6.7.1 添加多行文字

零件图样的技术要求是通过多行文字来输入的,创建多行文字时,可利用默认的文字样式,最后可利用【多行文字】选项卡下的工具来编辑多行文字的样式、格式、颜色、字体等。

操作步骤

[1] 打开光盘"实例\初始文件\Ch06\蜗杆零件图.dwg"文件。
[2] 在【注释】选项卡【文字】面板中单击【多行文字】按钮,然后在图样中指定两个点以放置多行文字,如图 6-76 所示。

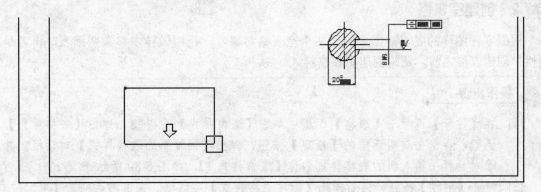

图 6-76 指定多行文字放置点

[3] 指定点后，程序打开文字编辑器。在文字编辑器中输入文字，如图 6-77 所示。
[4] 在【多行文字】选项卡下，设置【技术要求】字体高度为 8，字体颜色为红色，并加粗。将下面几点要求的字体高度设为 6，字体颜色为蓝色，如图 6-78 所示。

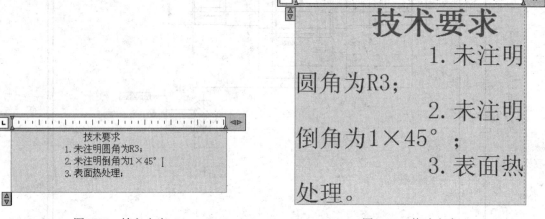

图 6-77　输入文字　　　　　　　　　　图 6-78　修改文字

[5] 单击文字编辑器中标尺上的【设置文字宽度】按钮（按住不放），将标尺宽度拉长到合适位置，使文字在一行中显示，如图 6-79 所示。

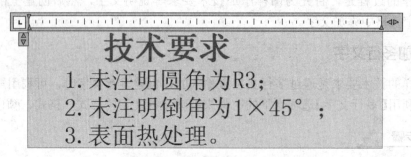

图 6-79　拉长标尺宽度

[6] 单击鼠标，完成图样中技术要求的输入。

6.7.2　创建空表格

根据零件图样的要求，需要制作两个空表格对象，一是用做技术参数明细表，再者是标题栏。创建表格之前，还需创建新表格样式。

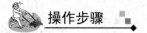
操作步骤

[1] 在【注释】选项卡【表格】面板中单击【表格样式】按钮，弹出【表格样式】对话框。再单击该对话框的【新建】按钮，弹出【创建新的表格样式】对话框，并在该对话框中输入新的表格样式名称【表格样式1】，如图 6-80 所示。
[2] 单击【继续】按钮，接着弹出【新建表格样式】对话框。在该对话框的【单元样式】选项卡的【文字】选项卡下，设置【文字颜色】为"蓝色"，在【边框】选项卡下设置所有边框颜色为"红色"，并单击【所有边框】按钮，将设置的表格特性应用到

新表格样式中，如图 6-81 所示。

图 6-80　新建表格样式

图 6-81　设置表格样式的特性

[3]　单击【新建表格样式】对话框的【确定】按钮，接着再单击【表格样式】对话框的【关闭】按钮，完成新表格样式的创建，新建的表格样式被自动设为当前样式。

[4]　在【表格】面板中单击【表格】按钮，弹出【插入表格】对话框，在【列和行设置】选项卡中设置列数为 10、数据行数为 5、列宽为 30、行高为 2。在【设置单元样式】选项卡中设置所有行单元的样式为【数据】，如图 6-82 所示。

[5]　保留其余选项默认设置，单击【确定】按钮，关闭对话框。然后在图纸中的右下角指定一个点并放置表格，再单击【关闭】面板中的【关闭文字编辑器】按钮，退出文字编辑器。创建的空表格如图 6-83 所示。

图 6-82　设置列数与行数

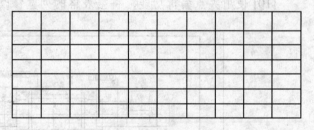

图 6-83　在图纸中插入的空表格

[6]　使用夹点编辑功能，单击表格线，将空表格的列宽修改，并将表格边框与图纸边框对齐，如图 6-84 所示。

[7]　在单元格中单击，打开【表格】选项卡。选择多个单元格，再使用【合并】面板上的【合并全部】命令，将选择的多个单元格合并，最终合并完成的结果如图 6-85 所示。

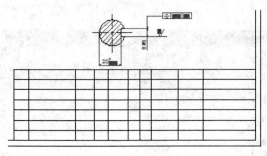
图 6-84 修改表格列宽

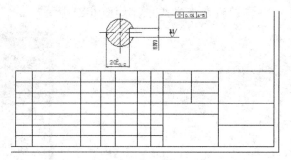
图 6-85 合并单元格

[8] 在【表格】面板中单击【表格】按钮，弹出【插入表格】对话框，在【列和行设置】选项卡中设置列数为 3、数据行数为 9、列宽为 30、行高为 2。在【设置单元样式】选项卡中设置所有行单元的样式为【数据】，如图 6-86 所示。

[9] 保留其余选项默认设置，单击【确定】按钮，关闭对话框。然后在图纸中的右上角指定一个点并放置表格，再单击【关闭】面板中的【关闭文字编辑器】按钮，退出文字编辑器。创建的空表格如图 6-87 所示。

图 6-86 设置列数与行数

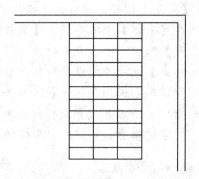
图 6-87 在图纸中插入的空表格

[10] 使用夹点编辑功能，将空表格的列宽修改，如图 6-88 所示。

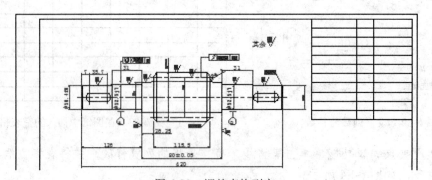
图 6-88 调整表格列宽

6.7.3 输入字体

当空表格创建和修改完成后，即可在单元格内输入文字了。

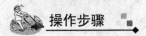

操作步骤

[1]　在要输入文字的单元格内单击鼠标，即可打开文字编辑器。

[2]　利用文字编辑器在标题栏空表格中需要添加文字的单元格内输入文字，小文字的高度均为 8，大文字的高度为 12，如图 6-89 所示。在技术参数明细表的空表格内输入文字，如图 6-90 所示。

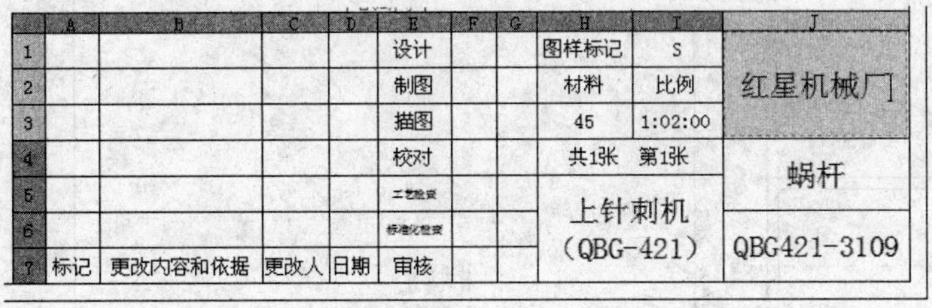

	A	B	C	D	E	F	G	H	I	J
1					设计			图样标记	S	红星机械厂
2					制图			材料	比例	
3					描图			45	1:02:00	
4					校对			共1张　第1张		蜗杆
5					工艺检查			上针刺机 (QBG-421)		
6					标准化检查					
7	标记	更改内容和依据	更改人	日期	审核					QBG421-3109

图 6-89　输入标题栏文字

	A	B	C
1	蜗杆类型		阿基米德
2	蜗杆头数	Z1	1
3	轴面模数	m_x	4
4	直径系数	q	10
5	轴面齿形角	a	20°
6	螺旋线升角		5° 42′ 38″
7	螺旋线方向		右
8	轴向齿距累积公差	$\pm f_{px}$	±0.020
9	轴向齿距极限偏差	f_{pxl}	0.0340
10	齿新公差	f_{f1}	0.032
11			

图 6-90　输入参数明细表文字

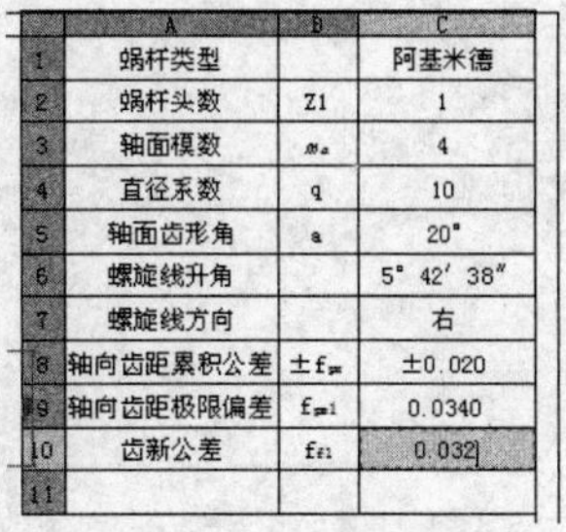

[3]　添加文字和表格的完成结果如图 6-91 所示。

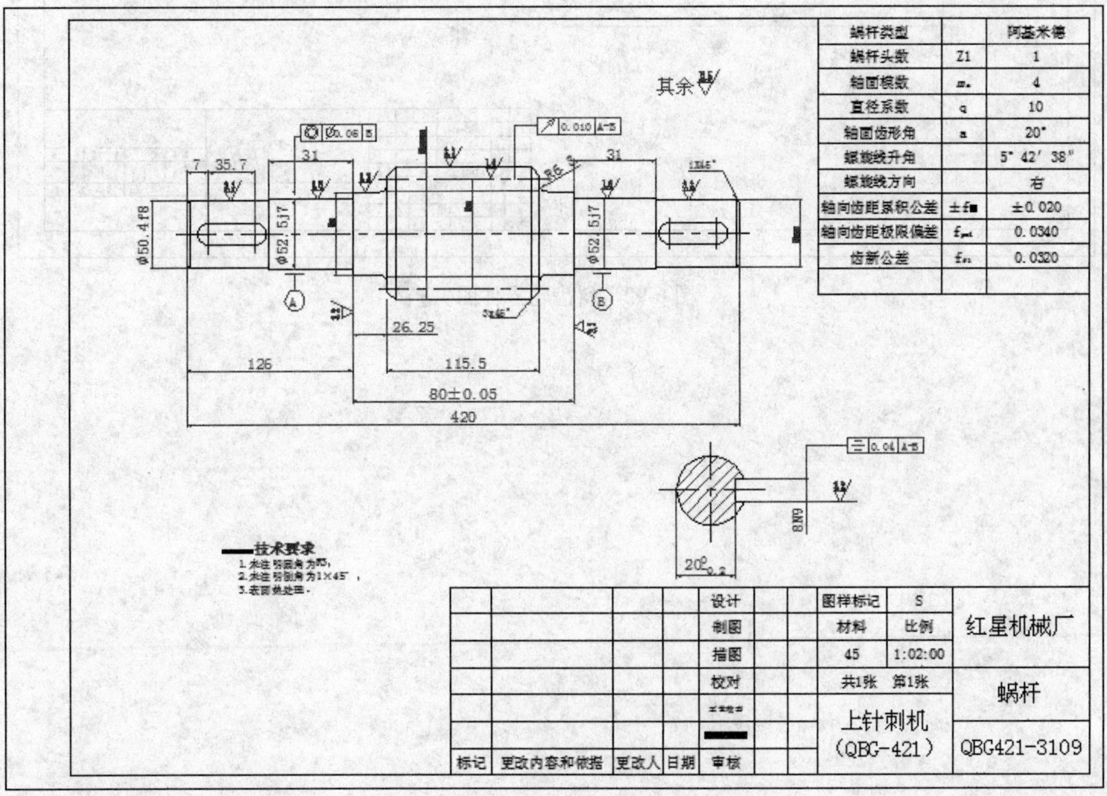

图 6-91　添加文字和表格的最终结果

[4]　最后将结果保存。

6.8 课后练习

利用多行文字命令，为斜齿轮零件图书写技术要求，如图 6-92 所示。

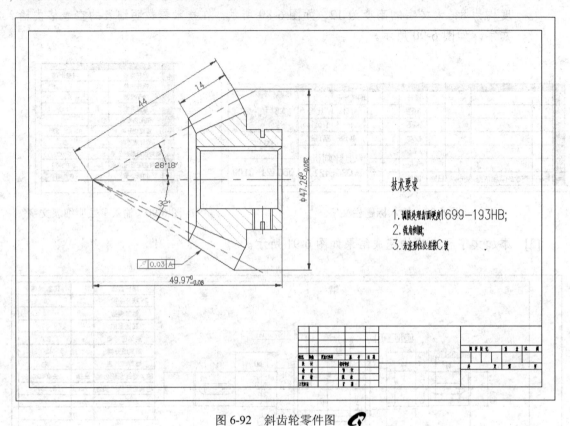

图 6-92 斜齿轮零件图

第 7 章
机械二维图形的表达与绘制

在机械工程图中，通常是用二维图形表达三维实体的结构和形状信息。显而易见，单个二维图形一般很难完整表达三维形体信息，为此，工程上常采用各种表达方法，以达到利用二维平面图形完整表达三维形体信息的目的。

本章将系统介绍各种机械图形的二维形体表达方法，帮助读者掌握各种形体表达方法技巧，达到灵活应用各种形体表达方法正确快速表达机械零部件结构形状的目的。

知识要点

- ◆ 机件的表达
- ◆ 视图的基本画法
- ◆ 简化画法

案例解析

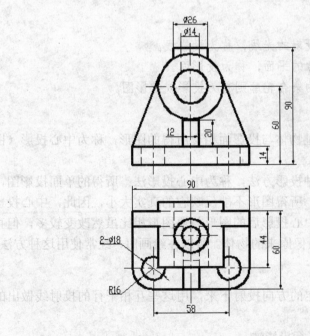

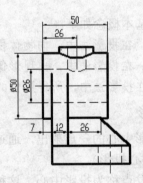

轴承座零件图

7.1 机件的表达

在有太阳光和灯光照射时,物体在地面或墙上就会有影子,这种用投影线通过物体,在给定投影平面上做出物体投影的方法称为投影法。通过以上方法得到图形的方法称为机械制图。

7.1.1 工程常用的投影法知识

投影是光线(投射线)通过物体,向选定的面(投影面)投射,并在该面上得到图形的方法。投影可以分为中心投影和平行投影两类。如图 7-1 所示为物体投影原理图。

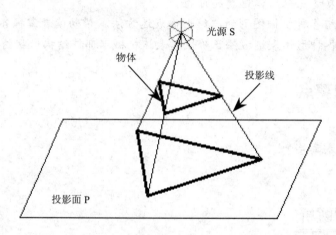

图 7-1 物体投影原理图

投影的三个基本概念如下:
- 投影线:在投影法中,向物体投射的光线,称为投影线。
- 投影面:在投影法中,出现影像的平面,称为投影面。
- 投影:在投影法中,所得影像的集合轮廓则称为投影或投影图。

1. 中心投影

投影线由投影中心的一点射出,通过物体与投影面相交所得的图形,称为中心投影(图 7-1 中的投影为中心投影)。

投影线的出发点称为投影中心。这种投影方法,称为中心投影法;所得的单面投影图,称为中心投影图。由于投影线互不平行,所得图形不能反映它的真实大小,因此,中心投影不能作为绘制工程图样的基本方法。但中心投影后的图形与原图形相比虽然改变较多,但直观性强,看起来与人的视觉效果一致,最像原来的物体。所以在绘画时,经常使用这种方法。

2. 平行投影

投影中心在无限远处,投射线按一定的方向投射下来,用这些互相平行的投射线做出的形体的投影,称为平行投影。

正投影、斜投影与轴测投影同属于平行投影法。

投射方向倾斜于投影面,所得到的平行投影称为斜投影;投射方向垂直于投影面,所得到的平行投影称为正投影，如图 7-2 所示。

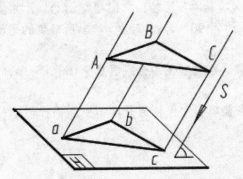
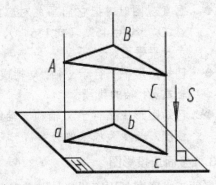

图 7-2　斜投影与正投影

物体正投影的形状、大小与它相对于投影面的位置有关。

轴测投影是用平行投影法在单一投影面上取得物体立体投影的一种方法。用这种方法获得的轴测图直观性强，可在图形上度量物体的尺寸，虽然度量性较差，绘图也较困难，但仍然是工程中一种较好的辅助手段。

7.1.2　实体的图形表达

工程图形经常用到如图 7-3 所示的 3 种图形表示方法。这 3 种图形表示法为透视图、轴测图和多面正投影图。

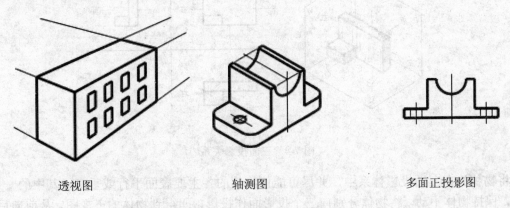

　　　　透视图　　　　　　　　　　轴测图　　　　　　　　　多面正投影图

图 7-3　常用图形表示法

1．透视图

透视图是用中心投影法绘制的。这种投影图与人的视觉相符，具有形象逼真的立体感，其缺点是度量性差，手工作图费时，适用于房屋、桥梁等外观效果的设计及计算机仿真技术。

2．轴测图

轴测图是用平行投影法绘制的。这种投影图有一定的立体感，但度量性仍不理想，适合用于产品说明书中的机器外观图等。

其中斜二轴测图的画法方法为：

◆　在空间图形中取互相垂直的 x 轴和 y 轴，两轴交于 O 点，再取 z 轴，使∠xOz＝90°，且∠yOz=90°。

- 画直观图时，把它们画成对应的 x′轴，y′轴和 z′轴，它们相交于 O′，并使∠x′O′y′=45°（或135°），∠x′O′z′=90°，x′轴和 y′轴所确定的平面表示水平平面。
- 已知图形中平行于 x 轴，y 轴或 z 轴的线段，在直观图中分别画成平行于 x′轴，y′轴或 z′轴的线段。
- 已知图形中平行于 x 轴和 z 轴的线段，在直观图中保持原长度不变；平行于 y 轴的线段，长度为原来的一半。

3. 多面正投影图

多面正投影图是用正投影法从物体的多个方向分别进行投射所画出的图，称为多面正投影图。这种图虽然立体感差，但能完整地表达物体的各个方位的形状，度量性好，便于指导加工，因此多面正投影图被广泛应用于工程的设计及生产制造中。

确定物体的空间形状，常需三个投影，为方便采用三个互相垂直的投影面，称为三面投影体系。

如图 7-4 所示的图中：正立投影面，称为正立面，记为 V；侧立投影面，简称侧立面，记为 W；水平投影面，简称水平面，记为 H。

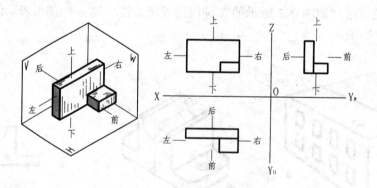

图 7-4 三面投影关系

将物体放在三面投影体系中，并尽可能使物体的各主要表面平行或垂直于其中的一个投影面，保持物体不动，将物体分别向三个投影面作投影，即得到物体的三视图。从前向后看，即得 V 面上的投影，称为正视图；从左向右看，即得在 W 面上的投影，称为侧视图或左视图；从下向上看，即得在 H 面上的投影，称为俯视图。

正视图反映物体的左右、上下关系即反映它的长和高；左视图反映物体的上下、前后关系即反映它的宽和高；俯视图反映物体的左右、前后关系即反映物体的长和宽，因此物体的三视图之间具有如下的对应关系：正视图与俯视图的长度相等，且相互对正，即【长对正】；正视图与左视图的高度相等，且相互平齐，即【高平齐】；俯视图与左视图的宽度相等，即【宽相等】。

7.1.3 组合体的形体表示

组合体按其如图 7-5 所示组成形状不同可分为：叠加式（堆积）、切割式和综合式。

- ◆ 叠加式（a）：由两个或两个以上的基本几何体叠加而成的叠加式组合体，简称叠加体。
- ◆ 切割式（b）：由一个或多个截平面对简单基本几何体进行切割，使之变为较复杂的形体，是组合体的另一种组合形式。
- ◆ 综合式（c）：叠加和切割是形成组合体的两种基本形式。在许多情况下，叠加式与切割式并无严格的界限，往往是同一物体既有叠加又有切割。

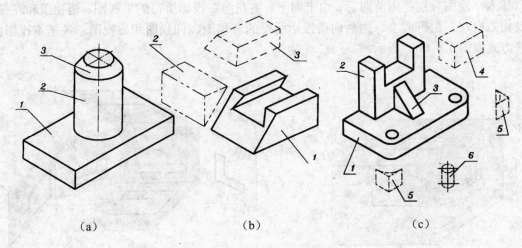

图 7-5 组合体的组合方式

7.1.4 组合体的表面连接关系

由基本几何形体组成组合体时，常见有下列几种表面之间的结合关系：

- ◆ 平齐：两基本形体几何体上的两个平面互相平齐地连接成一个平面，则它们在连接处（是共面关系）不再存在分界线。因此在画出它的主视图时不应该再画它们的分界线。
- ◆ 相切：如果两基本几何体的表面相切时，则称其相切关系。在相切处两表面似乎光滑过渡的，故该处的投影不应该画出分界线。

> **操作技巧**
>
> 只有平面与曲线相切的平面之间才会出现相切情况。画图时，当曲面相切的平面或两曲面的公切面垂直于投影面时，在该投影面上投影要画出相切处的转向投影轮廓线，否则不应该画出公切面的投影。

- ◆ 相交：如果两基本几何体的表面彼此相交，则称其为相交关系。表面交线是它们的表面分界线，图上必须画出它们交线的投影。

7.2 视图的基本画法

机件的形状是多种多样的，为了完整、清晰地表达出机件各个方向上的形状，在机械制图设计中常使用视图来表达机件的外部结构形状。常见的视图包括有6个基本视图（上、下、左、右、前、后)、向视图、局部视图和斜视图等。

7.2.1 基本视图

机件在基本投影面上的投影称为基本视图，即将机件置于一正六面体内（如图 7-6（a）所示，正六面体的六面构成基本投影面），向该六面投影所得的视图为基本视图。

该六个视图分别是由前向后、由上向下、由左向右投影所得的主视图、俯视图和左视图，以及由右向左、由下向上、由后向前投影所得的右视图、仰视图和后视图。各基本投影面的展开方式如图 7-6（b）所示。

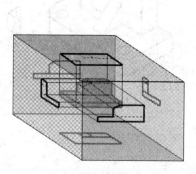 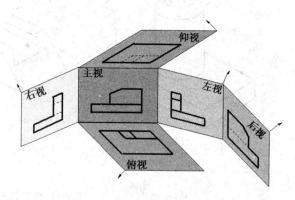

(a) 基本视图的六面投影箱　　　　　　(b) 基本视图的展开

图 7-6　基本视图的形成

基本视图具有"长对正、高平齐、宽相等"的投影规律，即主视图、俯视图和仰视图长对正（后视图同样反映零件的长度尺寸，但不与上述三视图对正），主视图、左、右视图和后视图高平齐，左、右视图与俯、仰视图宽相等。另外，主视图与后视图、左视图与右视图、俯视图与仰视图还具有轮廓对称的特点。展开后各视图的配置如图 7-7 所示。

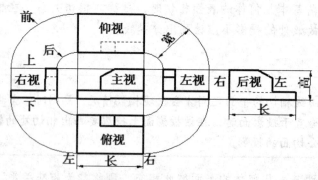

图 7-7　基本视图的配置

实训——绘制轴承座三视图

本例中将采用坐标输入的方法来绘制轴承座基本视图。轴承座基本视图如图 7-8 所示。

坐标输入法即通过给定视图中各点的准确坐标值来绘制多视图的方法，通过具体的坐标值来保证视图之间的相对位置关系。

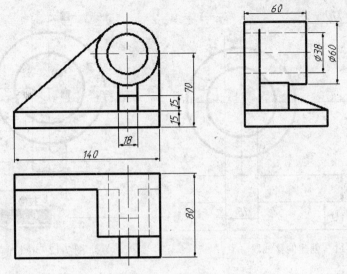

图 7-8　轴承座基本视图

1. 绘制主视图

[1] 调用用户自定义的图纸样板文件。

[2] 打开【图层特性管理器】，新建三个图层。

[3] 绘制轴承座主视图。调用【点画线】图层，然后使用【直线】工具绘制如图 7-9 所示的尺寸基准线（中心线）。

[4] 调用【粗实线】图层。使用【圆心，半径】工具，在中心线交点位置绘制两个同心圆，如图 7-10 所示。

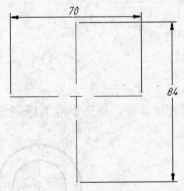

图 7-9　绘制尺寸基准线

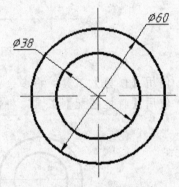

图 7-10　绘制同心圆

[5] 使用【偏移】工具，绘制出如图 7-11 所示的多条偏移线段。

[6] 选择要拉长的偏移线段，然后使用夹点模式进行拉长，如图 7-12 所示。

操作技巧

要拉长某一直线，先选中该直线，然后在该直线要拉长的一端处光标停留，在显示弹出菜单后选择【拉长】命令即可。

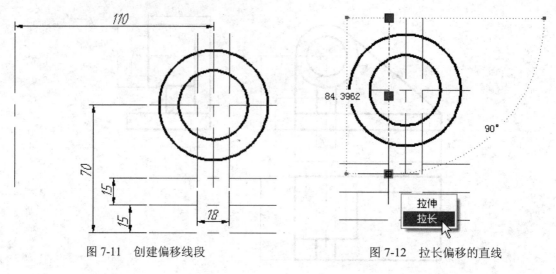

图 7-11 创建偏移线段　　　　　　图 7-12 拉长偏移的直线

[7] 拉长的结果如图 7-13 所示。

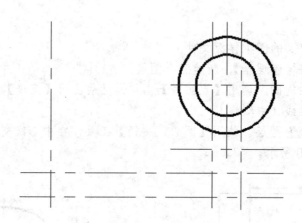

图 7-13 拉长的结果显示

[8] 使用【修剪】工具，将多余曲线修剪，结果如图 7-14 所示。
[9] 使用【特性匹配】工具，将部分中心线型匹配成粗实线，结果如图 7-15 所示。

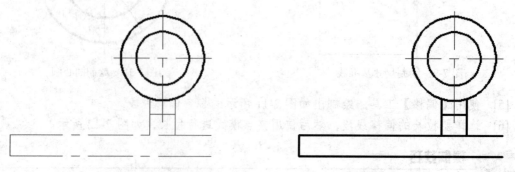

图 7-14 修剪多余直线　　　　　　图 7-15 匹配线型

[10] 使用【直线】工具，作出与大圆相切的两条直线，如图 7-16 所示。
[11] 使用【修剪】工具，修剪多余直线。完成的主视图如图 7-17 所示。

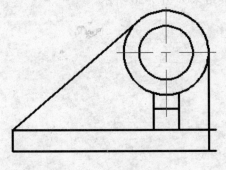
图 7-16 绘制相切直线

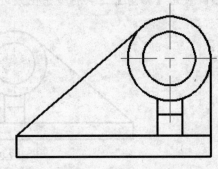
图 7-17 修剪多余直线

2. 绘制侧视图

侧视图的绘制方法是:在主视图中将所有能表达外形轮廓的边作出水平切线或延伸线,以形成侧视图的主要轮廓。

[1] 调用【虚线】图层,然后使用【直线】工具,作出如图 7-18 所示的水平线。

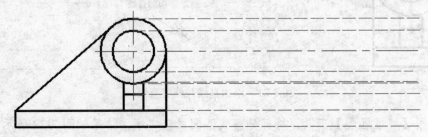
图 7-18 绘制水平线

[2] 使用【直线】、【偏移】工具绘制竖直线,结果如图 7-19 所示。

 操作技巧

竖直线的绘制也是先绘制一条直线,其余直线进行偏移即可。

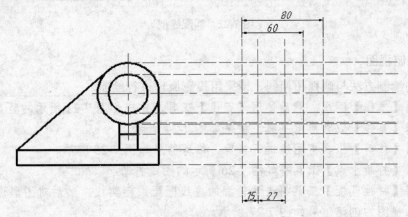
图 7-19 绘制竖直线

[3] 使用【修剪】工具将多余图线进行修剪,其结果如图7-20所示。

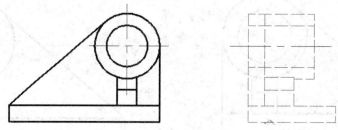

图 7-20　修剪多余图线

[4] 使用【直线】工具,补画两条直线,然后再进行修剪,结果如图7-21所示。

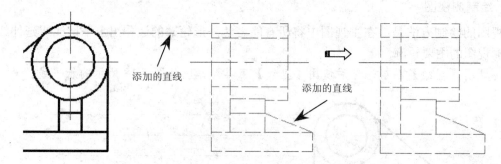

图 7-21　添加直线并修剪直线

[5] 使用【特性匹配】工具,将部分虚线匹配成粗实线,结果如图7-22所示。

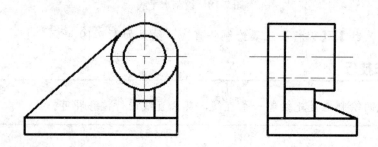

图 7-22　匹配线型

3. 绘制俯视图

俯视图的绘制方法与侧视图相同,皆采用投影原理进行绘制。

[1] 调用【虚线】图层,然后使用【直线】工具,作出如图7-23所示的竖直线。
[2] 使用【直线】工具作水平线,结果如图7-24所示。
[3] 使用【修剪】工具将图线进行修剪,修剪结果如图7-25所示。
[4] 使用【打断于点】工具将如图7-26所示的图线打断。
[5] 使用【特性匹配】工具将表达轮廓的虚线匹配成粗实线。然后对图形进行标注,轴承三视图的创建结果如图7-27所示。
[6] 将结果保存。

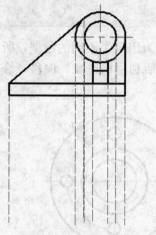
图 7-23 绘制竖直线

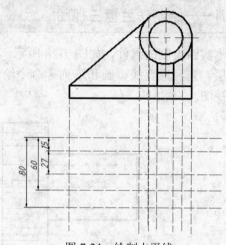
图 7-24 绘制水平线

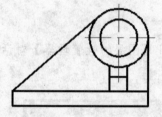
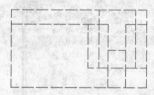
图 7-25 修剪多余图线

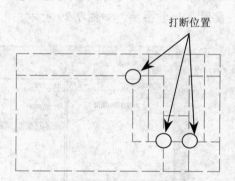
图 7-26 打断图线

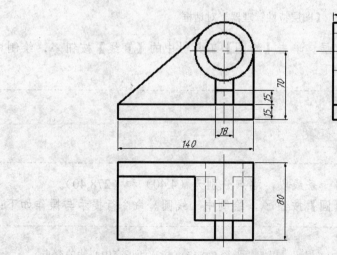
图 7-27 绘制完成的轴承三视图

实训——绘制法兰盘三视图

本实例绘制的盘件，如图7-28所示。在实例中，因为用到了不同的线型，所以必须先设置图层。先利用直线、圆和阵列等命令绘制左视图，然后利用构造线、偏移、修剪等命令绘制主视图。

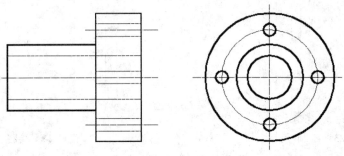

图7-28 盘件

[1] 新建文件。
[2] 选择菜单栏中的【格式】|【图层】命令，打开【图层特性管理器】对话框。新建并设置每一个图层，如图7-29所示。

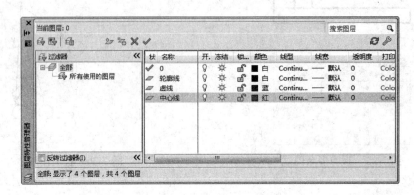

图7-29 【图层特性管理器】对话框

[3] 将【中心线】层设为当图前层。单击【绘图】工具栏中的【直线】按钮，绘制中心线。命令行提示与操作如下：

```
命令：LINE↙
指定第一点:143,171↙
指定下一点或 [放弃(U)]:143,-95↙
指定下一点或 [放弃(U)]:↙
```

[4] 重复【直线】命令，绘制另一条线段，端点分别为（4,40）和（278,40）。
[5] 单击【绘图】工具栏中的【圆】按钮，绘制中心线圆。命令行提示与操作如下：

```
命令：CIRCLE↙
指定圆的圆心或 [三点(3P)/两点(2P)/相切、相切、半径(T)]：(指定两正交中心线的交点)
指定圆的半径或 [直径(D)]：86.25↙
```

[6] 绘制结果如图7-30所示。

[7] 将【轮廓线】层为当图前层。单击【绘图】工具栏中的【圆】按钮⊙，以两正交中心线的交点为圆心，分别绘制半径为40，60，116.25的圆。

[8] 重复【圆】命令，以竖直中心线与圆形中心线的交点为圆心，绘制半径为11.25的圆，结果如图7-31所示。

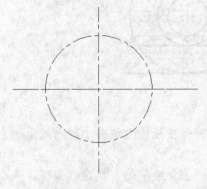
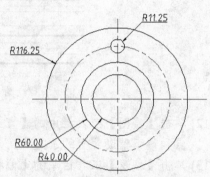

图7-30　绘制中心线　　　　　　　图7-31　绘制左视图轮廓线

[9] 单击【阵列】按钮，选择要阵列的圆和阵列中心点，弹出【阵列创建】选项卡，然后设置如图7-32所示的阵列参数，并完成圆的阵列。

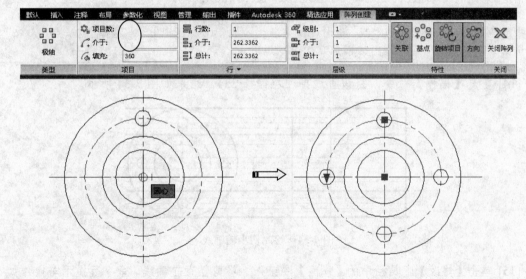

图7-32　阵列结果

[10] 将【中心线】层设为当图前层。单击【绘图】工具栏中的【构造线】按钮，绘制辅助线。命令行提示与操作如下：

```
命令：XLINE✓
指定点或 [水平(H)/垂直(V)/角度(A)/二等分(B)/偏移(O)]:H✓
指定通过点：(捕捉左视图水平中心线上一点)
指定通过点：(捕捉左视图中心线交点)
……
```

[11] 重复【构造线】命令，分别将【轮廓线】层和【虚线】层设置为当前层，捕捉相关点为通过点，绘制辅助线，结果如图7-33所示。

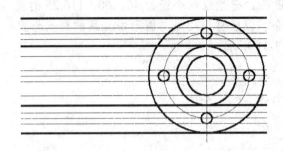

图7-33　绘制辅助线

[12] 单击【绘图】工具栏中的【直线】按钮，捕捉左视图左边最上辅助线上一点为起点和最下辅助线上的垂足为端点绘制直线。

[13] 单击【修改】工具栏中的【偏移】按钮，将上步绘制的直线进行偏移。命令行提示与操作如下：

```
命令：OFFSET↙
当前设置：删除源=否  图层=源  OFFSETGAPTYPE=0
指定偏移距离或 [通过(T)/删除(E)/图层(L)] <1.0000>：83↙
选择要偏移的对象，或 [退出(E)/放弃(U)] <退出>：(选择刚绘制的竖直线)
指定要偏移的那一侧上的点，或 [退出(E)/多个(M)/放弃(U)] <退出>：(选择左边一点)
选择要偏移的对象，或 [退出(E)/放弃(U)] <退出>：↙
```

[14] 重复【偏移】命令，将该直线再往左偏移234，结果如图7-34所示。

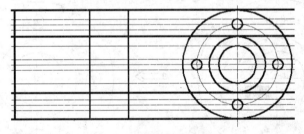

图7-34　绘制初步轮廓线

[15] 单击【修改】工具栏中的【修剪】按钮，修剪竖直轮廓线。命令行提示与操作如下：

```
命令：TRIM↙
当前设置：投影=UCS，边=无
选择剪切边...
选择对象或 <全部选择>：(选择绘制的竖直轮廓线)
……
找到 1 个，总计 2 个
选择对象：↙
选择要修剪的对象，按住 Shift 键选择要延伸的对象，或[栏选(F)/窗交(C)/投影(P)/边(E)/删除(R)/放弃(U)]：(选择适当的水平辅助线)
```

[16] 用同样方法修剪其他图线，结果如图 7-35 所示。

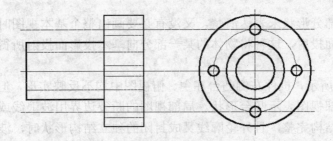

图 7-35 修剪图线

[17] 单击【修改】工具栏中的【打断】按钮，打断中心线。命令行提示与操作如下：

命令：BREAK ↙
选择对象：(选择中心线上适当一点)
指定第二个打断点 或 [第一点(F)]：(选择另一点)

[18] 用相同方法打断其余中心线，并将残余的图线删除，结果如图 7-36 所示。

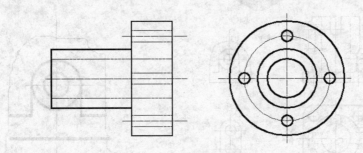

图 7-36 绘制结果

7.2.2 向视图

向视图是可自由配置的视图。如果视图不能按图 7-37（a）所示配置时，则应在向视图的上方标注【×】(【×】为大写的拉丁字母)，在相应的视图附近用箭头指明投影方向，并注上相同的字母，如图 7-37（b）所示。

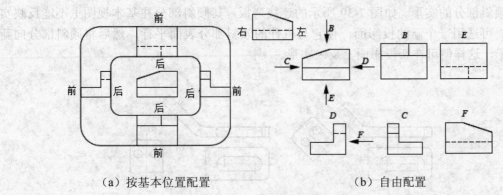

（a）按基本位置配置　　　　　　　（b）自由配置

图 7-37 向视图的画法

7.2.3 局部视图

当机件的某一部分形状未表达清楚，又没有必要画出整个基本视图时，可以只将机件的该部分向基本投影面投射，这种将物体的某一部分向基本投影面投射所得到的视图称为局部视图。

如图 7-38（a）所示，机件左侧凸台在主、俯视图中均不反映实形，但没有必要画出完整的左视图，可用局部视图表示凸台形状。局部视图的断裂边界用波浪线或双折线表示。当局部视图表示的局部结构完整，且外轮廓线又成封闭的独立结构形状时，波浪线可省略不画，如图 7-38 中的局部视图 B。

用波浪线作为断裂分界线时，波浪线不应超过机件的轮廓线，应画在机件的实体上不可画在机件的中空处，如图 7-5（b）所示。

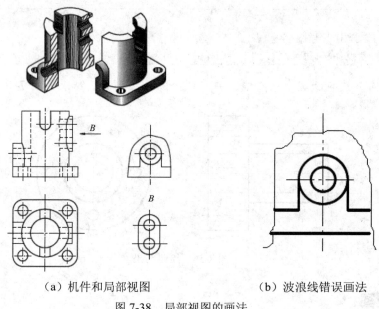

（a）机件和局部视图　　　　（b）波浪线错误画法

图 7-38　局部视图的画法

7.2.4 斜视图

机件向不平行于任何基本投影面的平面投射所得的视图称为斜视图。斜视图主要用于表达机件上倾斜部分的实形。如图 7-39 所示的连接弯板，其倾斜部分在基本视图上不能反映实形，为此，可选用一个新的投影面，使它与机件的倾斜部分表面平行，然后将倾斜部分向新投影面投影，这样便可在新投影面上反映实形。

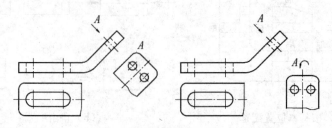

图 7-39　斜视图及其标注

斜视图一般按向视图的形式配置并标注，必要时也可配置在其他适当位置，在不引起误解时，允许将视图旋转配置，表示该视图名称的大写拉丁字母应靠近旋转符号的箭头端，也允许将旋转角度标注在字母之后。

7.2.5 剖视图

机件上不可见的结构形状规定用虚线表示，不可见的结构形状愈复杂，虚线就愈多，这样对读图和标注尺寸都不方便。为此，对机件不可见的内部结构形状经常采用剖视图来表达，如图7-40（a）、（b）、（c）、（d）所示。

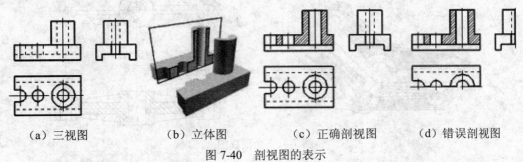

（a）三视图　　　（b）立体图　　　（c）正确剖视图　　　（d）错误剖视图

图7-40　剖视图的表示

1. 剖视图的形成

图7-40中，图（a）是机件的三视图，主视图上有多条虚线。图（b）表示进行剖视图的过程，假想用剖切平面R把机件切开，移去观察者与剖切平面之间的部分，将留下的部分向投影面投影，这样得到的图形就称为剖视图，简称剖视。

剖切平面与机件接触的部分，称为剖面。剖面是剖切平面R和物体相交所得的交线围成的图形。为了区别剖到和未剖到的部分，要在剖到的实体部分画上剖面符号，见图（c）。

因为剖切是假想的，实际上机件仍是完整的，所以画其他视图时，仍应按完整的机件画出。因此，图（d）中的左视图与俯视图的画法是不正确的。

为了区别被剖到的机件的材料，国家标准GB4457.5-84规定了各种材料剖面符号的画法如表7-1所示。

表7-1　剖面符号

材料名称	剖面符号	材料名称	剖面符号
金属材料（已有规定剖面符号者除外）		砖	
线圈绕组元件		玻璃及供观察用的其他透明材料	
转子、电枢、变压器和电抗器等的叠钢片		液体	
型砂、填砂、粉末冶金、砂轮、陶瓷刀片、硬质合金刀片等		非金属材料（已有规定剖面符号者除外）	

注：1. 剖面符号仅表示材料的类别，材料的名称和代号必须另行注明
　　2. 叠钢片的剖面线方向，应与束装中叠钢片的方向一致
　　3. 液面用细实线绘制

根据机件被剖切范围的大小,剖视图可分为全剖视图、半剖视图和局部剖视图。

2. 全剖视

用剖切平面完全剖开机件后所得到的剖视图,称为全剖视图,如图 7-41 所示。全剖视图主要应用于内部结构复杂的不对称的机件或外形简单的回转体等。

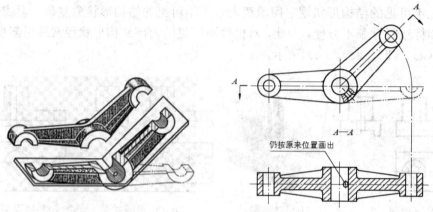

图 7-41　全剖视图

实训——绘制轴承端盖

本实例绘制的轴承端盖,如图 7-42 所示。从图中可以看出该图形的绘制主要使用了绘制直线命令 LINE,绘制圆命令 CIRCLR,图案填充命令 BHATCH 等,来完成图形的绘制。

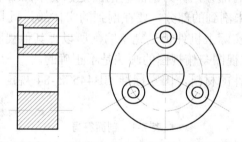

图 7-42　轴承端盖

[1]　新建文件。

[2]　选择菜单栏中的【格式】|【图层】命令,打开【图层特性管理器】对话框,新建三个图层:第一图层命名为"粗实线",线宽为 0.30mm,其余属性默认;第二图层命名为"细实线",线宽为默认;第三图层命名为"中心线",线宽为 0.15mm,颜色为红色,线型为 CENTER。

[3]　将线宽显示打开。

[4]　选择菜单栏中的【视图】|【缩放】|【中心】命令,命令行提示与操作如下:

```
命令:ZOOM↙
指定窗口角点,输入比例因子 (nX 或 nXP),或[全部(A)/中心(C)/动态(D)/范围(E)/上一个(P)/
```

比例(S)/窗口(W)/对象(O)] <实时>：_c↙
    指定中心点：165,200↙
    输入比例或高度 <76.0494>：80↙

[5] 将【中心线】层设置为当前图层。单击【绘图】工具栏中的【直线】按钮，分别以坐标点{(165,200),(@70,0)}、{(200,165),(@0,70)}、{(200,200),(@40<-30)}、{(200,200),(@40<210)}，绘制中心线。

[6] 单击【绘图】工具栏中的【圆】按钮，以中心线的交点为圆心，绘制半径为 20 的圆。结果如图 7-43 所示。

[7] 将【粗实线】层设置为当前图层。单击【绘图】工具栏中的【圆】按钮，以(200,200)为圆心，分别以 30 和 10 为半径绘制两个同心圆；重复【圆】命令，以(200,220)为圆心，分别以 3 和 6 为半径绘制另两个同心圆。绘制结果如图 7-44 所示。

图 7-43 轴承端盖左视图中心线

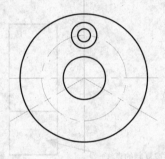

图 7-44 绘制左视图轮廓线

[8] 单击【修改】工具栏中的【复制】按钮，将半径为 3 与半径为 6 的两个圆，以 A 点为基点复制到图 7-45 所示的 B 和 C 点。复制结果如图 7-46 所示。

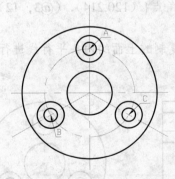

图 7-45 轴承端盖的左视图

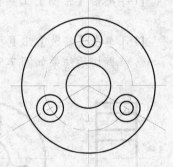

图 7-46 左视图以及主视图中心线

[9] 将【中心线】层设置为当前图层。单击【绘图】工具栏中的【直线】按钮，绘制坐标点为（115,200）(@35,0)。

[10] 单击【修改】工具栏中的【复制】按钮，将上步绘制的直线以（120,200）为基点，复制到（@0,20）和（@0,-20），结果如图 7-47 所示。

[11] 将【粗实线】层设置为当前图层。单击【绘图】工具栏中的【矩形】按钮，以角点{（120,170），(@22,60)}绘制矩形。

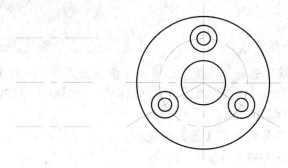

图 7-47 复制中心线

[12] 单击【绘图】工具栏中的【直线】按钮，绘制坐标点为{（120,190）（@22,0）}的直线，绘制结果如图 7-48 所示。

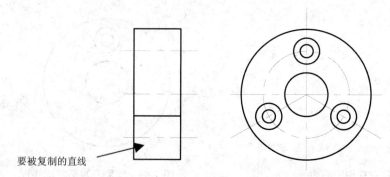

要被复制的直线

图 7-48 绘制直线

[13] 单击【修改】工具栏中的【复制】按钮，将如图中的直线，分别复制到（@0,20），（@0,25.5）和（@0,34.5），结果如图 7-49 所示。

[14] 单击【绘图】工具栏中的【矩形】按钮，以角点{（120,214），（@3，12）}绘制矩形。

[15] 单击【修改】工具栏中的【修剪】按钮，对复制的上面的两条平行线进行剪切，剪切后结果如图 7-50 所示。

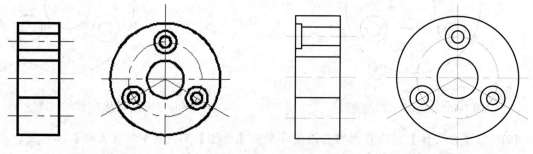

图 7-49 复制直线   图 7-50 轴承端盖

[16] 单击【绘图】面板中的【图案填充】按钮，弹出【图案填充创建】选项卡。在【图案】面板中选择其中的 ANSI31 图案，再选择轴承端盖图形中四个填充区域，选择完毕之后按 Enter 键，完成图案填充，如图 7-51 所示。

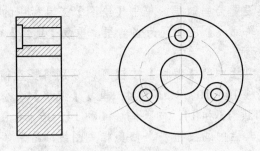

图 7-51 轴承端盖完成图

[17] 单击【确定】按钮，则图形填充完毕。

3. 半剖视图

当机件具有对称平面，向垂直于对称平面的投影面上投影时，以对称中心线（细点画线）为界，一半画成视图用以表达外部结构形状，另一半画成剖视图用以表达内部结构形状，这样组合的图形称为半剖视图，如图 7-52 所示。

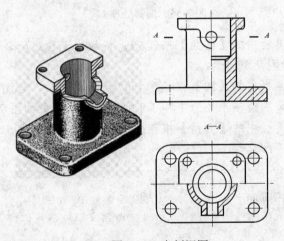

图 7-52 半剖视图

实训——绘制油杯

本例绘制的油杯，如图 7-53 所示。主要利用直线偏移命令 offset 将各部分定位，再进行倒角命令 chamfer、圆角命令和 fillet、修剪命令 trim 和图案填充命令 bhatch 完成此图。

[1] 新建文件。
[2] 选择菜单栏中的【格式】|【图层】命令，打开【图层特性管理器】对话框。新建以下三个图层：第一图层命名为【轮廓线】，线宽属性为 0.3 mm，其余属性默认；第二图层命名为【中心线】，颜色设为红色，线型加载为 CENTER，其余属性默认；第三图层名称设为【细实线】，颜色设为蓝色，其余属性默认。

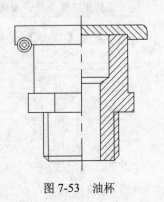

图 7-53 油杯

[3] 将【中心线】层设置为当前层。单击【绘图】工具栏中的【直线】按钮，绘制竖直中心线。将【轮廓线】层设置为当前层。重复【直线】命令，绘制水平辅助直线，结果如图 7-54 所示。

[4] 单击【修改】工具栏中的【偏移】按钮，分别将竖直辅助直线向左偏移 14、12、10 和 8，向右偏移 14、10、8、6 和 4；重复【偏移】命令，将水平辅助直线向上偏移 2、10、11、12、13 和 14，向下偏移 4 和 14，结果如图 7-55 所示。

[5] 单击【修改】工具栏中的按钮，修剪相关图线，结果如图 7-56 所示。

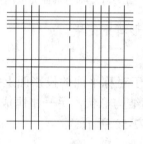
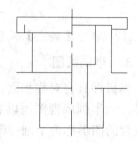

图 7-54　绘制辅助直线　　　　图 7-55　偏移处理　　　　图 7-56　修剪处理

[6] 单击【修改】工具栏中的【圆角】按钮，将线段 1 和线段 2 进行倒圆角，圆角半径为 1.2，结果如图 7-57 所示。

[7] 单击【绘图】工具栏中的【圆】按钮，以点 3 为圆心，绘制半径为 0.5 的圆。重复【圆】命令，分别绘制半径为 1 和 1.5 的同心圆，结果如图 7-58 所示。

[8] 单击【修改】工具栏中的【倒角】按钮，将线段 4 和线段 5 进行倒角处理，命令行提示与操作如下：

```
命令：chamfer
(【修剪】模式) 当前倒角距离 1 = 0.0000, 距离 2 = 0.0000
选择第一条直线或 [放弃(U)/多段线(P)/距离(D)/角度(A)/修剪(T)/方式(E)/多个(M)]: D↙
指定第一个倒角距离 <0.0000>: 1↙
指定第二个倒角距离 <1.0000>: ↙
选择第一条直线或 [放弃(U)/多段线(P)/距离(D)/角度(A)/修剪(T)/方式(E)/多个(M)]:（选择线段 4）
选择第二条直线，或按住 Shift 键选择要应用角点的直线：（选择线段 5）
```

[9] 重复【倒角】命令，选择线段 5 和线段 6 进行倒角处理，结果如图 7-59 所示。

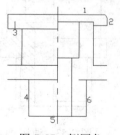
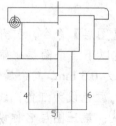
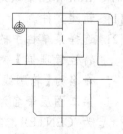

图 7-57　倒圆角　　　　图 7-58　绘制圆　　　　图 7-59　倒角处理

[10] 单击【绘图】工具栏中的【直线】按钮，在倒角处绘制直线，结果如图7-60所示。
[11] 单击【修改】工具栏中的【修剪】按钮，修剪相关图线，结果如图7-61所示。
[12] 单击【绘图】工具栏中的【正多边形】按钮，绘制正六边形。命令行提示与操作如下：结果如图7-62所示。

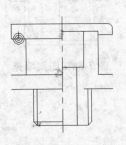 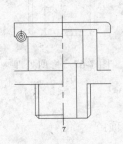 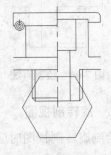

图7-60　绘制直线　　　　　图7-61　修剪处理　　　　　图7-62　绘制正多边形

```
命令：polygon↙
输入边的数目 <4>: 6↙
指定正多边形的中心点或 [边(E)]:（选择点7）
输入选项 [内接于圆(I)/外切于圆(C)] <I>:↙
指定圆的半径: 11.2↙
```

[13] 单击【绘图】工具栏中的【直线】按钮，在正六边形定点绘制直线，结果如图7-63所示。
[14] 单击【修改】工具栏中的【修剪】按钮，修剪相关图线，结果如图7-64所示。
[15] 单击【修改】工具栏中的【删除】按钮，删除多余直线，结果如图7-65所示。

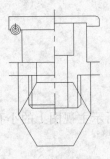 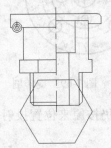 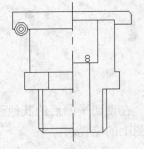

图7-63　绘制直线　　　　　图7-64　修剪处理　　　　　图7-65　删除结果

[16] 单击【绘图】工具栏中的【直线】按钮，绘制直线，起点为点8，终点坐标为(@5<30)。再绘制过其与相临竖直线交点的水平直线，结果如图7-66所示。
[17] 单击【修改】工具栏中的【修剪】按钮，修剪相关图线，结果如图7-67所示。
[18] 将【细实线】层设置为当前层。单击【绘图】工具栏中的【图案填充】按钮，打开【图案填充和创建】选项卡，选择【用户定义】类型，分别选择角度为45°和135°，间距为3；选择相应的填充区域。两次填充后，结果如图7-68所示。

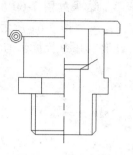 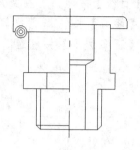 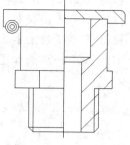

图 7-66 绘制直线　　　　图 7-67 修剪处理　　　　图 7-68 图案填充

4. 旋转剖视图

绘制旋转剖视图时应注意以下事项：

 操作技巧

应先假想按剖切位置剖开机件，然后将其中被倾斜剖切平面剖开的结构及其有关部分旋转到与选定的基本投影面平行后再进行投射。这里强调的是先剖开，后旋转，再投射，如图 7-69 所示。

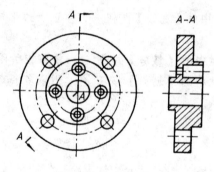

图 7-69 旋转剖

在剖切平面后的其他结构，一般仍按原来位置投射，如图 7-70 所示主视图上的小孔在俯视图上的位置。

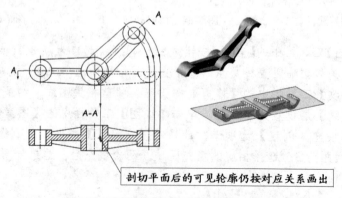

图 7-70 剖切平面后的其他结构表达方法

当剖切后产生不完整要素时,应将此部分按不剖切绘制,如图 7-71 所示。

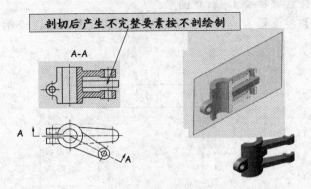

图 7-71 不完整要素表达方法

采用旋转剖时必须按规定进行标注,如图 7-72 和图 7-73 所示。

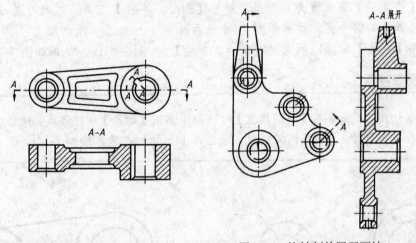

图 7-72 连杆的旋转剖　　　图 7-73 旋转剖的展开画法

实训——绘制曲柄旋转剖视图

上面我们介绍了一些旋转剖视图的绘制方法与技巧。下面以曲柄的旋转剖视图的绘制实例来讲解其详细的操作过程。曲柄旋转剖视图如图 7-74 所示。

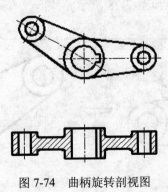

图 7-74 曲柄旋转剖视图

[1] 打开用户自定义的工程制图样板文件。
[2] 打开【图层特性管理器】，新建图层。
[3] 将【点画线】层设置为当前层。然后使用【直线】工具，绘制出如图7-75所示的尺寸基准线。

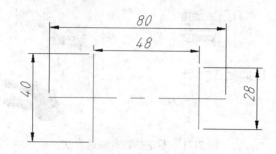

图7-75 绘制尺寸基准线

[4] 将【粗实线】层设置为当前层。使用【圆心，半径】工具，在尺寸基准线的两个交点位置绘制四个圆，结果如图7-76所示。
[5] 使用【直线】工具，利用对【象捕捉功能】，绘制公切线，结果如图7-77所示。

> **操作技巧**
>
> 绘制切线时，需要在【草图设置】对话框中启用【切点】捕捉模式。然后执行LINE命令，在命令行输入tan，捕捉到圆（或圆弧）上的切点后才绘制。

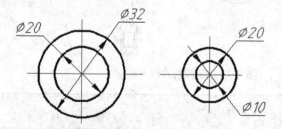
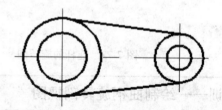

图7-76 绘制四个圆　　　　　图7-77 绘制切线

[6] 使用【旋转】工具，将两个小同心圆、公切线及尺寸基准线等图线进行旋转复制（旋转角度为150°），结果如图7-78所示。

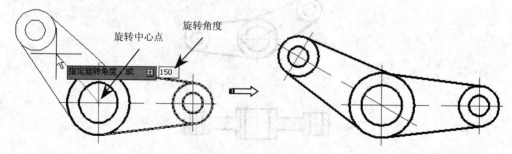

图7-78 旋转复制图形

[7] 使用【偏移】工具,绘制如图 7-79 所示的偏移直线。

[8] 使用【修剪】工具,将图形进行修剪,结果如图 7-80 所示。

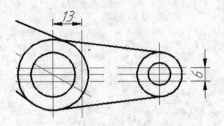
图 7-79 绘制偏移直线

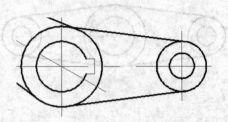
图 7-80 修剪图形

[9] 使用【特性匹配】工具,将修剪的图线匹配成粗实线。如图 7-81 所示。

[10] 使用【旋转】工具,将左边的图形绕大圆中心点旋转 30°,使其与右边图形对称,如图 7-82 所示。

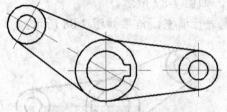
图 7-81 特性匹配线型

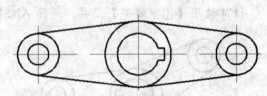
图 7-82 旋转图形

[11] 将【虚线】图层设置为当前层。然后使用【直线】工具绘制如图 7-83 所示的竖直线。

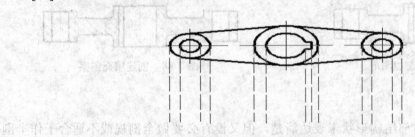
图 7-83 绘制竖直线

[12] 使用【直线】工具,绘制如图 7-84 所示的水平线。

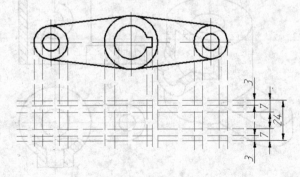
图 7-84 绘制水平线

[13] 使用【修剪】工具，将图形进行修剪，结果如图 7-85 所示。
[14] 使用【圆角】工具，创建半径为 2 的圆角，如图 7-86 所示。

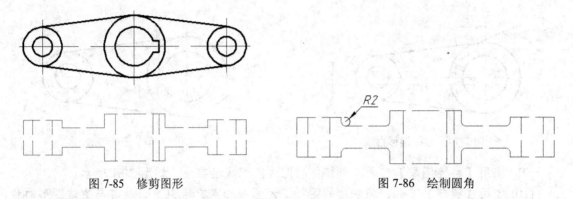

图 7-85 修剪图形　　　　　　　图 7-86 绘制圆角

[15] 使用【特性匹配】工具，将外形轮廓线匹配成粗实线。
[16] 使用【旋转】工具将左边的图形旋转-30°，如图 7-87 所示。
[17] 使用【图案填充】工具，选择 ANSI31 图案进行填充，结果如图 7-88 所示。

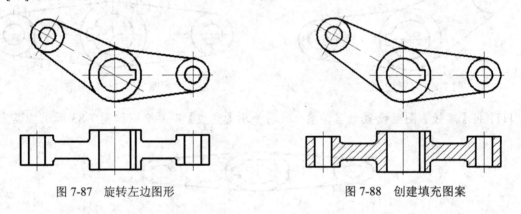

图 7-87 旋转左边图形　　　　　　　图 7-88 创建填充图案

5. 局部剖视图

当机件尚有部分的内部结构形状未表达清楚，但又没有必要做全剖视或不适合于作半剖视时，可用剖切平面局部地剖开机件，所得的剖视图称为局部剖视图，如图 7-89 所示。

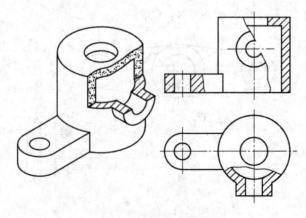

图 7-89 局部剖视图

局部剖切后，机件断裂处的轮廓线用波浪线表示。为了不引起读者的误解，波浪线不要与图形中的其他图线重合，也不要画在其他图线的延长线上。如图 7-90 所示为波浪线的错误画法。

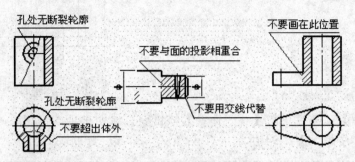

图 7-90　波浪线的错误画法

实训——绘制底座

以底座的绘制为实例讲述局部剖视图的绘制方法，如图 7-91 所示。本例主要利用直线偏移命令 offset 将各部分定位，再进行倒角命令 chamfer、圆角命令 fillet、修剪命令 trim、样条曲线命令 spline 和图案填充命令 bhatch 完成此图。

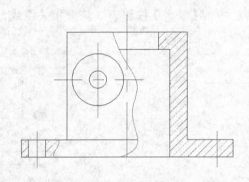

图 7-91　底座

[1] 新建文件。
[2] 选择菜单栏中的【格式】|【图层】命令，打开【图层特性管理器】对话框，新建三个图层：第一图层命名为【轮廓线】，线宽属性为 0.3mm，其余属性默认；第二图层命名为【细实线】，颜色设为灰色，其余属性默认；第三图层命名为【中心线】，颜色设为红色，线型加载为 CENTER，其余属性默认。
[3] 将【中心线】层设置为当前层。单击【绘图】工具栏中的【直线】按钮，绘制一条竖直的中心线。将【轮廓线】层设置为当前层。重复【直线】命令，绘制一条水平的轮廓线，结果如图 7-92 所示。
[4] 单击【修改】工具栏中的【偏移】按钮，将水平轮廓线向上偏移，偏移距离分别为 10、40、62、72。重复【偏移】命令，将竖直中心线分别向两侧偏移 17、34、52、62。再将竖直中心线向右偏移 24。选取偏移后的直线，将其所在层修改为【轮廓线】层，得到的结果如图 7-93 所示。

图 7-92　绘制直线

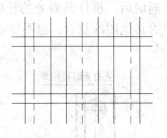
图 7-93　偏移处理

[5] 单击【绘图】工具栏中的【样条曲线】按钮，绘制中部的剖切线，命令行提示与操作如下。结果如图 7-94 所示。

```
命令：_spline
指定第一个点或 [对象(O)]：
指定下一点：
指定下一点或 [闭合(C)/拟合公差(F)] <起点切向>：
指定下一点或 [闭合(C)/拟合公差(F)] <起点切向>：
指定下一点或 [闭合(C)/拟合公差(F)] <起点切向>：
指定起点切向：
指定端点切向：
```

[6] 单击【修改】工具栏中的【修剪】按钮，修剪相关图线，修剪编辑后结果如图 7-95 所示。

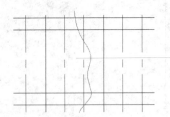
图 7-94　绘制样条

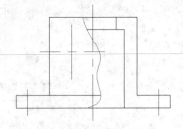
图 7-95　修剪处理

[7] 单击【修改】工具栏中的【偏移】按钮，将线段 1 向两侧分别偏移 5，并修剪。转换图层，将图线线型进行转换，结果如图 7-96 所示。

[8] 单击【绘图】工具栏中的【样条曲线】按钮，绘制中部的剖切线，并进行修剪。结果如图 7-97 所示。

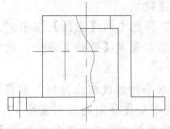
图 7-96　偏移处理

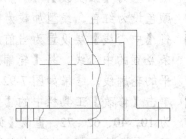
图 7-97　绘制样条

[9] 单击【绘图】工具栏中的【圆】按钮，以中心线交点为圆心，分别绘制半径为15和5的同心圆。结果如图7-98所示。

[10] 将【细实线】层设置为当前层。单击【绘图】工具栏中的【图案填充】按钮，打开【图案填充和创建】选项卡，选择【用户定义】类型，选择角度为45°，间距为3；分别打开和关闭【双向】复选框，选择相应的填充区域。确认后进行填充，结果如图7-99所示。

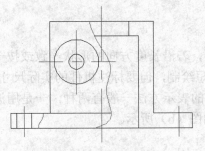
图7-98　绘制圆

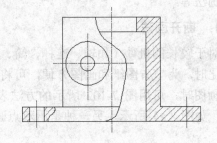
图7-99　图案填充

7.2.6　断面图

假想用剖切面将物体的某处切断，只画出该剖切面与物体接触部分（剖面区域），那么这个图形，称为端面图。如图7-100所示吊钩，只画了一个主视图，并在几处画出了断面形状，就把整个吊钩的结构形状表达清楚了，比用多个视图或剖视图显得更为简便、明了。

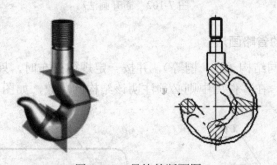
图7-100　吊钩的断面图

断面与剖视的区别在于：断面只画出剖切平面和机件相交部分的断面形状，而剖视则须把断面和断面后可见的轮廓线都画出来，如图7-101所示。

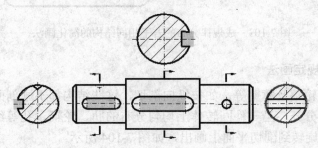
图7-101　断面和剖视

7.2.7 简化画法

在《机械制图国家标准》的"图样画法"中,对机械制图的画法规定了一些简化画法、规定画法和其他表示方法,这在我们的绘图和读图中经常会遇到,所以必须掌握。

在机械零件图中,除了上述几种标准画法外,还有其他几种简化画法。如断开画法、相同结构要素的省略画法、筋和轮辐的规定画法、均匀分布的孔和对称图形的规定画法及其他简化画法等。

1. 断开画法

对于较长的机件(如轴、连杆、筒、管、型材等),若沿长度方向的形状一致或按一定规律变化时,为节省图纸和画图方便,可将其断开后缩短绘制,但要标注机件的实际尺寸。

画图时,可用图 7-102 所示的方法表示。折断处的表示方法一般有两种,一是用波浪线断开,如图(a)所示,另一种是用双点画线断开,如图(b)所示。

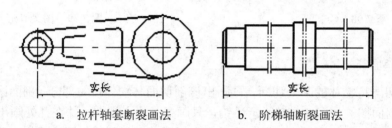

    a. 拉杆轴套断裂画法   b. 阶梯轴断裂画法

图 7-102 断开画法

2. 相同结构要素的省略画法

当机件具有若干相同结构(齿、槽等),并按一定规律分布时,只需要画出几个完整的结构,其余用细实线连接,在零件图中则必须注明该结构的总数,如图 7-103 所示。

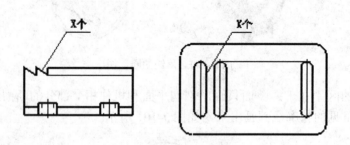

图 7-103 成规律分布的若干相同结构的简化画法

3. 筋和轮辐的规定画法

对于机件的肋、轮辐及薄壁等,如按纵向剖切,这些结构都不画剖面符号,而用粗实线将它与其邻接的部分分开。当零件回转体上均匀分布的肋、轮辐、孔等结构不处于剖切平面上时,可将这些结构旋转到剖切平面上画出,如图 7-104 所示。

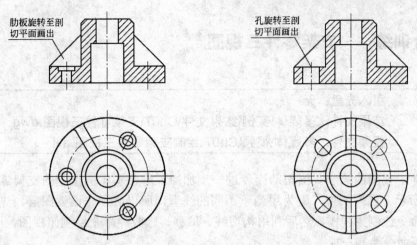

图 7-104 筋、轮辐的画法

4. 均匀分布的孔和对称图形的规定画法

若干直径相同且成规律分布的孔（圆孔、螺孔、沉孔等），可以仅画出一个或几个。其余只需用点画线表示其中心位置，在零件图中应注明孔的总数，如图 7-105 所示。

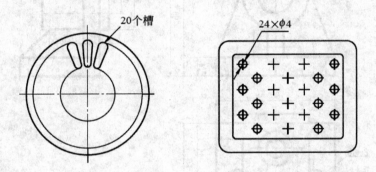

图 7-105 均匀分布孔的简化画法

5. 对称机件的简化画法

当某一图形对称时，可画略大于一半，在不致引起误解时，对于对称机件的视图也可只画出一半或四分之一，此时必须在对称中心线的两端画出两条与其垂直的平行细实线，如图 7-106 所示。

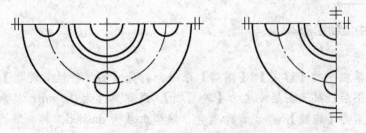

图 7-106 对称机件的简化画法

7.3 综合训练——支架零件三视图

引入光盘：无
结果文件：多媒体\实例\结果文件\Ch07\支架零件三视图.dwg
视频文件：多媒体\视频\Ch07\绘制支架零件三视图.avi

利用零件三视图的绘制实例帮助读者进一步加深理解，本实例绘制的支架零件三视图，如图 7-107 所示。在实例中，因为用到了不同的线型，所以必须先设置图层。先利用直线、圆和偏移等命令绘制主视图，然后利用构造线、偏移、修剪等命令绘制俯视图，再利用旋转、复制和移动等命令绘制左视图。

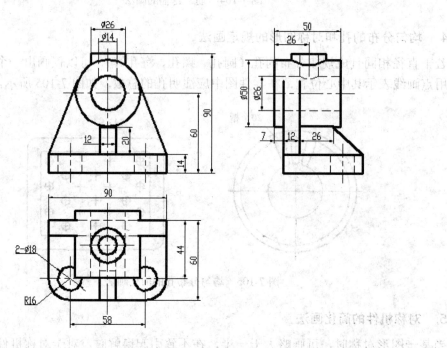

图 7-107 支架零件三视图

 操作步骤

1. 在图层中绘制图形

[1] 新建文件。

[2] 选择菜单栏中的【格式】|【图层】命令，打开【图层特性管理器】对话框。新建以下三个图层：第一图层命名为【轮廓线】，线宽属性为 0.3mm，其余属性默认。第二图层命名为【虚线】，颜色设为蓝色，线型加载为 dashed，其余属性默认。第三图层命名为【中心线】，颜色设为红色，线型加载为 CENTER，其余属性默认，如图 7-108 所示。

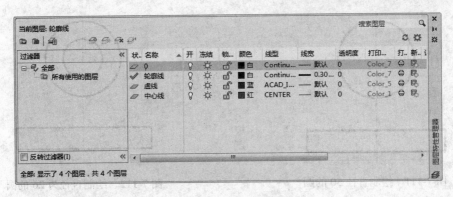

图 7-108　新建图层

[3] 将【轮廓线】层设置为当前图层。单击【绘图】工具栏中的【直线】按钮，以任一点为起点绘制端点为（@0，-14），（@90，0），（@0，14），C 的连续直线，如图 7-109 所示。

[4] 将【中心线】层设置为当前图层。单击【直线】按钮，绘制主视图竖直中心线，如图 7-110 所示。

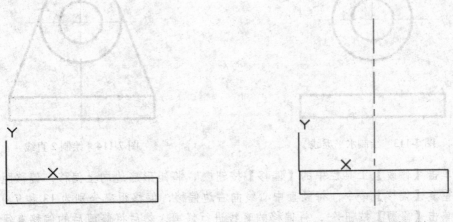

图 7-109　绘制连续直线　　　　　　　图 7-110　绘制中心线

[5] 将【轮廓线】层设置为当前层。单击【绘图】工具栏中的【圆】按钮，绘制直径为 50 的圆，结果如图 7-111 所示。命令行提示与操作如下：

```
命令:_circle
指定圆的圆心或 [三点(3P)/两点(2P)/相切、相切、半径(T)]:_from 基点:(打开【捕捉自】功能，捕捉竖直中心线与底板底边的交点作为基点)
<偏移>: @0,60↙
指定圆的半径或 [直径(D)]: D↙
指定圆的直径: 50↙
```

[6] 重复【圆】命令，捕捉φ50 圆的圆心，绘制直径为 26 的圆，结果如图 7-112 所示。

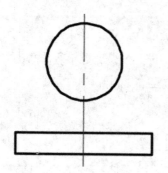
图 7-111 绘制直径 50 的圆

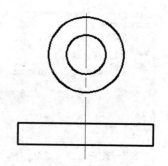
图 7-112 绘制直径为 26 的圆

[7] 将【中心线】层设置为当前层。单击【直线】按钮，绘制ϕ50 圆的水平中心线，如图 7-113 所示。

[8] 将【轮廓线】层设置为当前层。单击【直线】按钮，捕捉矩形左上角点和ϕ50 圆的切点，绘制直线。重复【直线】命令，绘制另一边的切线，结果如图 7-114 所示。

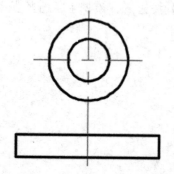
图 7-113 绘制水平虚线

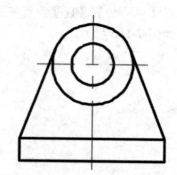
图 7-114 绘制 2 直线

[9] 单击【修改】工具栏中的【偏移】按钮，将矩形底边向上偏移，偏移距离为 90。重复【偏移】命令，将竖直中心线向右边偏移，偏移距离分别为 13 和 7。

[10] 单击【修剪】按钮，将偏移的直线进行修剪，然后将修剪后的偏移直线分别修改线型，如图 7-115 所示。

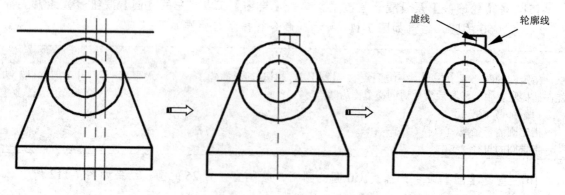
图 7-115 创建偏移直线并修剪

> **操作技巧**
>
> 修改线型时,可先选中要修改的对象,然后选择图层,此对象即可变为所选图层中的图线。

[11] 单击【修改】工具栏中的【镜像】按钮,将绘制的凸台轮廓线沿竖直中心线进行镜像,结果如图 7-116 所示。命令行提示与操作如下:

```
命令:_mirror
选择对象:(选择绘制的凸台轮廓线)
指定镜像线的第一点:(捕捉竖直中心线的上端点)
指定镜像线的第二点:(捕捉竖直中心线的下端点)
要删除源对象吗? [是(Y)/否(N)] <N>:↙
```

[12] 单击【修改】工具栏中的【偏移】按钮,将竖直中心线向右偏移,偏移距离分别为 29 和 38,然后进行修剪,并将偏移距离为 38 的直线线型修改为虚线,如图 7-117 所示。

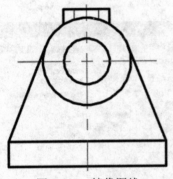
图 7-116 镜像图线

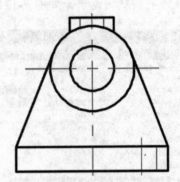
图 7-117 绘制偏移直线、修剪及转换线型

[13] 单击【镜像】按钮,先将步骤(12)绘制的虚线进行镜像,再将整个孔轮廓线镜像至视图中心线的左侧,结果如图 7-118 所示。

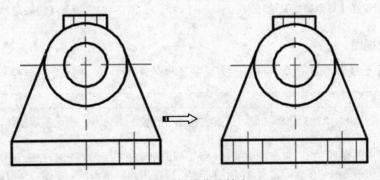
图 7-118 镜像孔轮廓

[14] 将【轮廓线】层设置为当前层。单击【矩形】按钮,绘制矩形。然后利用【参数化】选项卡【标注】面板中的【线性】标注命令,约束矩形尺寸,如图 7-119 所示。

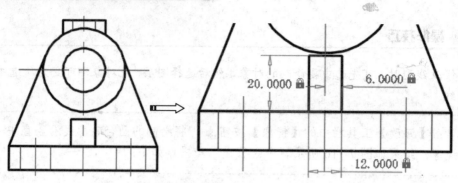

图 7-119 绘制矩形并尺寸约束

2. 设置对象追踪功能

[1] 在菜单栏上执行【工具】|【绘图设置】命令，打开【草图设置】对话框。在【对象捕捉】选项卡中选中【启用对象捕捉】和【启用对象捕捉追踪】复选框，单击【全部选择】按钮，选中所有的对象捕捉模式，如图 7-120 所示。

[2] 在【极轴追踪】选项卡勾选【启用极轴追踪】复选框，设置【增量角】为 90，其他选项按默认设置，如图 7-121 所示。

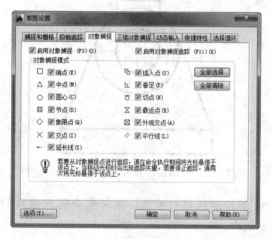

图 7-120 设置【对象捕捉】选项卡

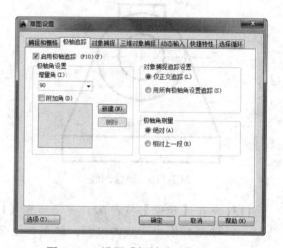

图 7-121 设置【极轴追踪】选项卡

3. 绘制俯视图

[1] 单击【直线】按钮，绘制俯视图中底板轮廓线，命令行提示与操作如下。

```
命令：_line
指定第一点：（利用对象捕捉追踪功能，捕捉主视图中底板左下角点，向下拖动鼠标，在适当位置处单击鼠标左键，确定底板左上角点）
指定下一点或 [放弃(U)]：（向右拖动鼠标，到主视图中底板右下角点处，在该点出现小叉，向下拖动鼠标，当小叉出现在两条闪动虚线的交点处时，如图 7-122 所示，单击鼠标左键，即可绘制出一条与主视图底板长对正的直线）
指定下一点或 [放弃(U)]：@0,60↙
指定下一点或 [放弃(U)]：（方法同前，向右拖动鼠标，指定底板左下角）
指定下一点或 [放弃(U)]：C↙
```

[2] 将【中心线】层设置为当前图层。单击【绘图】工具栏中的【直线】按钮，同步骤（1），绘制俯视图的竖直中心线。

[3] 单击【修改】工具栏中的【偏移】按钮，将底板后边向下进行偏移，偏移距离分别为12，44，60。重复【偏移】命令，将底板后边向上进行偏移，偏移距离为7。

[4] 单击【绘图】工具栏中的【直线】按钮，利用对象捕捉追踪功能，绘制俯视图中圆柱的轮廓线。将【中心线】层设置为当前图层，绘制俯视图中圆柱的孔，结果如图7-123所示。

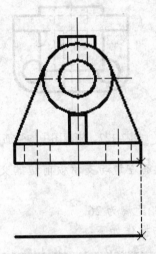
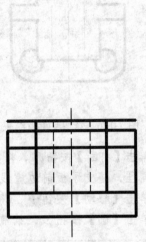

图 7-122　用对象追踪功能绘制底板　　　　图 7-123　绘制的圆柱及支承板

[5] 单击【修剪】按钮，修剪多余的线段，结果如图7-124所示。
[6] 单击【圆角】按钮，将进行圆角处理。命令行提示与操作如下：

```
命令: _fillet
当前设置: 模式 = 修剪, 半径 = 4.0000
选择第一个对象或 [多段线(P)/半径(R)/修剪(T)]:R↙
指定圆角半径 <4.0000>:16↙
选择第一个对象或 [多段线(P)/半径(R)/修剪(T)]:（选择底板左边）
选择第二个对象:（选择底板下边）
```

[7] 同理，创建右边的圆角，圆角半径为16，结果如图7-125所示。

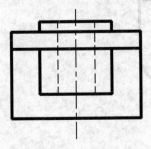
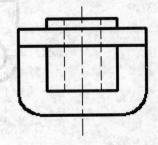

图 7-124　修剪圆柱结果　　　　　　　　图 7-125　倒圆角

[8] 单击【圆】按钮，分别以上步创建的圆角圆心为圆心，绘制半径为 9 的圆。
[9] 单击【构造线】按钮，在主视图切点处绘制竖直构造线。
[10] 单击【修剪】按钮，剪支承板在辅助线中间的部分。结果如图 7-126 所示。
[11] 将【虚线】层设置为当前图层。单击【直线】按钮，绘制支承板中的虚线。重复【直线】命令，利用对象捕捉追踪功能，绘制俯视图中加强筋的虚线。将【轮廓线】设置为当前图层，绘制俯视图中加强筋的粗实线。结果如图 7-127 所示。

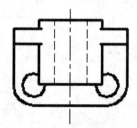

图 7-126 修剪支承板结果 　　　　图 7-127 俯视图中加强筋

[12] 单击【打断】按钮，将支承板前边虚线在加强筋左边与支承板前边的交点处打断。同理，将支承板前边虚线在右边打断。
[13] 单击【移动】按钮，将中间打断的虚线向下，距离为 26。
[14] 单击【圆】按钮，绘制 ϕ26 圆。命令行提示与操作如下：

```
命令: _circle
指定圆的圆心或 [三点(3P)/两点(2P)/相切、相切、半径(T)]: _from 基点:（打开【捕捉自】功能，捕捉圆柱后边与中心线的交点）
<偏移>: @0,-26↙
指定圆的半径或 [直径(D)] <9.0000>: D↙
指定圆的直径 <18.0000>: 26↙
```

[15] 重复【圆】命令，捕捉 ϕ26 圆的圆心，绘制 ϕ14 圆。
[16] 将【中心线】层设置为当前图层。利用对象捕捉追踪功能，绘制俯视图中圆的中心线。结果如图 7-128 所示。

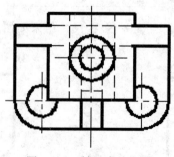

图 7-128 轴承座俯视图

4. 绘制左视图

[1] 将【轮廓线】层设置为当前图层。单击【复制】按钮，将俯视图复制到适当位置。

[2] 单击【修改】工具栏中的【旋转】按钮,将复制的新视图旋转 90°。结果如图 7-129 所示。

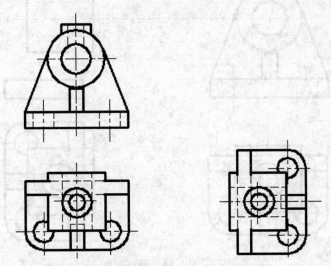

图 7-129　复制并旋转新视图

[3] 单击【绘图】工具栏中的【直线】按钮，利用对象追踪功能，如图 7-130 所示，先将光标移动到主视图中【1】点处，然后移动到复制并旋转的新视图中【2】点处，向上移动光标到两条闪动的虚线的交点【3】处，单击鼠标左键，即确定左视图中底板的位置，同理，接着绘制，完成底板的其他图线。

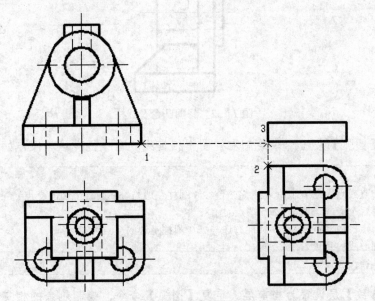

图 7-130　用对象追踪功能绘制左视图底板

[4] 单击【修改】工具栏中的【移动】按钮，选中新视图中 $\phi 50$ 圆柱及 $\phi 26$ 圆柱的内外轮廓线和中心线作为移动对象，然后移动到主视图水平中心线和新视图圆柱左侧轮廓延伸线的交点 1 上，如图 7-131 所示。

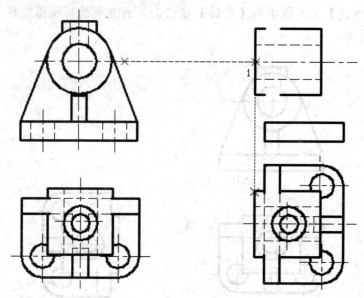

图 7-131 移动圆柱图形

[5] 同理,再利用对象追踪功能,将主视图部分图形和新视图中的部分图形移动到相应位置,并进行修剪,如图 7-132 所示。

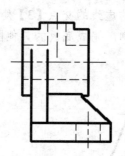

图 7-132 修剪凸台及圆柱

[6] 单击【圆弧】按钮 ,绘制左视图中相贯线。命令行提示与操作如下:

```
命令:_arc
指定圆弧的起点或 [圆心(C)]:(捕捉凸台⌀26 圆柱左边与⌀50 圆柱上边的交点)
指定圆弧的第二个点或 [圆心(C)/端点(E)]: E✓
指定圆弧的端点:(捕捉凸台⌀26 圆柱右边与⌀50 圆柱上边的交点)
指定圆弧的圆心或 [角度(A)/方向(D)/半径(R)]: R✓
指定圆弧的半径: 25✓
```

[7] 将【虚线】层设置为当前层。重复【圆弧】命令,绘制剩余的相贯线。至此,完成了左视图的绘制。

[8] 删除复制的新视图。得到最终的支架零件三视图,如图 7-133 所示。如果 3 个视图的位置不理想,可以用移动命令对其进行移动,但仍要保证它们之间的投影关系。

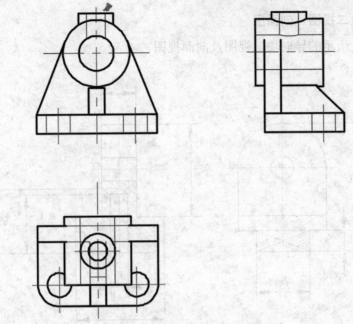

图 7-133　最终完成的支架零件三视图

7.4　课后习题

1. 绘制螺母三视图

绘制如图 7-134 所示的螺母三视图。

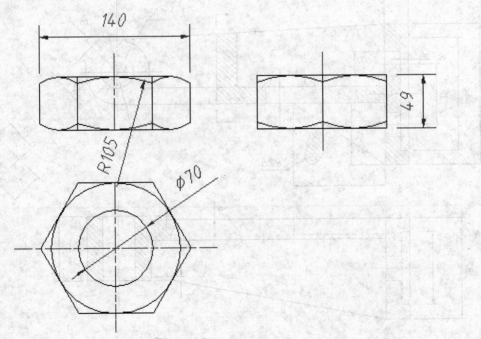

图 7-134　螺母三视图

2. 绘制导向块二视图、剖面图

绘制如图 7-135 所示的导向块二视图及剖面视图。

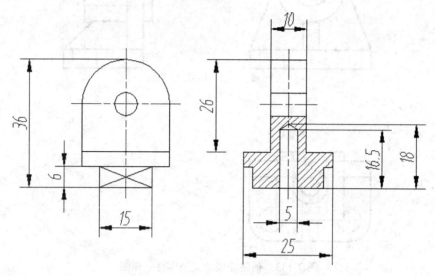

图 7-135　螺纹连接件剖面视图

3. 绘制某铸件多视图

绘制如图 7-136 所示的铸件多视图，包括剖面图、向视图、局部视图、斜视图等。

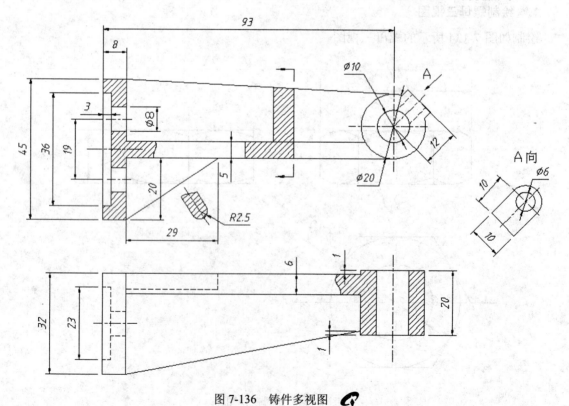

图 7-136　铸件多视图

第 8 章
绘制机械轴测图

轴测图是一种单面投影图,在一个投影面上能同时反映出物体 3 个坐标面的形状,并接近于人们的视觉习惯,形象、逼真,富有立体感。但是轴测图一般不能反映出物体各表面的实形,因而度量性差,同时作图较复杂。因此,在工程上常把轴测图作为辅助图样,来说明机器的结构、安装、使用等情况,在设计中,用轴测图帮助构思、想象物体的形状,以弥补正投影图的不足。

本章将详细讲解关于 AutoCAD 2015 中各种机械零件轴测图的绘制方法。

 知识要点

- ◆ 轴测图概述
- ◆ 在 AutoCAD 中绘制轴测图
- ◆ 正等轴测图及其画法
- ◆ 斜二轴测图
- ◆ 轴测剖视图

 案例解析

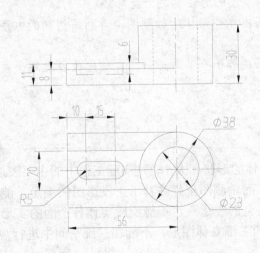
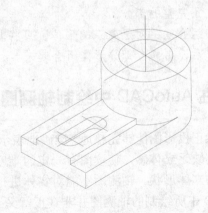

零件视图与轴测图

8.1 轴测图概述

轴测图是将物体连同其参考直角坐标系，沿不平行于任一坐标面的方向，用平行投影法将其投射在单一投影面上所得到的具有立体感的三维图形。该投影面称为轴测投影面，物体的长、宽、高三个方向的坐标轴 OX，OY，OZ 在轴测图中的投影 O_1X_1，O_1Y_1，O_1Z_1 称为轴测轴。

轴测图根据投射线方向与轴测投影面的不同位置，可分为正轴测图（如图 8-1 所示）和斜轴测图（如图 8-2 所示）两大类，每类按轴向变形系数又分为 3 种，即正等轴测图、正二轴测图、正三轴测图、斜等轴测图、斜二轴测图和斜三轴测图。

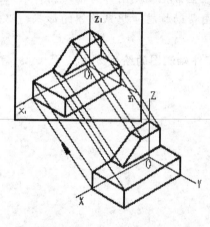 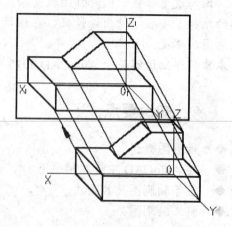

图 8-1　正轴测图　　　　　　　　　图 8-2　斜轴测图

绘制轴测图一般可采用坐标法、切割法和组合法三种常用方法，具体如下：
- 坐标法：对于完整的立体，可采用沿坐标轴方向测量，按坐标轴画出各顶点位置之后，再连线绘图的方法，这种绘制测绘图的方法称之为坐标法。
- 切割法：对于不完整的立体，可先画出完整形体的轴测图，再利用切割的方法画出不完整的部分。
- 组合法：对于复杂的形体，可将其分成若干个基本形状，在相应位置上逐个画出之后，再将各部分形体组合起来。

8.2 在 AutoCAD 中绘制轴测图

虽然正投影图能够完整地、准确地表示实体的形状和大小，是实际工程中的主要表达图，但由于其缺乏立体感，使读图有一定的难度。而轴测图正好弥补了正投影图的不足，能够反应实体的立体形状。轴测图不能对实体进行完全的表达，也不能反应实体各个面的实形。在 AutoCAD 中所绘制的轴测图并非真正意义上的三维立体图形，不能在三维空间中进行观察，它只是在二维空间中绘制的立体图形。

8.2.1 设置绘图环境

在 AutoCAD 2015 中绘制轴测图，需要对制图环境进行设置，以便能更好地绘图。绘图环境的设置主要是轴测捕捉设置、极轴追踪设置和轴测平面的设置。

1. 轴测捕捉设置

在 AutoCAD 2015 的【草图与注释】空间中，执行菜单栏上的【工具】|【绘图设置】命令，程序弹出【草图设置】对话框。

在该对话框的【捕捉和栅格】标签中选择捕捉类型为【等轴测捕捉】，然后设定栅格的 Y 轴间距为 10，并打开光标捕捉，如图 8-3 所示。

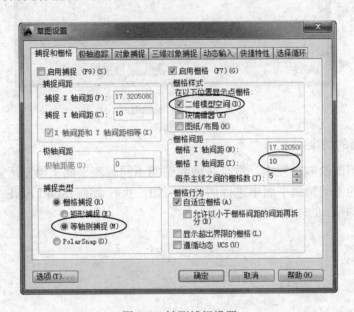

图 8-3 轴测捕捉设置

单击【草图设置】对话框的【确定】按钮，完成轴测捕捉设置。设置后光标的形状前后也发生了变换，如图 8-4 所示。

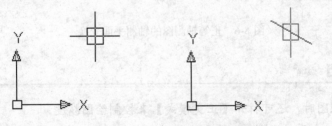

图 8-4 启动轴测捕捉的光标

2. 极轴追踪设置

在【草图设置】对话框中的【极轴追踪】标签下，勾选【启用极轴追踪】复选框，在【增量角】列表中选择"30"选项，完成后单击【确定】按钮，如图 8-5 所示。

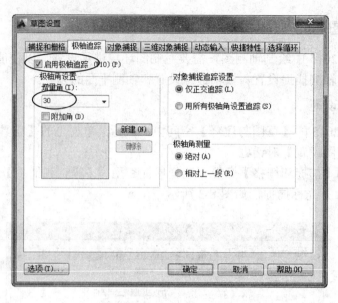

图 8-5 启用极轴追踪

3. 轴测平面的切换

在实际的轴测图绘制过程中，常会在轴测图的不同轴测平面上绘制所需要的图线，从而就需要在轴测图的不同轴测平面中进行切换。例如，执行命令 ISOPLANE 或按 F5 键就可以切换设置如图 8-6 所示的轴测平面。

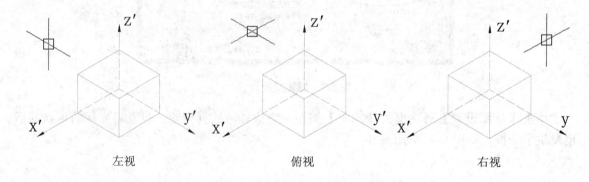

图 8-6 正等轴测图的轴测平面变换

 **操作技巧**

在绘制轴测图时，还可打开【正交模式】来控制绘图精度。

8.2.2 轴测图的绘制方法

在 AutoCAD 中，用户可使用多种绘制方法来绘制正等轴测图的图元。如利用坐标输入或打开【正交模式】绘制直线、定位轴测图中的实体、在轴测平面内画平行线、轴测圆的投影、文本的书写、尺寸的标注等。

1. 直线的绘制

直线的绘制可利用输入标注点的方式来创建，也可打开【正交模式】来绘制。

输入标注点的方式：

- 绘制与 X 轴平行且长 50 的直线，极坐标角度应输入 30°，如@50<30。
- 与 Y 轴平行且长 50 的直线，极坐标角度应输入 150°，如@50<150。
- 与 Z 轴平行且长 50 的直线，极坐标角度应输入 90°，如@50<90。

所有不与轴测轴平行的线，必须先找出直线上的两个点，然后连线，如图 8-7 所示。

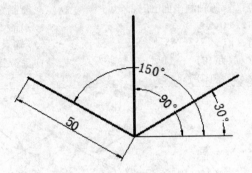

图 8-7 输入标注点的方式

例如，在轴测模式下，在状态栏打开【正交模式】，然后绘制一个长度为 10 的正方体。

实训——绘制正方体

[1] 启用轴测捕捉模式。然后在状态栏单击【正交模式】按钮，默认情况下，当前轴测平面为左视平面。

[2] 在命令行执行 LINE 命令，接着在图形区中指定直线起点，然后按命令行提示进行操作（如下），绘制的矩形如图 8-8 所示。

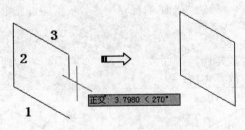

图 8-8 在左平面中绘制矩形

```
命令_line 指定第一点：                                //指定直线起点
指定下一点或 [放弃(U)]：<正交 开> <等轴测平面 左视>：10↙   //输入第 1 条直线长度
指定下一点或 [放弃(U)]：10↙                           //输入第 2 条直线长度
指定下一点或 [闭合(C)//放弃(U)]：10↙                  //输入第 3 条直线长度
指定下一点或 [闭合(C)//放弃(U)]：c↙
```

操作技巧

在直接输入直线长度时,需先指定直线方向。例如绘制水平方向的直线,光标先在水平方向上移动,并确定好直线延伸方向,然后才输入直线长度。

[3] 按 F5 键切换到俯视平面。执行 LINE 命令,指定矩形右上角顶点作为起点,并按命令行的提示来操作。绘制的矩形如图 8-9 所示。

```
命令: _line 指定第一点:   <等轴测平面 俯视>              //指定起点
指定下一点或 [放弃(U)]: 10↙                            //输入第 1 条直线长度
指定下一点或 [放弃(U)]: 10↙                            //输入第 2 条直线长度
指定下一点或 [闭合(C)//放弃(U)]: 10↙                   //输入第 3 条直线长度
指定下一点或 [闭合(C)//放弃(U)]: c
```

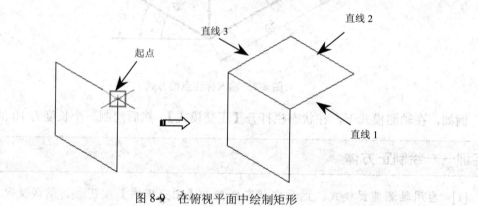

图 8-9 在俯视平面中绘制矩形

[4] 再按 F5 键切换到右视平面。执行 LINE 命令,指定上平面矩形右下角顶点作为起点,并按命令行的提示来操作。绘制完成的正方体如图 8-10 所示。

```
命令: _line 指定第一点:   <等轴测平面 右视>              //指定起点
指定下一点或 [放弃(U)]: 10↙                            //输入第 1 条直线长度
指定下一点或 [放弃(U)]: 10↙                            //输入第 2 条直线长度
指定下一点或 [闭合(C)//放弃(U)]: 10↙                   //输入第 3 条直线长度
指定下一点或 [闭合(C)//放弃(U)]: c
```

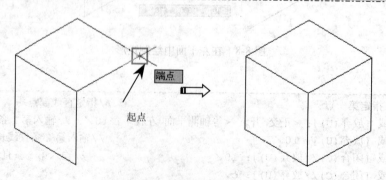

图 8-10 在俯视平面中绘制矩形

2. 定位轴测图中的实体

如果在轴测图中定位其他已知图元，必须启用【极轴追踪】，并将角度增量设定为30°，这样才能从已知对象开始沿30°、90°或150°方向追踪。

实训——定位轴测图中的实体

[1] 执行 L 命令，在正方体轴测图底边选取一点作用矩形起点，如图 8-11 所示。

[2] 启用【极轴追踪】，然后绘制长度为 5 的直线，如图 8-12 所示。

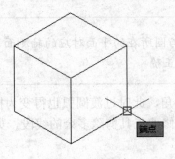 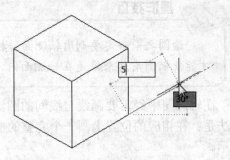

图 8-11 选取点　　　　　　　　图 8-12 启用极轴追踪绘制矩形

[3] 依次创建三条直线，完成矩形的绘制，如图 8-13 所示。

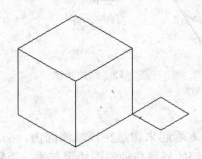

图 8-13 绘制完的矩形

3. 轴测图面内的平行线

在轴测面内绘制平行线，不能直接用【偏移】命令，因为偏移的距离是两线之间的垂直距离，而沿30°方向之间的距离却不等于垂直距离。

为了避免错误，在轴测面内画平行线，一般采用【复制】COPY 命令或【偏移】命令中的 T 选项（通过）；也可以结合自动捕捉、自动追踪及正交状态来作图，这样可以保证所画直线与轴测轴的方向一致，如图 8-14 所示。

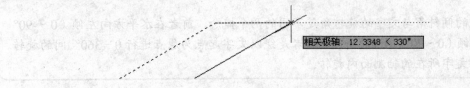

图 8-14 轴测面内绘制平行线

4. 轴测圆的投影

圆的轴测投影是椭圆,当圆位于不同的轴测面时,投影椭圆长、短轴的位置是不相同的。绘制轴测圆的方法与步骤是:

(1) 打开轴测捕捉模式。
(2) 选择画圆的投影面,如左视平面、右视平面或俯视平面。
(3) 使用椭圆的【轴,端点】命令,并选择【等轴测图】选项。
(4) 指定圆心或半径,完成轴测圆的创建。

 操作技巧

绘圆之前一定要利用轴测面转换工具,切换到与圆所在的平面对应的轴测面,这样才能使椭圆看起来像是在轴测面内,否则将显示不正确。

在轴测图中经常要画线与线间的圆滑过渡,如倒圆角,此时过渡圆弧也得变为椭圆弧。方法是:在相应的位置上画一个完整的椭圆,然后使用修剪工具剪除多余的线段,如图8-15所示。

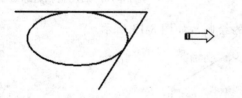

图 8-15　圆角画法

5. 轴测图的文本书写

为了使某个轴测面中的文本看起来像是在该轴测面内,必须根据各轴测面的位置特点将文字倾斜某个角度值,以使它们的外观与轴测图协调起来,否则立体感不强。

在新建文字样式中,将文字的角度设为30°或-30°。

在轴测面上各文本的倾斜规律是:

◆ 在左轴测面上,文本需采用-30°倾斜角,同时旋转-30°角。
◆ 在右轴测面上,文本需采用30°倾斜角,同时旋转30°角。
◆ 在顶轴测面上,平行于X轴时,文本需采用-30°倾斜角,旋转角为30°;平行于Y轴时需采用30°倾斜角,旋转角为-30°。

 操作技巧

文字的倾斜角与文字的旋转角是不同的两个概念,前者在水平方向左倾(0~-90°间)或右倾(0~90°间)的角度,后者是绕以文字起点为原点进行0~360°间的旋转,也就是在文字所在的轴测面内旋转。

8.2.3 轴测图的尺寸标注

为了让某个轴测面内的尺寸标注看起来像是在这个轴测面中，就需要将尺寸线、尺寸界线倾斜某一个角度，以使它们与相应的轴测平行。同时，标注文本也必须设置成倾斜某一角度的形式，才能使文本的外观具有立体感。

下面介绍几种轴测图尺寸标注的方法。

1. 倾斜30°的文字样式设置方法

打开【文字样式】对话框，然后按如图8-16所示的步骤来设置文字样式。

单击【新建】按钮，创建名为【工程图文字】的新样式。

然后在【文字】对话框中选择 gbeitc.shx 字体，勾选【使用大字体】复选框后再选择gbcbig.shx 大字体，在下方的【倾斜角度】文本框中输入值30。

单击【应用】按钮即可创建倾斜 30°的文字样式。同理，倾斜-30°的文字样式设置方法与此相同。

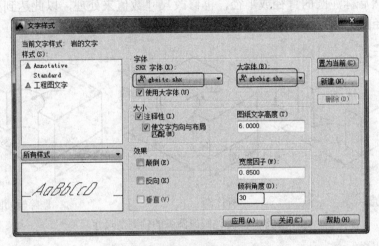

图 8-16 设置倾斜 30°的文字样式

2. 调整尺寸界线与尺寸线的夹角

一般轴测图的标注需要调整文字与标注的倾斜角度。标注轴测图时，首先使用【对齐】标注工具来标注。标注时：

- 当尺寸界线与 X 轴平行时，倾斜角度为 30°；
- 当尺寸界线结果与 Y 轴平行时，倾斜角度为-30°；
- 当尺寸界线结果与 Z 轴平行时，倾斜角度为 90°。

如图 8-17 所示，首先使用【对齐】标注工具来标注 30°和-30°的轴侧尺寸（垂直角度则使用【线性标注】工具标注即可）；然后再使用【编辑标注】工具设置标注的倾斜角度。将标注尺寸 30 倾斜 30°，将标注尺寸 40 倾斜-30°，即可得如图 8-18 所示的结果。

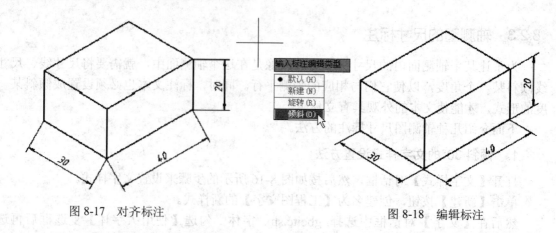

图 8-17　对齐标注　　　　　　　　　　　　图 8-18　编辑标注

3. 圆和圆弧的正等轴测图尺寸标注

圆和圆弧的正等轴测图为椭圆和椭圆弧，不能直接用半径或直径标注命令完成标注，可采用先画圆，然后标注圆的直径或半径，再修改尺寸数值来处理，以此达到标注椭圆的直径或椭圆弧的半径的目的，如图 8-19 所示。

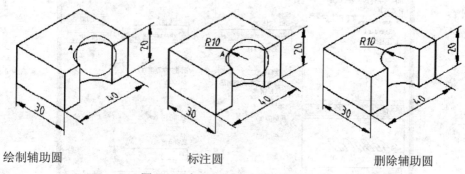

绘制辅助圆　　　　　　　标注圆　　　　　　　删除辅助圆

图 8-19　标注圆或圆弧的轴测图尺寸

8.3　正等轴测图及其画法

轴测投影方向垂直于轴测投影面的轴测图，称为正等轴测图，如图 8-20 所示。本节就正等轴测图的轴间角与轴向伸缩系数、平行于坐标面的圆的正等轴测图、立体的正等测作图等内容作深入了解。

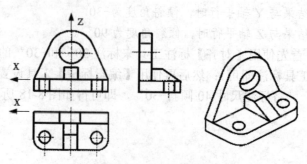

图 8-20　正等轴测图

8.3.1 平行于坐标面的圆的正等轴测图

在正等测中，由于空间各坐标面对轴测投影面的位置都是倾斜的，其倾角均相等，所以在各坐标面的直径相同的圆，其轴测投影为长、短轴大小相等的椭圆，如图 8-21 所示。

为画出各椭圆，需要掌握长、短轴的大小、方向和椭圆的画法。

1. 椭圆长、短轴方向

平行于坐标面的圆的正等轴测图中椭圆长、短轴方向关系如下：

- 平行于 $X_1O_1Y_1$ 坐标面的圆（水平圆）：等测为水平椭圆。长轴⊥O_1Z_1 轴 短轴∥O_1Z_1 轴。
- 平行于 $X_1O_1Z_1$ 坐标面的圆（水平圆）：等测为水平椭圆。长轴⊥O_1Y_1 轴 短轴∥O_1Y_1 轴。
- 平行于 $Y_1O_1Z_1$ 坐标面的圆（水平圆）：等测为水平椭圆。长轴⊥O_1X_1 轴 短轴∥O_1X_1 轴。

综上所述：椭圆的长轴⊥与圆所平行的坐标面垂直的那个轴，短轴则平行与该轴测轴。

例如：水平圆的正等测水平椭圆，长轴垂直于圆所平行的水平面垂直的轴测轴 Z_1 轴，短轴则∥Z_1 轴，如图 8-22 所示。

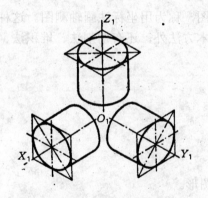
图 8-21 轴线平行于坐标轴

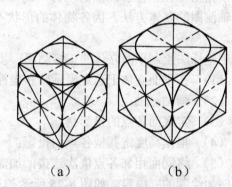
（a） （b）
图 8-22 平行于坐标面

2. 椭圆长、短轴大小

长轴是圆内平行于轴测投影面的直径的轴测投影，因此：

- 在采用变形系数 0.82 作图时，椭圆长轴大小为 d，短轴大小为 0.58d。
- 采用简化作图时，因整个轴测图放大了约 1.22 倍，所以椭圆长短轴也相应放大 1.22 倍，即长轴=1.22d，短轴=0.71d。

3. 椭圆长、短轴的求解

正等测图中，椭圆长、短轴端点的连线与长轴约为 30°角，因此已知长轴的大小，即可求出短轴的大小，反之亦然，如图 8-23 所示。

4. 圆角画法

从如图 8-24 所示的椭圆的近似画法可以看出，菱形的钝角与大圆相对应，锐角与小圆弧对应，菱形相邻两边的中垂线的交点是圆心。由此可得出平板上圆角的近似画法。

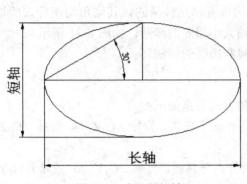

图 8-23　求解长短轴

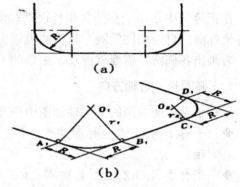

图 8-24　圆角的画法

8.3.2　立体的正等测作图

立体的正等测作图方法包括平面立体的正等测图画法、曲立体的正等测图画法及组合立体正等测图画法。

1. 平面立体的正等测图画法——坐标法

根据物体在正投影图上的坐标，画出物体的轴测图，称为用坐标法画轴测图。这种方法是画轴测图的基本方法。因各物体的形状不同，除基本方法外，还有切割法、堆积法、综合法等。

用坐标法绘制平面立体的正等测图，步骤如下：
（1）在平面立体上选定坐标轴和坐标原点；
（2）画轴测轴；
（3）定底面各点的投影；
（4）根据高度定其他各点的投影；
（5）将同面相邻各点依次连接，加深图线完成图形。

例如绘制的三棱锥，如图 8-25 所示。

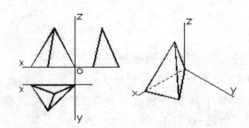

图 8-25　以坐标法绘制三棱锥

2. 曲面立体的正等测图画法

曲面立体的正等测图画法包括圆的画法、圆柱和圆台的画法、圆角的画法。

◆ 圆的画法：圆的正等测图的画法可以使用类似四心法。即过圆心作坐标轴，再作出四边平行于坐标轴的圆的外切正方形；画出轴测轴，从 O 点沿轴向直接量取半径，过轴上四个交点分别作轴测轴的平行线，即得圆的外切正方形的轴测图——菱形；作菱形的对角线，将短对角线的两个端点 O_1、O_2 和刚才的四个交点连接，得长对角线上两交点 O_3、O_4；最后分别以 O_1、O_2、O_3、O_4 为圆心画弧，得近似椭圆，如图 8-26 所示。

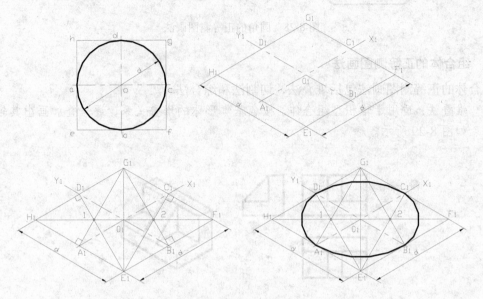

图 8-26　圆的正等测图画法

- 圆柱和圆台的画法：其画法步骤是选坐标轴和坐标原点（一般选底圆的圆心为原点）；画轴测轴，定底圆中心；根据高度定出顶圆中心，画顶圆的轴测投影——椭圆；画底圆轴测投影可见部分，作出两边轮廓线；擦去多余线条，加深图线，完成图形，如图 8-27 所示。

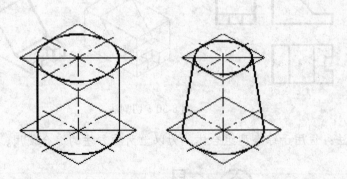

图 8-27　圆柱、圆台的正等测图画法

- 圆角的画法：圆角正等轴测图的画法是作出长方体的正等测图；在作圆角的边上量取圆角半径 R，自量取点作边线的垂线，得其交点；以所得交点为圆心，以交点至垂足的距离为半径画弧。既得圆角的正等测图；用移心法（按高度关系），画另一面的圆弧；擦去多余线条，加深图线，完成图形，如图 8-28 所示。

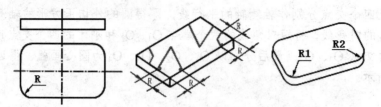

图 8-28 圆角的正等测图画法

3. 组合体的正等测图画法

组合体的正等测图画法包括堆叠法、切割法和综合法。

- ◆ 堆叠法：适用于堆积型组合体。按各基本形体的堆叠关系，逐一叠加画出其轴测图，如图 8-29 所示。

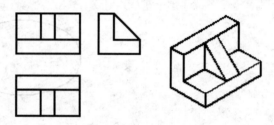

图 8-29 堆叠法

- ◆ 切割法：适用于切割型组合体。先画完整形体，再逐个切去不要的部分，如图 8-30 所示。

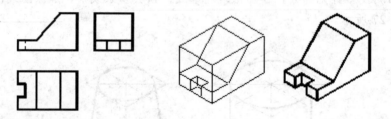

图 8-30 切割法

- ◆ 综合法：适用于综合型组合体。为以上两种方法的综合使用，如图 8-31 所示。

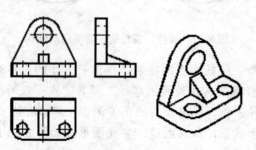

图 8-31 综合法

实训——绘制轴承盖的正等轴测图

下面来绘制轴承盖的正等轴测图。轴承盖的中间部分为空心圆柱；左右两侧是带圆柱孔的台面；在中央处的后侧是一个向上延伸的带圆柱孔的形体。

绘制完成后的轴承盖正等轴测图如图 8-32 所示。

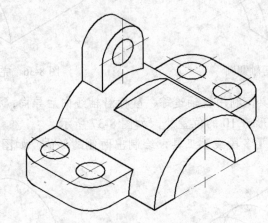

图 8-32 轴承盖正等轴测图效果

[1] 打开用户自定义的工程图样板文件。
[2] 设置轴测图的绘图环境。
[3] 使用【直线】工具，设置当前图层为【点画线】，然后绘制出等轴测圆的中心线。
[4] 按 F5 键切换视图为【等轴侧平面 右视】，然后设置【粗实线】层为当前层。使用【椭圆】工具的【轴，端点】命令，捕捉点画线的交点，绘制半径分别为 12 和 20 的同心等轴测椭圆，结果如图 8-33 所示。
[5] 使用【修剪】工具，修剪去中心线下面的半圆；然后使用【直线】工具，画出两圆弧之间的连线，如图 8-34 所示。

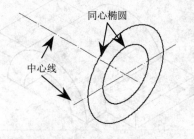

图 8-33 绘制直线和等轴测圆

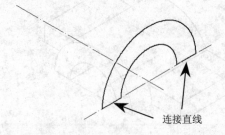

图 8-34 修剪椭圆并绘制连接线

[6] 使用【复制】工具，利用极轴追踪、鼠标沿轴线向后导向，将半径为 20 的等轴测圆复制到距前面圆形为 40 的位置处，如图 8-35 所示。
[7] 使用【直线】或【多段线】工具，绘制出可见轮廓线。然后再使用【修剪】工具，修剪去不可见的轮廓线，完成圆柱的绘制，如图 8-36 所示。

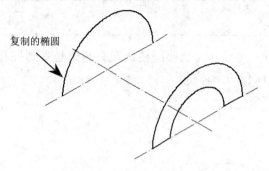
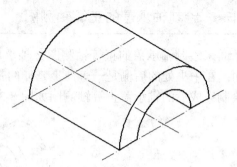

图 8-35 复制等轴测圆　　　　　　　　图 8-36 完成圆柱的绘制

[8] 使用【复制】工具，利用极轴追踪、鼠标沿轴线向后导向，将半径为 20 的等轴测圆复制到距前面圆形为 10 的位置处，如图 8-37 所示。

[9] 使用【直线】或【多段线】工具，绘制出两侧的形体，如图 8-38 所示。

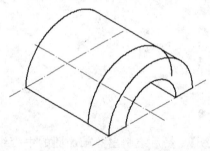
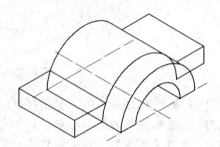

图 8-37 绘制 R20 等轴测圆弧　　　　　图 8-38 绘制两侧的柱体

[10] 使用【修剪】工具修剪图形，结果如图 8-39 所示。

[11] 将【点画线】层置为当前层。使用【直线】工具，绘制出安装孔的中心线，如图 8-40 所示。

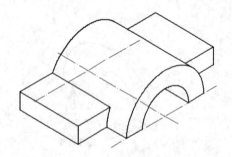
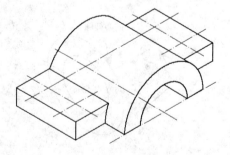

图 8-39 修剪图形　　　　　　　　　图 8-40 绘制安装孔的中心线

[12] 按 F5 键，将视图界面切换到【等轴测平面 俯视】。

[13] 将【粗实线】层置为当前层，使用【椭圆】工具，捕捉中心线的交点，绘制出直径分别为 8 和 16 的等轴测圆，如图 8-41 所示。

[14] 使用【复制】工具，利用极轴追踪、鼠标向下导向，将直径为 16 的等轴测圆复制到底面上，如图 8-42 所示。

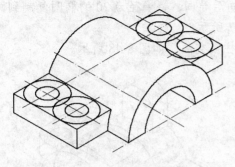
图 8-41 绘制安装孔的等轴测圆

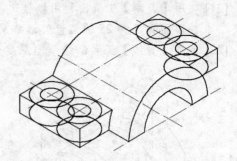
图 8-42 将等轴测圆复制到底面上

[15] 使用【直线】工具，绘制出直径为 16 等轴测圆的公切线。
[16] 使用【修剪】工具，修剪多余的图线，完成两侧结构的绘制，如图 8-43 所示。
[17] 按 F5 键，切换到【等轴测平面 右视】。
[18] 将【中心线】层置为当前层，使用【直线】工具，绘制出中心线，确定上端圆孔的位置，圆孔的中心距底平面的距离为 28。再使用【椭圆】工具，绘制出直径为 16 的等轴测圆，使用【直线】工具，绘制出切线，效果如图 8-44 所示。

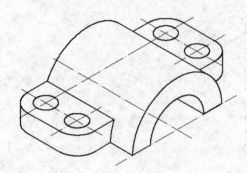
图 8-43 完成两侧结构的绘制

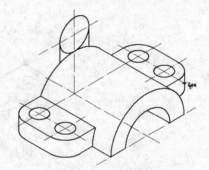
图 8-44 绘制上端结构的后平面

[19] 使用【复制】工具，利用极轴追踪，鼠标沿轴线向前导向，将直径为 16 和半径为 20 的等轴测圆复制到距后平面距离为 8 的位置上，如图 8-45 所示。
[20] 使用【直线】工具，绘制出前、后两面等轴测圆的公切线和上端结构与圆柱的交线。使用【修剪】工具，修剪多余的图线，完成上端结构的绘制，如图 8-46 所示。

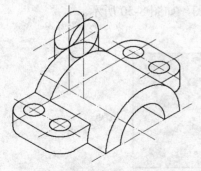
图 8-45 绘制上端结构的前平面

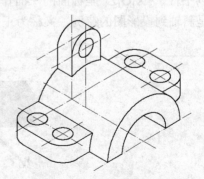
图 8-46 完成上端结构的绘制

[21] 使用【复制】工具，利用极轴追踪，鼠标向后导向，将半径为 20 的椭圆复制到距圆柱前面为 7 和 25 的位置处，结果如图 8-47 所示。

[22] 使用【直线】工具，绘制出深度为 3 的圆柱截交线，如图 8-48 所示。

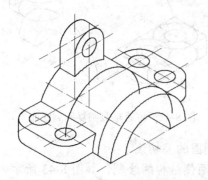 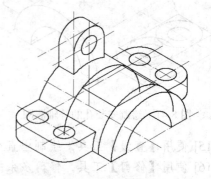

图 8-47　复制半径为 20 的等轴测圆　　　　　　图 8-48　画截交线

[23] 修剪多余的图线完成绘制。结果如图 8-49 所示，最后将结果保存。

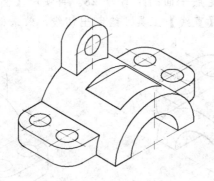

图 8-49　绘制完成的轴测图

8.4 斜二轴测图

将物体连同确定其空间位置的直角坐标系，按倾斜于轴测投影面 P 的投射方向 S，一起投射到轴测投影面上，这样得到的轴测图，称斜轴测投影图。

以平行于 $X_1O_1Z_1$ 坐标面的平面作为轴测投影面的轴测图称为斜二轴测图。斜二等轴测图，是斜轴到投影图的特例，又称为正面斜二等轴测图，如图 8-50 所示。

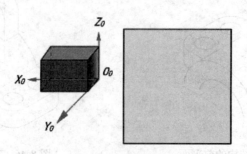

图 8-50　斜二等轴测图

正面斜二等轴测图的特性主要表现如下：
- 物体上平行于坐标面XOZ的表面，其斜二等轴测图反映实形。
- 在斜二等轴测图上，物体的厚度压缩一半。
- 当物体在两个方向上有圆时，一般不用斜二轴测图，而采用正等轴测图。

8.4.1 斜二测的轴间角和轴向伸缩系数

《机械制图》的国标中规定了斜二等轴测图的变形系数为$p=r=1$，$q=0.5$（O_1Y_1轴的轴向变形系数），轴间角为$\angle X_1O_1Z_1=90°$，且$\angle X_1O_1Y_1=\angle Y_1O_1Z_1=135°$，如图8-51所示。

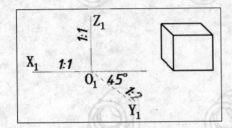
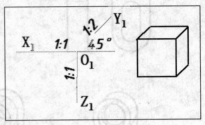

图8-51 斜二测的轴间角和轴向

8.4.2 圆的斜二测投影

因为轴侧投影面$//X_1O_1Z_1$坐标面，所以$//X_1O_1Z_1$坐标面的圆，其轴测投影仍为原来大小的图。若所画物体仅在一个方向上有圆，那么在画它的斜二测时，把圆放在$//X_1O_1Z_1$坐标面的位置，可避免画椭圆，这是斜二测的一个优点。

$//X_1O_1Y_1$和$Y_1O_1Z_1$坐标面的圆，其斜二测投影为长、短轴大小分别相同的椭圆。长轴方向与相应坐标轴夹角约为7°，偏向于椭圆外切平行四边形的长对角线一边；长=1.06d，短轴垂直于长轴，大小=d/3，如图8-52所示。

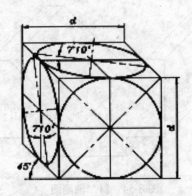

图8-52 斜二测的轴间角和轴向

斜二轴测图的最大优点就是物体上凡平行于V面的平面都反映实形。

8.4.3 斜二轴测图的作图方法

斜二轴测图主要应用于形体在某一方向上圆的情况，绘制过程如图8-53所示。斜二轴测图的作图方法与步骤如下：

（1） 在视图中定出直角坐标系。
（2） 画出前面的形状——将主视图原形抄画出来。
（3） 在该图形中所有转折点处，沿 OY 轴画平行线，在其上截取 1/2 物体厚度，画出后面的可见轮廓线。
（4） 擦去多余线条，加深图线，完成图形。

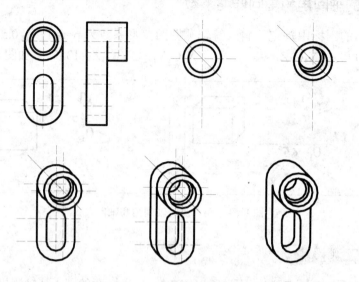

图 8-53　斜二测图的画法

实训——绘制斜二轴测图

下面来绘制斜二轴测图，效果如图 8-54 所示。

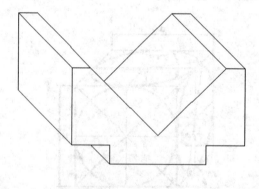

图 8-54　斜二轴测图

[1] 新建文件。
[2] 在菜单栏执行【工具】|【绘图设置】命令，打开【草图设置】对话框。
[3] 切换到【捕捉和栅格】选项卡，在【捕捉类型和样式】区中，选中【等轴测捕捉】项，如图 8-55 所示。

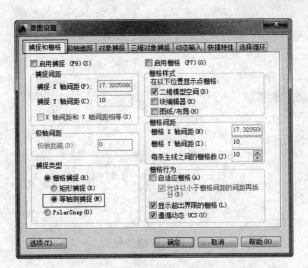

图 8-55 选中【等轴测捕捉】项

[4] 切换到【极轴追踪】选项卡，选中【启用极轴追踪】项，在【极轴角设置】区中，设置【角增量】为 15 时，如图 8-56 所示。在【对象捕捉追踪设置】区中，选中【用所有极轴角设置追踪】项。

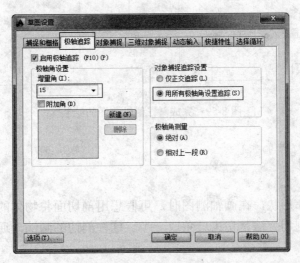

图 8-56 设置角增量

[5] 选择【直线】命令，绘制形体的前表面，如图 8-57 所示。

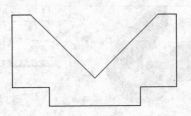

图 8-57 绘制形体的前表面

[6] 绘制各侧棱,角度为135°,如图8-58所示。

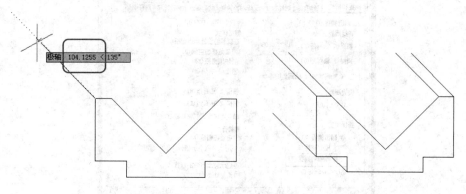

图8-58 绘制各侧棱

[7] 绘制后表面,再通过修剪,完成形体斜二侧轴测图的绘制,如图8-59所示。

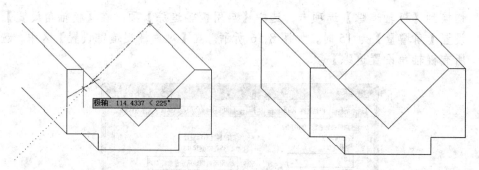

图8-59 完成斜二侧轴测图的绘制

8.5 轴测剖视图

为表达物体的内部形状,在画轴测图时,可假想用剖切面将物体的一部分剖去,再画出它的轴测图。常用的剖切方法是切去一角或一半。这种剖切的画法,通常称为轴测剖视图,如图8-60所示。

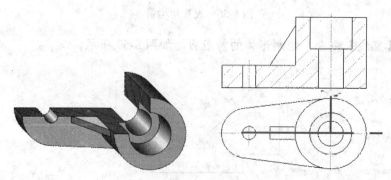

图8-60 轴测剖视图

8.5.1 轴测剖视图的剖切位置

在轴测图中剖切，一般不采用切去一半的方法，而是采用切去四分之一的方法。即用两个与直角坐标面平行的相互垂直的剖切平面来剖切物体。这样，能够完整的显示出物体的内外形状，如图 8-61 所示。

轴测剖视图剖面线方向的确定原则是：轴测图中大剖面线一律采用等距平行的细实线表示，但相邻剖面方向不同。

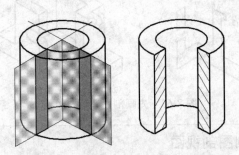

图 8-61　轴测剖视图的剖切位置

8.5.2 轴测剖视图的画法

轴测剖视图的画法有两种：【先画外形，后画剖面】和【先画剖面，后画外形】。对于初学者来说，适合使用【先画外形，后画剖面】这种方法，熟练绘图的人员可采用【先画剖面，后画外形】的方法来绘制。

1. 先画外形，后画剖面

【先画外形，后画剖面】这种方法的操作步骤如下：

（1）先画出组合体的完整外形。
（2）按所选剖切位置画出剖面轮廓。
（3）画出剖切后的可见内部形状。
（4）擦掉被切去的部分。
（5）画出剖面线。
（6）加深图线。

例如，以此方法来绘制一零件的轴测剖视图，如图 8-62 所示。

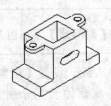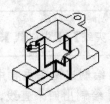

图 8-62　先画外形，后画剖面

2. 先画剖面，后画外形

【先画剖面，后画外形】方法的操作步骤如下：

（1）先画出剖面形状。
（2）再按与剖面的联系，画出其他部分形状。
（3）画出剖面线。
（4）加深所有剖切后可见的内外部轮廓线。

以此方法来绘制一零件的轴测剖视图，如图8-63所示。

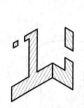
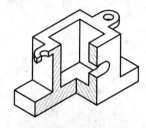

图8-63　先画剖面，后画外形

实训——绘制泵体轴测图剖视图

在轴测图中，当需要表达机件内部结构的时候，可以采用轴测图剖视的方法。下面来绘制一个泵体的轴测图剖视图，完成后的效果如图8-64所示。

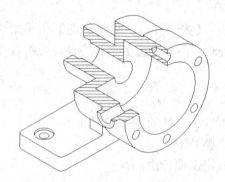

图8-64　泵体轴测图剖视图的效果

1. 绘制底座

[1] 新建一个图形文件，创建好等轴测图的绘图环境。

　操作技巧

在设置图层时，可以创建【粗实线】、【中心线】、【剖面线】3个图层。

[2] 设置当前层为【中心线】层，绘制出两条垂直中心线。设置【粗实线】层为当前层，选择【直线】命令，根据尺寸绘制出四条直线，底板的长宽分别为70和25，如图8-65所示。

[3] 选择【复制】命令，向矩形内复制出四条直线，用于定位底板上的圆弧圆心位置，复制的距离为2。选择【椭圆】命令，绘制直径为4的四个等轴测圆，如图8-66所示。

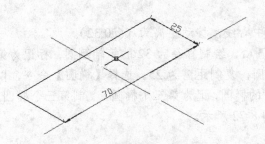
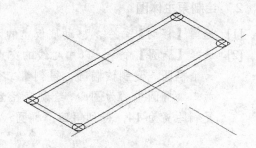

图 8-65　绘制泵体底座底板　　　　　　图 8-66　绘制辅助直线及椭圆

[4] 选择【修剪】命令，通过修剪操作得到底板的圆角。选择【删除】命令，删除内侧的四条辅助直线，如图 8-67 所示。

[5] 选择【复制】命令，复制出三条辅助直线，其中长条辅助线离底板长边距离为 8，短条辅助线离底板短边距离为 7，用来确定底座圆孔的位置。

[6] 选择【椭圆】命令，以辅助线交点为圆心，绘制出直径为 4 的等轴测圆。选择【复制】命令，复制出两个椭圆，在复制的时候，按 F5 键切换到【等轴测平面 右视】，复制相对距离都为【@0,6】，如图 8-68 所示。

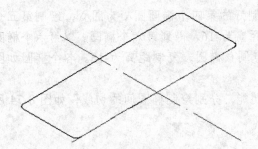
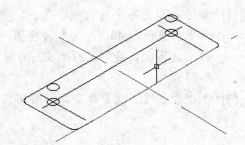

图 8-67　绘制圆弧、删除复制线　　　　　图 8-68　绘制圆弧、删除复制线

[7] 按 F5 键，切换到【等轴测平面 俯视】，选择【椭圆】命令，绘制出与复制出来的等轴测圆同心的等轴测圆，直径为 8，如图 8-69 所示。

[8] 选择【复制】命令，复制直径为 8 的两椭圆，相对距离为（@0,1）。再向上复制底板，相对距离为（@0,7）。选择【删除】命令，删除绘制圆的辅助线。

[9] 选择【直线】命令，通过捕捉上下底板圆弧的切点，绘制两条切线，如图 8-70 所示。

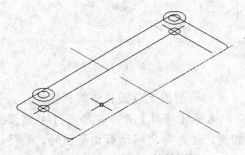
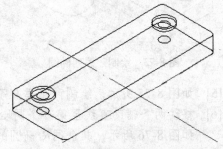

图 8-69　绘制φ8 等轴测圆　　　　　　图 8-70　复制等轴测圆和底板，并画切线

[10] 选择【删除】和【修剪】命令，删除、修剪视图中不可见的图线，如图 8-71 所示。

2. 绘制泵主体图

[1] 选择【移动】命令，移动底板上的两条中心线，移动距离为（@0,32）。

[2] 选择【椭圆】命令，以中心线的交点为圆心，绘制直径为32的等轴测圆，标记为第一个椭圆。复制该椭圆，得到第二个椭圆，复制距离为25。选择【椭圆】命令，以第二个椭圆中心为圆心，绘制直径为48的椭圆，记为第三个椭圆。复制第三个椭圆，复制距离为-14，得到第四个椭圆，如图8-72所示。

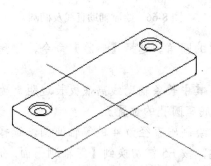

图8-71 删除和修剪不可见的图线

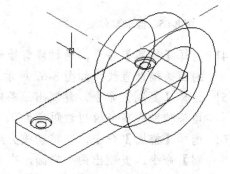

图8-72 移动中心线后绘制四个椭圆

[3] 删除底座上不可见的一个孔。以刚刚绘制好的第四个椭圆圆心为圆心，绘制第五个椭圆，直径为46。并复制该椭圆，复制距离为-16，得到第六个椭圆。以第六个椭圆圆心为圆心，绘制直径为22的椭圆，复制该椭圆，复制距离为-18。各个椭圆如图8-73所示。

[4] 反复使用【直线】命令，利用切点捕捉功能，分别绘制椭圆间的切线，如图8-74所示。

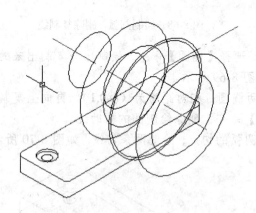

图8-73 绘制一系列椭圆

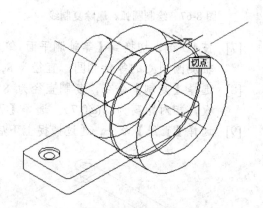

图8-74 绘制切线

[5] 如图8-75所示，绘制两个垂直平面，用来完成对轴测图上各圆柱体的剖视操作。

[6] 移动两条辅助直线至第一个同心椭圆的圆心，选择【修剪】命令，修剪1/4椭圆。如图8-76所示，其余同心椭圆的修剪方法相同，注意每次移动剪切平面时，要保证移动时捕捉到同心椭圆的圆心。

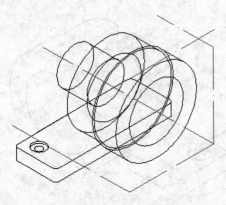
图 8-75 绘制两个垂直平面

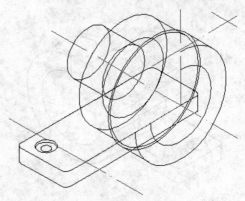
图 8-76 修剪 1/4 椭圆

[7] 修剪后的图形如图 8-77 所示。
[8] 选择【直线】命令,绘制剖切后断面的各段直线,如图 8-78 所示。

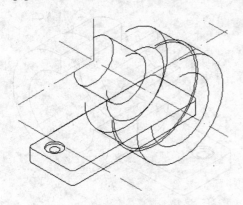
图 8-77 修剪一系列椭圆

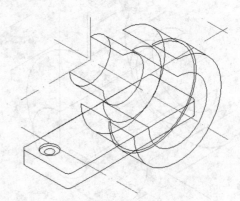
图 8-78 绘制断面间直线

[9] 利用删除和修剪操作,删除和修剪不可见图线,并在断面处绘制直线,如图 8-79 所示。

操作技巧

如上面所讲述的要表示同心圆,必须绘制一个中心相同的椭圆,而不是偏移原来的椭圆。因为偏移可以产生椭圆形的样条曲线,但不能表示所期望的缩放距离。所以绘制同心圆时必须使用对象捕捉,保证绘制椭圆时的中心相同。

[10] 绘制圆柱形内腔。选择【椭圆】命令,以最后一个椭圆圆心为圆心,绘制直径为 12 的椭圆,复制该椭圆,得一个新的椭圆,复制距离为 4。再次以新的椭圆圆心为圆心,绘制直径为 10 的椭圆,复制该椭圆,复制位移为 19。
[11] 选择【修剪】命令,以剖切平面上的两条直线为修剪直线,修剪刚刚绘制的一组椭圆,如图 8-80 所示。

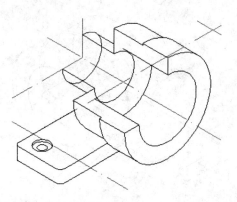

图 8-79 删除修剪直线，并绘制断面其余直线

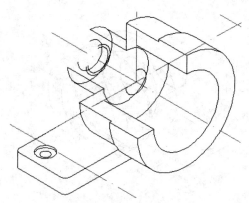

图 8-80 绘制椭圆并修剪椭圆

[12] 选择【直线】命令，绘制断面的各条直线，如图 8-81 所示，删除和修剪图线，如图 8-82 所示。

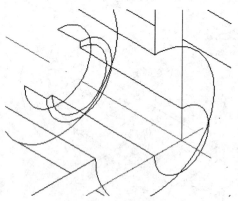

图 8-81 绘制断面直线

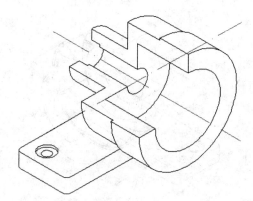

图 8-82 完善圆柱形内腔

[13] 绘制侧凸台的圆柱孔。复制直线，复制距离为 8，确定圆柱孔的中心线。选择【椭圆】命令，绘制出两个同心椭圆，直径分别为 10 和 6。复制两个同心椭圆，复制距离为 11，如图 8-83 所示。

[14] 剪切两组同心椭圆的上半椭圆，绘制多条直线，并配合使用删除、剪切、延伸等基本操作，完善侧凸台圆柱孔与其他组成部件的联接处的绘制，如图 8-84 所示。

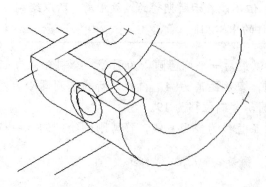

图 8-83 绘制侧凸台圆柱孔

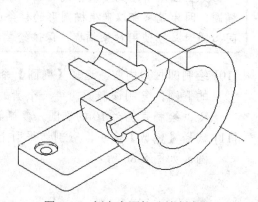

图 8-84 侧突台圆柱孔绘制完成

[15] 绘制安装孔,安装孔的直径均为 4。选择【椭圆】命令,以最大椭圆圆心为圆心,绘制一个直径为 40 的辅助椭圆,用以确定安装孔的圆心。首先绘制出上下两个椭圆,根据正等轴测图的特性确定另外三个椭圆的圆心。如图 8-85 所示。

[16] 删除刚刚绘制的辅助椭圆。由于剖切时,剖切到最上部的一个安装孔,所以必须对这个安装孔内部结构进行绘制。首先修剪安装孔的一半,然后再绘制孔,孔深 8,如图 8-86 所示。

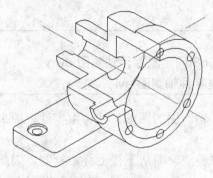
图 8-85　绘制安装孔

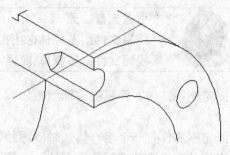
图 8-86　绘制安装孔内部结构

3. 绘制联接板和肋板

[1] 复制图中的两条中心线,向下的距离为 25,确定联接板和肋板的中心线。

操作技巧

由于联接板和肋板的大部分都已经被泵体的主体部分遮挡,所以只需对部分结构进行绘制。

[2] 复制两条中心线,复制方向长宽方向分别为 12 和 7,选择【修剪】命令,修剪多余线,得到联接板底面。选择【直线】命令,绘制联接板与泵体主体部分的联接,如图 8-87 所示。

[3] 修剪去不可见图线,删除辅助线,并填充轴测图的断面,如图 8-88 所示。

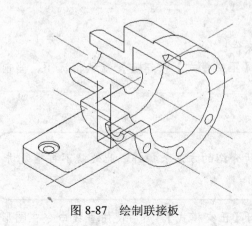
图 8-87　绘制联接板

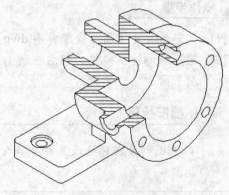
图 8-88　泵体轴测图

8.6 综合训练

本节将以几个典型的零件轴测图绘制实例,来说明在轴测捕捉模式下直线和圆的画法与技巧,以及所使用的相关命令。

8.6.1 绘制固定座零件轴测图

引入光盘:无
结果文件:多媒体\实例\结果文件\Ch8\固定座零件轴测图.dwg
视频文件:多媒体\视频\Ch8\固定座零件轴测图.avi

固定座零件的零件视图与轴测图如图 8-89 所示。轴测图的图形尺寸将由零件视图来参考画出。

固定座零件是一个组合体,轴测图绘制可采用堆叠法,即从下往上叠加绘制。因此,绘制的步骤是首先绘制下面的长方体,接着绘制有槽的小长方体,最后绘制中空的圆柱体部分。

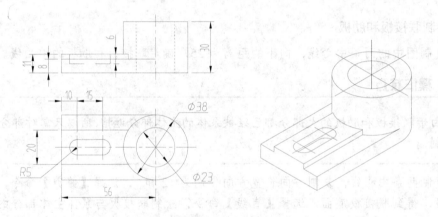

图 8-89 零件视图与轴测图

操作步骤

[1] 从光盘打开【固定座零件图.dwg】实例文件。

[2] 启用轴测捕捉模式。然后在状态栏单击【正交模式】按钮,默认情况下,当前轴测平面为左视平面。

操作技巧

轴测图的绘图环境设置参考 4.5.1 节中所介绍的方法来操作,此处就不再重复讲解了。

[3] 切换轴测平面至俯视平面,在状态栏打开【正交模式】。然后使用直线命令在图形窗口中绘制长 56、宽 38 的矩形,命令行操作提示如下。绘制的矩形如图 8-90 所示。

```
命令：_line 指定第一点：                    //指定直线起点,即第1点
指定下一点或 [放弃(U)]：56↵              //输入第2点,在第1点的X正方向
指定下一点或 [放弃(U)]：38↵              //输入第3点,在第2点的Y正方向
指定下一点或 [闭合(C)//放弃(U)]：56↵      //输入第4点,在第3点的X负方向
指定下一点或 [闭合(C)//放弃(U)]：c↵       //输入C,闭合直线
```

[4] 切换轴测平面至左视或右视平面。使用【复制】命令，将矩形复制并向Z轴正方向移动距离8，命令行操作提示如下。复制的对象如图8-91所示。

```
命令：_copy
选择对象：指定对角点：找到 4 个↵                        //框选矩形
选择对象：
当前设置：复制模式= 单个
指定基点或 [位移(D)//模式(O)//多个(M)] <位移>：↵        //指定移动基点
指定第二个点或 <使用第一个点作为位移>：8↵               //输入移动距离
```

图8-90 绘制矩形

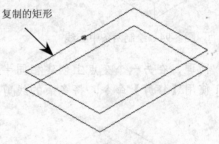

图8-91 复制矩形

操作技巧

在绘制直线时，一定要让光标在极轴追踪的捕捉线上，并确定好直线延伸的方向。以此输入直线长度值，才能得到想要的直线。

[5] 使用【直线】命令，绘制3条直线将两个矩形连接，如图8-92所示。
[6] 切换轴测平面至俯视平面。使用【直线】命令在复制的矩形上绘制一条中心线，长为50。然后使用【复制】命令，在中心线两侧复制出移动距离为【10】的直线，如图8-93所示。

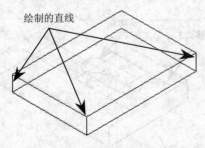

图8-92 创建直线以连接矩形

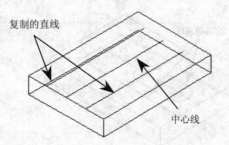

图8-93 复制并移动中心线

[7] 继续使用【复制】命令,将上矩形左边上的一条边向右复制出两条直线,移动距离分别为 10 和 25。此两直线为槽的圆弧中心线,如图 8-94 所示。
[8] 使用椭圆工具的【轴,端点】命令,在中心线的交点上绘制半径为 5 的椭圆(仍然在俯视平面内),命令行操作提示如下。绘制的椭圆如图 8-95 所示。

```
命令:_ellipse
指定椭圆轴的端点或 [圆弧(A)//中心点(C)//等轴测圆(I)]: I↙        //输入 I 选项
指定等轴测圆的圆心:                                              //指定椭圆圆心
指定等轴测圆的半径或 [直径(D)]: 5↙                                //输入椭圆半径值
```

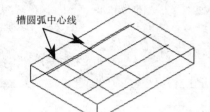

图 8-94 绘制两条中心线

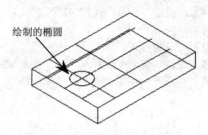

图 8-95 绘制的椭圆

[9] 同理,在另一个交点上创建相同半径的椭圆,如图 8-96 所示。
[10] 使用【修剪】命令,将多余的线剪,修剪结果如图 8-97 所示。

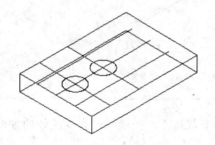

图 8-96 绘制第 2 个椭圆

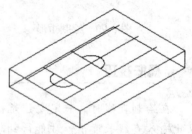

图 8-97 修剪多余图线

[11] 使用【直线】命令,将椭圆弧连接,如图 8-98 所示。
[12] 切换轴测平面至左视平面。使用【移动】命令,将连接起来的椭圆弧、复制线及中心线向 Z 轴的正方向移动 3。再使用【复制】命令,仅将连接的椭圆弧向 Z 轴负方向移动 6,并使用【修剪】命令将多余图线修剪,结果如图 8-99 所示。

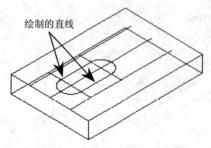

图 8-98 连接椭圆弧

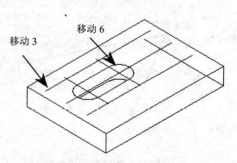

图 8-99 复制椭圆弧并修剪图线

[13] 切换轴测平面至俯视平面。使用【直线】命令，在左侧绘制四条直线段以连接复制的直线，并修剪多余图线，如图 8-100 所示。

[14] 使用【直线】命令，在下矩形的右边中点上绘制长度为 50 的直线，此直线为大椭圆的中心线，如图 8-101 所示。

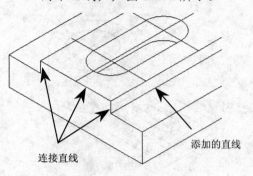

图 8-100 绘制连接线并修剪

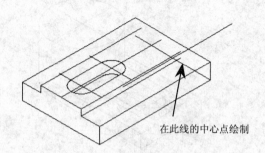

图 8-101 绘制中心线

[15] 使用椭圆工具【轴，端点】命令，并选择 I（等轴测图）选项，在如图 8-102 所示的中心线与边线交点上绘制半径为 19 的椭圆。

[16] 切换轴测平面至左视平面。使用【复制】命令，将大椭圆和中心线向 Z 轴正方向移动 30，如图 8-103 所示。

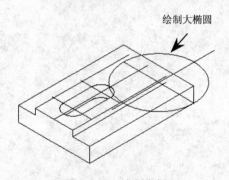

图 8-102 绘制大椭圆

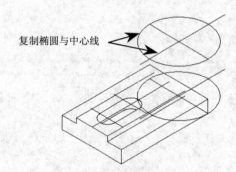

图 8-103 复制大椭圆与中心线

[17] 使用【直线】命令，在椭圆的象限点上绘制两直线以连接大椭圆，如图 8-104 所示。

[18] 再使用【复制】命令，将下方的大椭圆向 Z 轴正方向分别移动距离 8 和 11，并得到两个复制的大椭圆，如图 8-105 所示。

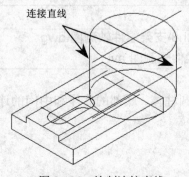

图 8-104 绘制连接直线

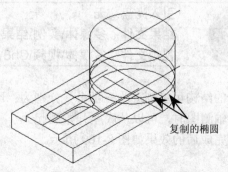

图 8-105 复制大椭圆

[19] 使用【修剪】命令，将图形中多余图线修剪掉，结果如图 8-106 所示。

[20] 使用【直线】命令，在修剪后的椭圆弧上绘制一条直线垂直连接两椭圆弧。切换轴测平面至俯视平面，然后使用椭圆工具的【轴，端点】命令，在最上方的中心线交点上绘制半径为 11.5 的椭圆，如图 8-107 所示。

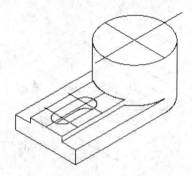
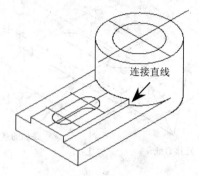

图 8-106　修剪多余图线　　　　　　　图 8-107　绘制直线和椭圆

[21] 使用夹点来调整中心线的长度，然后将中心线的线型设为 CENTER，再将其余实线加粗（0.3mm）。至此轴测图绘制完成，结果如图 8-108 所示。

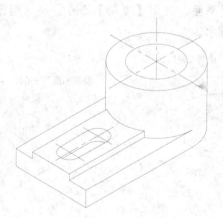

图 8-108　固定座零件轴测图

8.6.2　绘制支架轴测图

引入光盘：无
结果文件：多媒体\实例结果文件\Ch8\支架零件轴测图.dwg
视频文件：多媒体\视频\Ch8\支架零件轴测图.avi

支架的结构可以划分为三部分，分别为：顶部的圆柱体、底部的底座和中间的连接部分。在绘制等轴测图时，可以从底座开始画起。

绘制完成后的效果如图 8-109 所示。

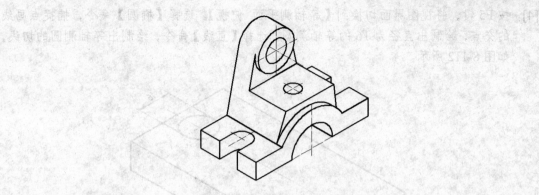

图 8-109 支架的等轴测图效果

1. 绘制底座

[1] 新建一个图形文件，创建好等轴测图的绘图环境。

[2] 设置当前层为【粗实线】层，选择【直线】命令，绘制出一个棱柱的等轴测图，如图 8-110 所示。

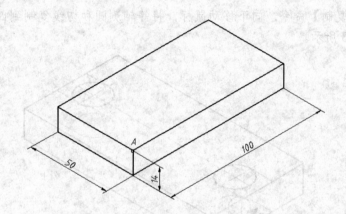

图 8-110 绘制出一个棱柱的等轴测图

[3] 设置当前层为【中心线】层，通过捕捉中点绘制出横向的中心线，再根据尺寸绘制出另两条中心线，以确定 U 型槽的位置，如图 8-111 所示。

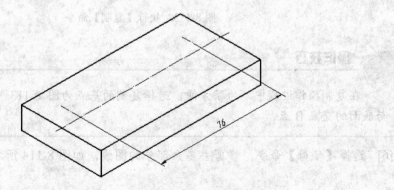

图 8-111 确定 U 形槽的位置

[4] 按 F5 键，将视图界面切换到【等轴测平面 俯视】。选择【椭圆】命令，捕捉点画线的交点，绘制出直径为 16 的等轴测圆。选择【直线】命令，绘制出等轴测圆的切线，如图 8-112 所示。

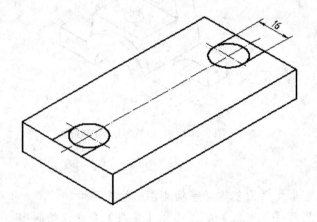

图 8-112　绘制等轴测圆和切线

[5] 选择【复制】命令，向下移动鼠标，将等轴测圆和切线复制到四棱柱的底平面，如图 8-113 所示。

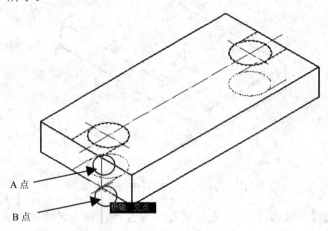

图 8-113　执行【复制】命令

> **操作技巧**
>
> 在复制操作过程中，为了方便，选择复制的基点为图 8-113 中的 A 点，目标点为与底面的交点 B 点。

[6] 选择【修剪】命令，修剪去多余部分的图线，如图 8-114 所示。

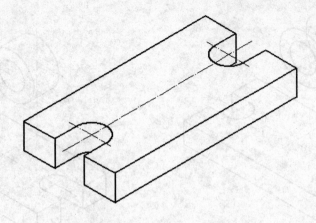

图 8-114 修剪后的 U 形槽

2. 绘制上部主体结构

[1] 设置当前层为【中心线】层，根据尺寸绘制出中心线，确定顶部圆柱的圆心位置，如图 8-115 所示。

[2] 按 F5 键，切换到【等轴测平面右视】，选择【椭圆】命令，捕捉中心线的交点为圆心，绘制出直径为 18 和 32 的等轴测圆，如图 8-116 所示。

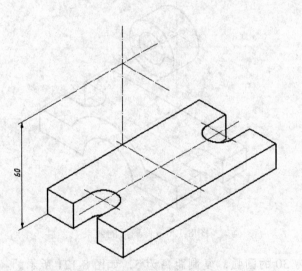

图 8-115 确定圆柱圆心位置

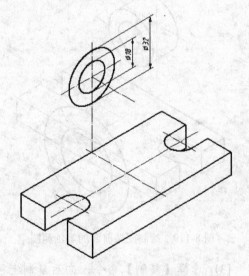

图 8-116 绘制等轴测圆

[3] 选择【复制】命令，利用极轴追踪向前复制出刚绘制的圆形，距离为 18，如图 8-117 所示。

[4] 选择【直线】命令，利用捕捉切点工具，绘制出两个直径为 32 等轴测圆的公切线；选择【修剪】命令，修剪去多余部分的图线，如图 8-118 所示。

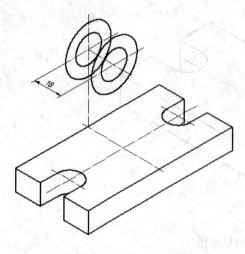
图 8-117 复制等轴测圆

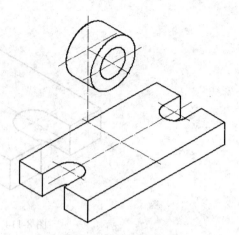
图 8-118 修剪后的圆柱

3. 绘制中间部分结构

[1] 选择【椭圆】命令，绘制出支架前面半径为 18 和 30 的等轴测圆，如图 8-119 所示。
[2] 选择【修剪】命令，修剪去多余的图线，如图 8-120 所示。

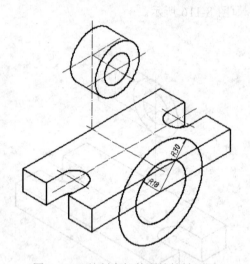
图 8-119 绘制支架前面的等轴测圆

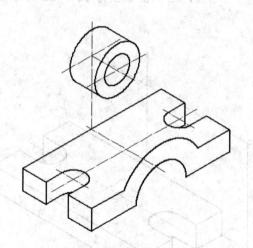
图 8-120 修剪后的效果

[3] 选择【复制】命令，向后复制半径为 30 的圆弧，复制距离为 5，如图 8-121 所示。
[4] 选择【直线】命令，利用【对象捕捉】功能，绘制出交线和两个圆的切线，如图 8-122 所示。
[5] 选择【复制】命令，向后复制直径为 32 的等轴测圆，复制距离为 3；选择【直线】命令，绘制出刚复制出圆的切线，如图 8-123 所示。
[6] 选择【修剪】命令，修剪多余的图线。选择【直线】命令，利用【对象追踪】、【极轴】、【对象捕捉】功能，通过绘制直线确定中间部分平面的位置，如图 8-124 所示。
[7] 选择【直线】命令，绘制出平面及交线，如图 8-125 所示。
[8] 选择【修剪】工具，修剪去多余部分的图线，如图 8-126 所示。

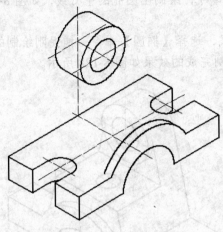
图 8-121　复制圆弧

图 8-122　画交线和切线

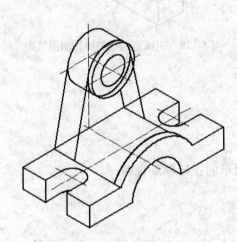
图 8-123　复制圆弧并绘制切线

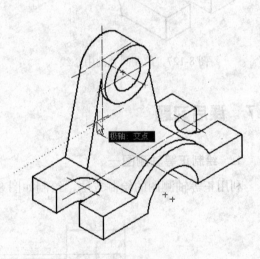
图 8-124　确定平面的位置

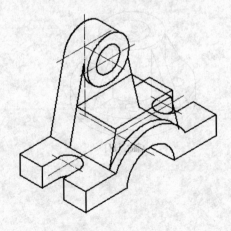
图 8-125　绘制出平面及交线

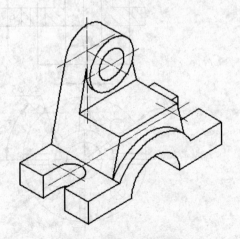
图 8-126　修剪后的图形效果

[9] 设置当前层为【中心线】层,选择【直线】命令,绘制出圆孔的中心线,如图 8-127 所示。

[10] 按 F5 键,切换到【等轴测平面 俯视】模式,选择【椭圆】命令,捕捉刚绘制的交点为圆心,绘制直径为 12 的等轴测圆。绘制完成的效果如图 8-128 所示。

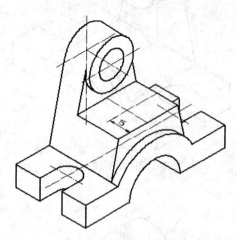
图 8-127 绘制圆孔的中心线

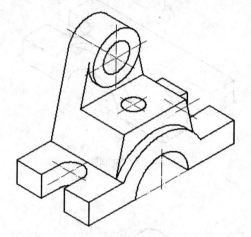
图 8-128 完成后的支架等轴测图效果

8.7 课后习题

1. 绘制正等轴测图一

利用正等轴测图的绘制方法,绘制如图 8-129 所示的正等轴测视图一。

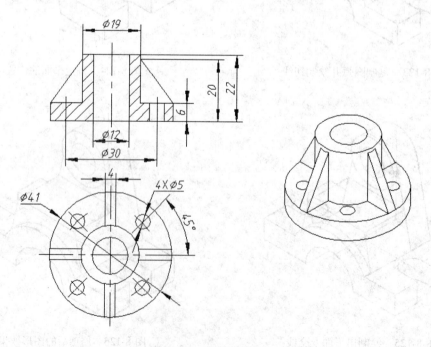
图 8-129 正等轴测图一

2. 绘制正等轴测图二

绘制如图 8-130 所示的正等轴测图二。

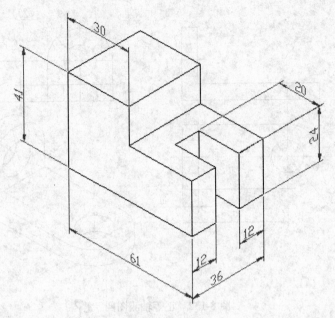

图 8-130 正等轴测图二

3. 绘制正等轴测图三

绘制如图 8-131 所示的正等轴测图三。

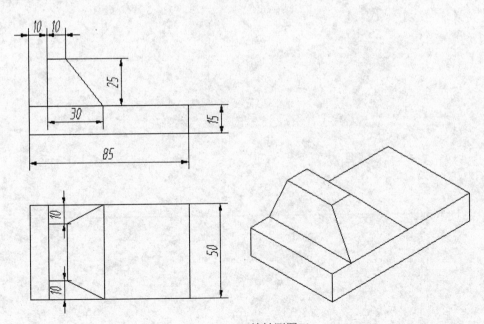

图 8-131 正等轴测图三

4. 绘制正等轴测图四

绘制如图 8-132 所示的正等轴测图四。

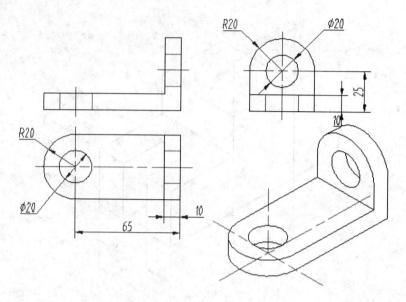

图 8-132　正等轴测图四

第 9 章
绘制机械标准件、常用件

螺栓、螺钉、螺母、键、销、垫圈和轴承等都是应用范围广、需求量大的机件。本章将以 AutoCAD 2015 为基础，详细讲解机械标准零件的设计方法与操作过程。

 知识要点

- ◆ 绘制螺纹坚固件
- ◆ 绘制连接件
- ◆ 绘制轴承
- ◆ 绘制常用件

 案例解析

常见齿轮的传动形式

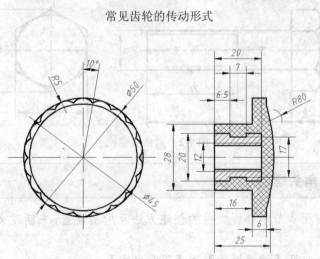

绘制旋钮

9.1 绘制螺纹紧固件

螺纹紧固件的种类很多，常见的有螺栓、双头螺柱、螺钉、螺母、垫圈等，其形状如图 9-1 所示。这类零件的结构形式和尺寸都已标准化，由标准件厂大量生产。在工程设计中，可以从相应的标准中查到所需的尺寸，一般不需绘制其零件图。

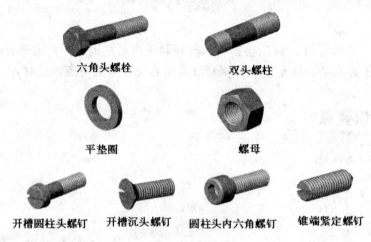

图 9-1 螺纹紧固件

9.1.1 绘制六角头螺栓

六角头螺栓由头部和杆部组成。常用头部形状为六棱柱的六角头螺栓，根据螺纹的作用和用途，六角头螺栓有【全螺纹】、【部分螺纹】、【粗牙】和【细牙】等多种规格。螺栓的规格尺寸指螺纹的大径 d 和公称长度 l。

下面以螺纹规格 M20 为例，在 AutoCAD 2015 中绘制六角头螺栓。规格详细参数为：k=12.5、l=60、b=46、d=20、e=32.95、s=30，绘制的六角头螺栓如图 9-2 所示。

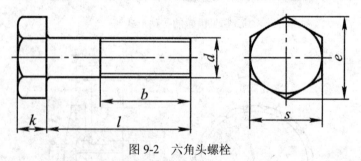

图 9-2 六角头螺栓

实训——绘制六角头螺栓

[1] 按照本书前面章节中样板文件的创建方法及所用设置，来新建文字样式和标注样式，并创建图层。

[2] 在状态栏中打开【捕捉模式】和【正交模式】。

[3] 将【点画线】图层置为当前，然后使用【直线】工具在图形区中首先绘制三条长度

分别为"115"、"42"和"39"的中心线,如图9-3所示。

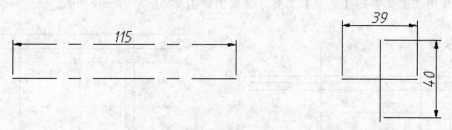

图9-3　绘制中心线

[4] 使用【直线】工具和【偏移】工具,按螺栓的标准规格参数,来绘制图形中所有的直线,如图9-4所示。

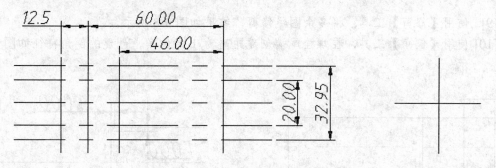

图9-4　绘制直线和偏移对象

> **操作技巧**
>
> 在CAD快速制图过程中,我们会经常使用【偏移】工具来绘制图形,这有助于用户提高工作效率。

[5] 测量水平方向最外条直线与相邻直线的距离,然后使用【偏移】工具创建一条偏移距离为测量距离一半的直线。

[6] 使用【直线】工具,在偏移直线与最左边垂直直线的交点上创建角度为60°的直线,如图9-5所示。

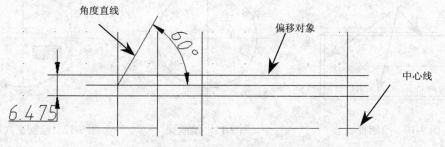

图9-5　绘制有角度的直线和偏移对象

[7] 使用【直线】工具,绘制斜线与中心线的垂线,然后将垂线和斜线使用【镜像】工

具，镜像到中心线的另一侧，如图9-6所示。

[8] 使用圆弧工具的【三点】工具，绘制出如图9-7所示的三段圆弧。

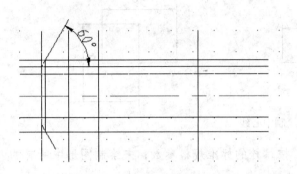 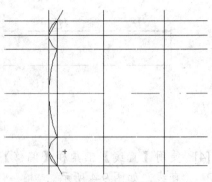

图9-6 绘制垂线并镜像斜线　　　　　　图9-7 绘制三段圆弧

[9] 使用【修剪】工具，将多余图线修剪，结果如图9-8所示。

[10] 使用【倒角】工具，在螺栓尾端创建距离为1的倒角，创建的倒角特征如图9-9所示。

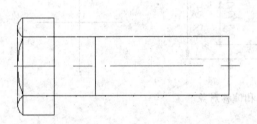 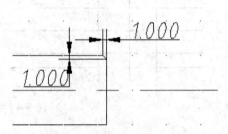

图9-8 修剪多余图线　　　　　　图9-9 创建倒角

[11] 在另一侧也创建出相同的倒角，然后使用【直线】工具绘制三条直线，如图9-10所示。

[12] 使用圆工具的【圆心,半径】工具，在垂直相交的中心线交点上绘制一个半径为15的圆，如图9-11所示。

[13] 使用【正多边形】工具，绘制圆的外接正六边形，结果如图9-12所示。

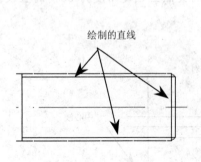 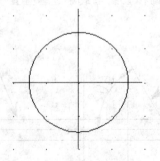 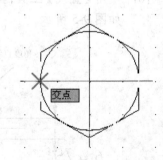

图9-10 绘制直线　　　　图9-11 绘制圆　　　　图9-12 绘制正六边形

[14] 将图形中的图线按作用的不同，分别指定图层、线型，并加以标注。完成结果如图9-13所示。

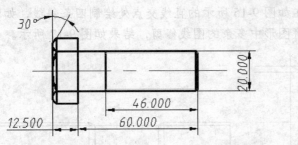
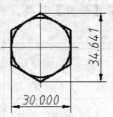

图 9-13　六角头螺栓视图

9.1.2　绘制双头螺栓

双头螺柱的两端都有螺纹。其中用来旋入被联接零件的一端，称为旋入端；用来旋紧螺母的一端，称为紧固端。根据双头螺柱的结构分为 A 型和 B 型两种，如图 9-14 所示。

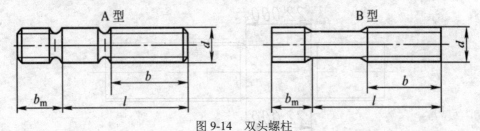

图 9-14　双头螺柱

下面以 B 型双头螺柱为例，来说明其绘制过程与方法。B 型双头螺柱各规格参数如下：$d=20$、$l=70$、$b=46$、$b_m=25$。

实训——绘制双头螺栓

[1]　加载用户自定义的 CAD 工程图样板文件。

[2]　设置绘图图限，并打开【捕捉模式】、【栅格显示】和【正交模式】。

[3]　使用【直线】工具和【偏移】工具，在图形区中绘制中心线及偏移对象，结果如图 9-15 所示。

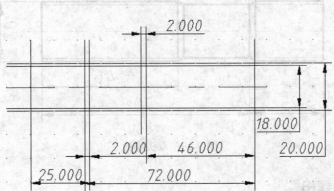

图 9-15　绘制直线和偏移对象

[4] 使用【直线】工具,在如图 9-15 所示的直线交点处绘制四条斜线,如图 9-16 所示。

[5] 使用【修剪】工具,将图形中多余的图线修剪,结果如图 9-17 所示。

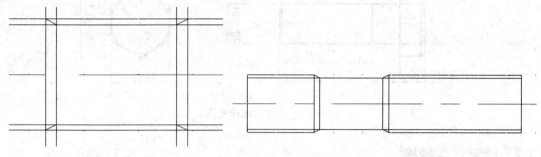

图 9-16　绘制斜线　　　　　　　图 9-17　修剪多余图线

[6] 使用【直线】工具,在斜线处补画两条长度为 22 的直线,如图 9-18 所示。

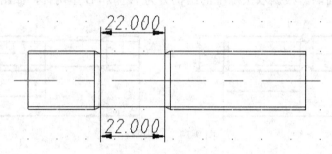

图 9-18　绘制直线

操作技巧

补画的直线,是表达螺栓的粗实线。如果不补画,则可以使用【打断于点】工具,将两直线打断,最后加粗也可。

[7] 为图线选择图层,并完成标注,结果如图 9-19 所示。

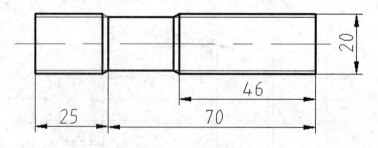

图 9-19　双头螺栓

9.1.3　绘制六角螺母

螺母与螺栓等外螺纹零件配合使用,起联接作用,其中以六角螺母应用为最广泛。六角螺母根据高度 m 不同,可分为薄型、1 型、2 型。根据螺距不同,可分为粗牙、细牙。根据产品等级,可分为 A、B、C 级。螺母的规格尺寸为螺纹大径 D,如图 9-20 所示。

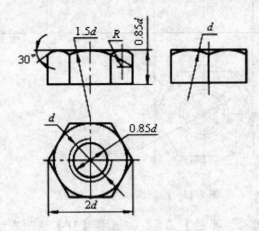

图 9-20 六角螺母

下面以六角螺母的绘制实例来说明创建过程与绘制方法,螺母规格为 D30,其余参数如上图所示。

实训——绘制六角螺母

[1] 打开用户自定义的 CAD 制图样板文件。
[2] 使用【直线】工具和【偏移】工具,在图形区中绘制中心线、直线和其余的偏移对象,如图 9-21 所示。

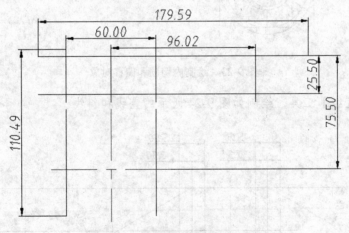

图 9-21 绘制直线和偏移对象

[3] 使用圆工具的【圆心,半径】工具,在垂直相交中心线的交点上分别绘制直径为 60、30 和 25.5 的三个圆。然后再使用【正多边形】工具,在相同的交点上绘制一个内接于直径为 60 的圆的正六边形,如图 9-22 所示。

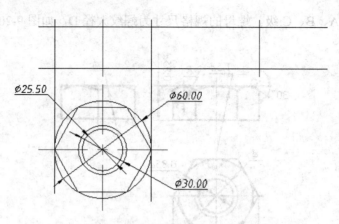

图 9-22 绘制圆和内接正六边形

[4] 使用圆工具的【圆心,半径】工具,并选择【3P】选项来绘制一个内切于正六边形的圆,再标注。得到该圆半径尺寸后,再使用【偏移】工具,绘制两条偏移的直线,如图 9-23 所示。

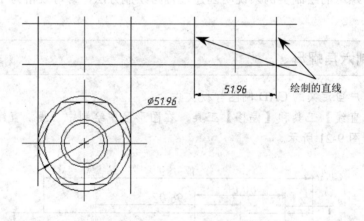

图 9-23 绘制内切圆和偏移对象

[5] 使用【直线】工具,绘制如图 9-24 所示的直线和斜线。

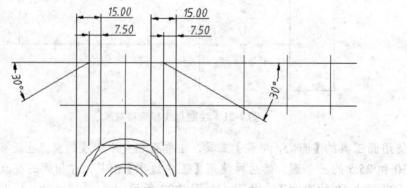

图 9-24 绘制直线和斜线

[6] 再使用【直线】工具绘制一条水平直线后,使用圆弧工具的【3 点】工具来绘制如图

9-25 所示的五段圆弧。

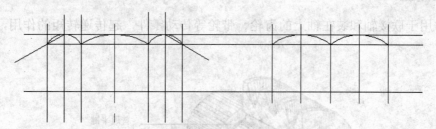

图 9-25 绘制直线和圆弧

[7] 使用【修剪】工具将图形中的多余图线修剪掉，修剪结果如图 9-26 所示。

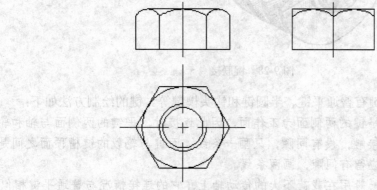

图 9-26 修剪多余图线

[8] 设置图层并完成标注，六角螺母绘制完成的结果如图 9-27 所示。

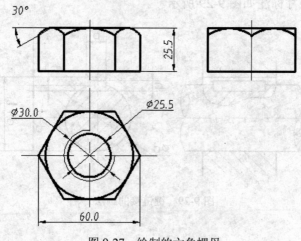

图 9-27 绘制的六角螺母

9.2 绘制连接件

标准件中的键、销都是用来连接其他零件，也起定位作用。键、销的结构、形式和尺寸都可以从国家标准中查询选用。

9.2.1 绘制键

键通常用于联接轴和装在轴上的齿轮、带轮等传动零件，起传递转矩的作用，如图 9-28 所示。

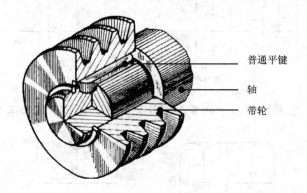

图 9-28 键联接

键是标准件，常用的键有普通平键、半圆键和钩头楔键等。键的绘制方法如下：
- 普通平键：普通平键的两侧面为工作面，因此连接时，平键的两侧面与轴和轮毂键槽侧面之间相互接触，没有间隙，只画一条线。而键与轮毂的键槽顶面之间是非工作面，不接触，应留有间隙，画两条线。
- 半圆键：半圆键一般用在载荷不大的传动轴上，它的连接情况与普通平键相似。
- 楔键：楔键顶面是 1：100 的斜度装配是沿轴向将键打入键槽内，直至打紧为止，因此，它的上、下面为工作面，两侧面为非工作面，但画图时侧面不留间隙。

键连接的画法及尺寸标注如图 9-29 所示。

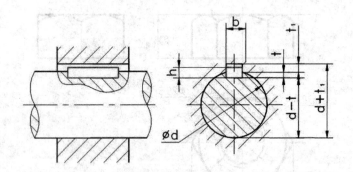

图 9-29 键链接的画法

9.2.2 绘制销

销主要用于零件之间的定位，也可用于零件之间的联接，但只能传递不大的扭矩。常见的有圆柱销、圆锥销和开口销等，它们都是标准件。圆柱销和圆锥销可以联接零件，也可以起定位作用（限定两零件间的相对位置），如图 9-30（a）、（b）所示。开口销常用在螺纹联接的装置中，以防止螺母的松动，如图 9-30（c）所示。

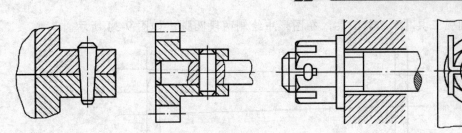

（a）圆锥销联接的画法　　　（b）圆柱销联接的画法　　　（c）开口销联接的画法

图 9-30　销联接

下面以实例来说明圆锥销的绘制方法与过程，如图 9-31 所示。具体的规格参数如下：$d=10$、$l=80$、$\alpha=4$。

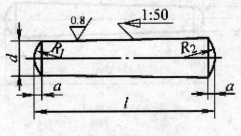

图 9-31　圆锥销

实训——绘制圆锥销

[1]　打开 CAD 工程图样板文件。

[2]　使用【直线】工具和【偏移】工具，绘制如图 9-32 所示的中心线和其他直线。

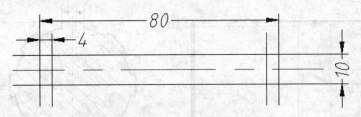

图 9-32　绘制中心线和偏移对象直线

[3]　使用【旋转】工具，将中心线两侧的直线分别旋转 1.5°和-1.5°。旋转直线的结果如图 9-33 所示。

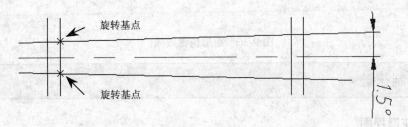

图 9-33　旋转直线

[4] 使用圆弧工具【3点】工具，在图形中绘制两段圆弧，如图9-34所示。

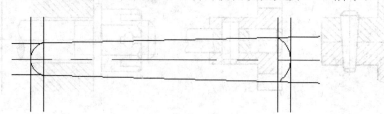

图9-34 绘制圆弧

[5] 使用【修剪】工具，将多余图线修剪，然后为图线指定图层，并加以标注。最终完成的结果如图9-35所示。

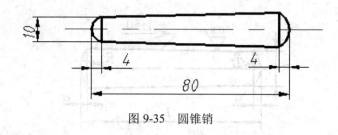

图9-35 圆锥销

9.2.3 绘制花键

花键是机械领域常常需要应用的元素，它的结构和尺寸都是标准化的。根据齿形的不同，花键主要有矩形和渐开线形两种，其中矩形类花键的应用十分广泛。

下面来绘制一款矩形外花键（GB1144—1987，8-50x46x9），效果如图9-36所示。

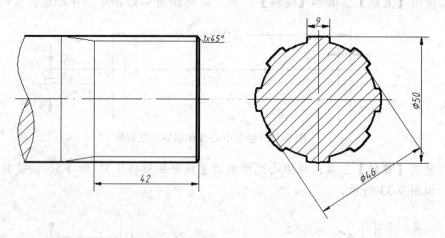

图9-36 矩形花键效果

实训——绘制花键

1. 绘制花键视图

[1] 创建一个图形文件，设置好绘图的环境，如单位、界限、捕捉功能等，设置文本样

[11] 将【粗实线】层置换为当前层，选择【直线】命令，绘制出外花键大径，如图9-46所示。

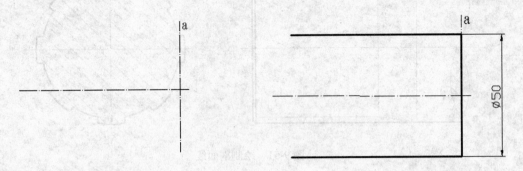

图9-45 绘制作图辅助线　　　　　图9-46 绘制外花健大径

[12] 将【细实线】层置换为当前层，选择【直线】命令，绘制出外花键小径，如图9-47所示。

[13] 选择【直线】命令，用细实线绘制外花键键齿终止线和尾部末端线，如图9-48所示。

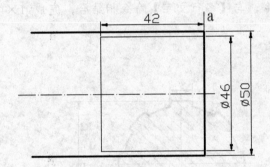 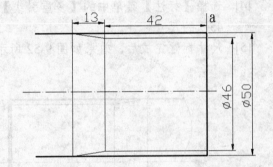

图9-47 绘制外花键小径　　　　　图9-48 绘制键齿终止线和尾部末端线

[14] 选择【倒角】命令，对外花键前端进行 1×45° 的倒角，然后选择【修剪】命令，修剪多余的图线，选择【直线】命令，补画缺线，效果如图9-49所示。

[15] 选择【样条曲线】命令，绘制断裂线，如图9-50所示。

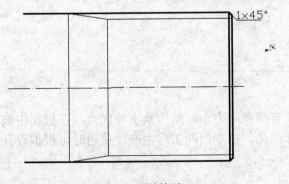 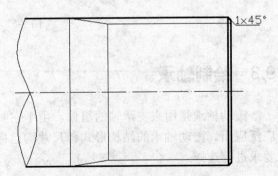

图9-49 绘制倒角　　　　　　　　图9-50 绘制断裂线

[16] 选择【图案填充】命令，绘制剖面线，效果如图9-51所示。

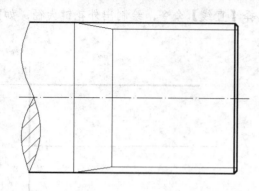 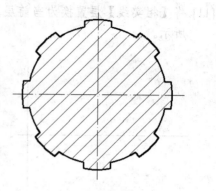

图 9-51 绘制剖面线

2. 标注花键的尺寸

[1] 将【尺寸】层设置为当前层，选择当前标注样式为【直线】。
[2] 选取【标注】工具栏上的【线性】工具，标注花键的线性尺寸。
[3] 选取【直径】工具，标注出Φ50、Φ46的外花键大径、小径尺寸。
[4] 选择【标注】菜单中的【多重引线】命令，与【多行文字】命令相结合，完成 1×45°的尺寸标注。
[5] 尺寸标注完成后，效果如图 9-52 所示。

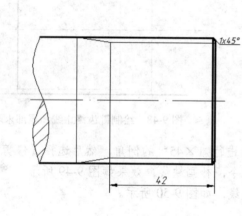 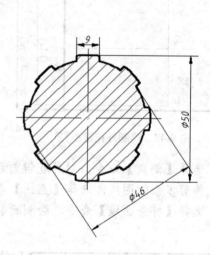

图 9-52 完成标注

9.3 绘制轴承

滚动轴承是用来支承轴的组件，由于它具有摩擦阻力小、结构紧凑等优点，在机器中被广泛应用。滚动轴承的结构形式、尺寸均已标准化，由专门的工厂生产，使用时可根据设计要求进行选择。

9.3.1 滚动轴承的一般画法

滚动轴承一般由外圈、内圈、滚动体和保持架组成。按承受载荷的方向，滚动轴承可分为三类：深沟球轴承、推力球轴承和圆锥滚子轴承。
- ◆ 深沟球轴承：主要承受径向载荷。
- ◆ 推力球轴承：主要承受轴向载荷。
- ◆ 圆锥滚子轴承：同时承受径向载荷和轴向载荷。

在装配图中滚动轴承的轮廓按外径 D、内径 d、宽度 B 等实际尺寸绘制，其余部分用简化画法或用示意画法绘制。在同一图样中，一般只采用其中的一种画法。滚动轴承的画法包括以下几种，如图 9-53 所示。

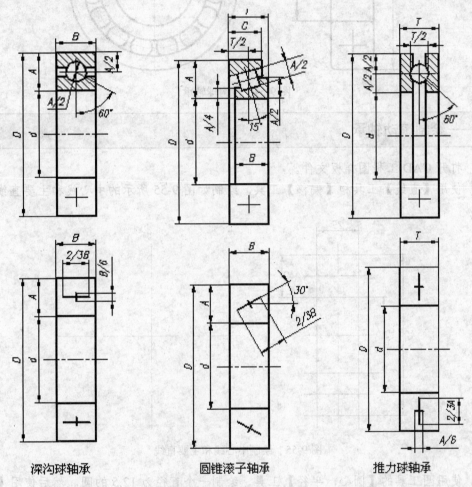

图 9-53　滚动轴承的画法

9.3.2　绘制滚动轴承

滚动轴承剖视图轮廓应按外径 D、内径 d、宽度 B 等实际尺寸绘制，轮廓内可用简化画法或示意画法绘制。下面以一个绘制实例来说明深沟球轴承在 AutoCAD 中的绘制方法与操作过程。

深沟球轴承参数示意图如图 9-54 所示。

具体的规格参数如下：D=95、d=45、A=25、B=25。

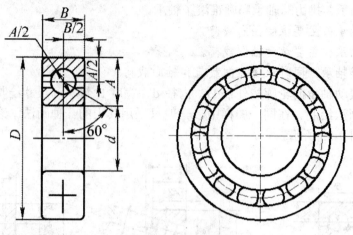

图 9-54 深沟球轴承

实训——绘制滚动轴承

[1] 打开 CAD 工程图样板文件。
[2] 使用【直线】工具和【偏移】工具，绘制如图 9-55 所示的中心线和主要直线。

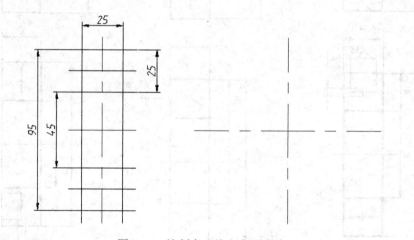

图 9-55 绘制中心线和主要直线

[3] 使用圆工具的【圆心，半径】工具，绘制一个直径为 12.5 的圆。然后使用【直线】工具，以圆的心为起点，绘制角度为-30°的斜线，如图 9-56 所示。
[4] 使用【直线】工具，绘制一条通过斜线与圆的交点的水平直线，然后使用【镜像】工具，以圆中心线为镜像线，创建出镜像对象直线，如图 9-57 所示。

操作技巧

绘制 4 个圆时，指定圆半径时，只需指定直线与中心线的交点即可。

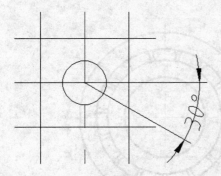
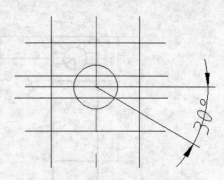

图 9-56 绘制圆和斜线　　　　　　　图 9-57 绘制直线并创建镜像对象

[5] 将步骤（4）绘制的直线和镜像对象，以及其余三条直线延伸，足以与右边的中心线相交。然后使用圆工具的【圆心，半径】工具，绘制如图 9-58 所示的四个圆。

[6] 使用【复制】工具，将小圆复制到其中心线的延伸线与右边大圆中心线的交点上。

[7] 在菜单栏选择【修改】|【阵列】|【环形阵列】工具，以小圆的圆心为基点，以大圆的中心为阵列中心点，阵列出项目数为 15 个小圆，如图 9-59 所示。

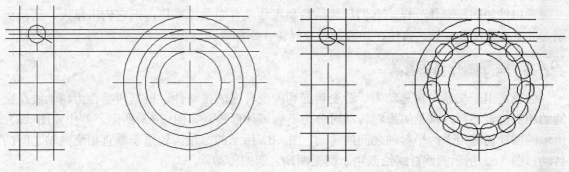

图 9-58 延伸直线并绘制圆　　　　　　图 9-59 创建的阵列对象

[8] 使用【修剪】工具，将图形中的多余图线修剪，修剪后的结果如图 9-60 所示。

[9] 使用【圆角】工具，在左边视图中创建半径为 2 的圆角。然后使用【图案填充】工具，选择 ANSI31 图案进行填充，如图 9-61 所示。

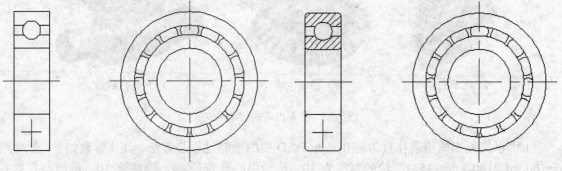

图 9-60 修剪多余图线　　　　　　　图 9-61 创建圆角并填充图案

[10] 为图线指定图层，并加以标注，最终轴承视图绘制完成的结果如图 9-62 所示。

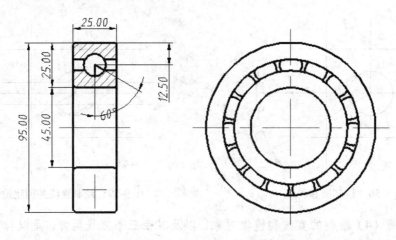

图 9-62 深沟球轴承

9.4 绘制常用件

常用件如同标准件一样，它们只是结构和尺寸没有完全标准化，但它们用量大，结构典型，并有标准参数，如：齿轮、弹簧，以及涡轮、蜗杆等。

9.4.1 绘制圆柱直齿轮

齿轮是用于机器中传递动力、改变旋向和改变转速的传动件。根据两啮合齿轮轴线在空间的相对位置不同，常见的齿轮传动可分为下列三种形式，如图 9-63 所示。其中，图（a）所示的圆柱齿轮用于两平行轴之间的传动；图（b）所示的圆锥齿轮用于垂直相交两轴之间的传动；图（c）所示的蜗杆蜗纶则用于交叉两轴之间的传动。

（a）圆柱齿轮　　　　（b）圆锥齿轮　　　　（c）蜗杆蜗轮

图 9-63 常见齿轮的传动形式

下面以实例来说明圆柱直齿轮在 AutoCAD 中的绘制过程与方法。具体参数如下：分度圆 $d=160$、$d_a=180$、$d_f=135$，齿轮的厚度为 30，齿轮中心孔直径 44，键槽宽 10，键槽与孔总高为 47.3。

圆柱齿轮的一般画法如图 9-64 所示。

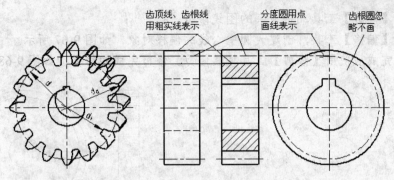

图 9-64 圆柱齿轮的一般画法

实训——绘制圆柱直齿轮

[1] 打开用户自定义制图样板文件。
[2] 使用【直线】工具和【偏移】工具,绘制如图 9-65 所示的中心线及偏移对象直线。

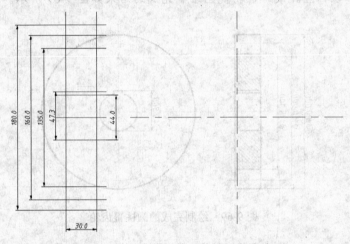

图 9-65 绘制中心线及偏移对象直线

[3] 使用圆弧工具的【圆心,半径】工具,绘制如图 9-66 所示的圆。

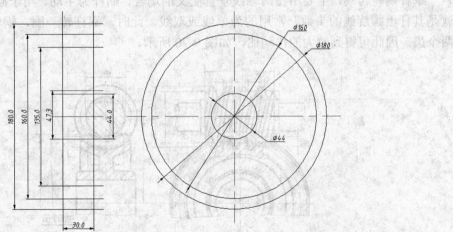

图 9-66 绘制圆

[4] 使用【修剪】工具，将多余的图线修剪。

[5] 使用【偏移】工具，创建大圆中心线的偏移对象，如图 9-67 所示。

[6] 创建完成后使用【修剪】工具将其修剪。修剪完成的结果，如图 9-68 所示。

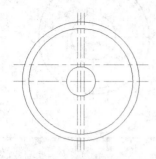
图 9-67　绘制偏移对象直线

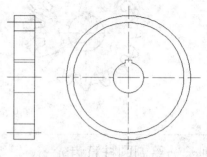
图 9-68　修剪多余图线

[7] 使用【图案填充】工具，选择 ANSI31 图案，对图形进行填充。最后为图线指定图层，并加以标注。最终齿轮视图绘制完成的结果如图 9-69 所示。

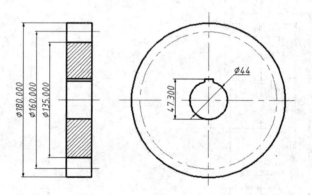
图 9-69　绘制完成的圆柱直齿轮

9.4.2　绘制蜗杆、蜗轮

蜗杆蜗轮传动，主要用在两轴线垂直交叉的场合，蜗杆为主动，用于减速，蜗杆的齿数，就是其杆上螺旋线的头数，常用的为单线或双线，此时，蜗杆转一圈，蜗轮只转一个齿轮或两个齿。因此可得到较大的传动比，如图 9-70 所示。

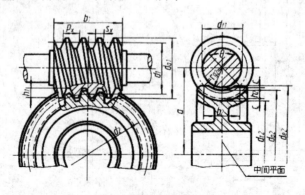
图 9-70　蜗杆和涡轮传动

1. 绘制蜗杆

下面以实例来说明蜗杆的绘制方法及操作过程。蜗杆的参数如下：$d_{f1}=38$、$d_1=50$、$d_{a1}=60$、$p_x=15.7$，蜗杆的齿宽 b_1 为 70，轴直径为 30。

单个蜗杆的主要尺寸及画法如图 9-71 所示。

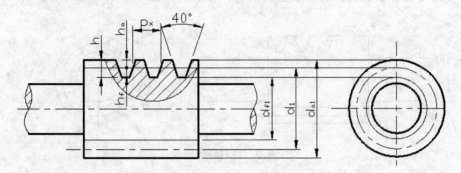

图 9-71　单个蜗杆的主要尺寸及画法

实训——绘制蜗杆

[1] 打开用户自定义制图样板文件。

[2] 使用【直线】工具和【偏移】工具，绘制如图 9-72 所示的中心线、直线及偏移对象。

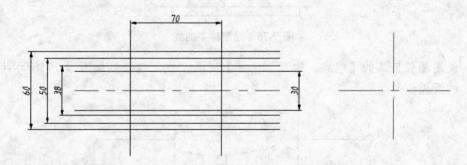

图 9-72　绘制中心线、直线及偏移对象

[3] 使用【圆心，直径】工具，在右边中心线上绘制四个圆，如图 9-73 所示。

[4] 使用【直线】工具，在左边视图上绘制如图 9-74 所示的斜线。

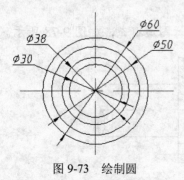

图 9-73　绘制圆

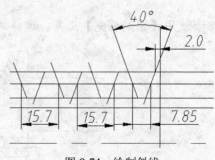

图 9-74　绘制斜线

操作技巧

绘制斜线时，先绘制出垂直的线，然后使用【旋转】工具旋转直线即可。

[5] 使用【修剪】工具，将多余图线修剪，修剪的结果如图 9-75 所示。

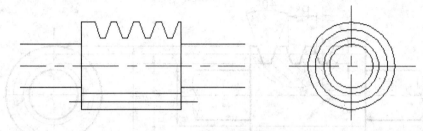

图 9-75 修剪多余图线

[6] 使用【样条曲线】工具，绘制出如图 9-76 所示的样条曲线。

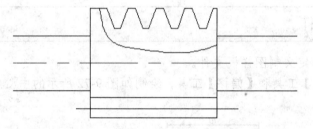

图 9-76 绘制样条曲线

[7] 使用圆弧工具的【起点，端点，半径】工具，在两端绘制如图 9-77 所示半径为 15 的圆弧。

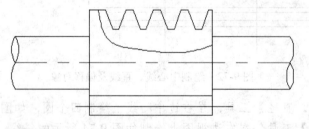

图 9-77 绘制圆弧

[8] 使用【图案填充】工具，选择 ANSI31 图案进行图案填充，如图 9-78 所示。

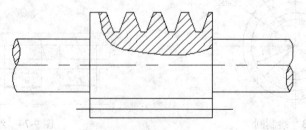

图 9-78 填充图案

[9] 对图形中的图线指定图层,并加以标注。涡杆绘制完成的结果如图 9-79 所示。

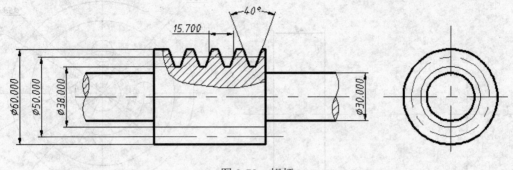

图 9-79 蜗杆

2. 绘制涡轮

蜗轮可以看做是一个斜齿轮,为了增加与蜗杆的接触面积,蜗轮的齿顶常加工成凹弧形。单个涡轮的尺寸及画法如图 9-80 所示。

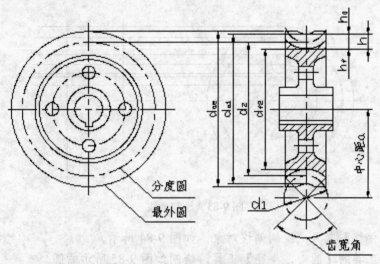

图 9-80 单个蜗轮的尺寸及画法

下面以实例来说明蜗轮的绘制方法及操作过程。蜗轮的参数如下:d_{a2}=110、d_2=100、d_{f2}=88、d_{ae}=127.5,中心距 a 为 80,咽喉面直径 d1 为 40,涡轮厚度为 45。

实训——绘制涡轮

[1] 打开用户自定义制图样板文件。
[2] 使用【直线】工具和【偏移】工具,绘制如图 9-81 所示的中心线和偏移对象。
[3] 使用圆工具的【圆心,直径】工具,绘制如图 9-82 所示的圆。

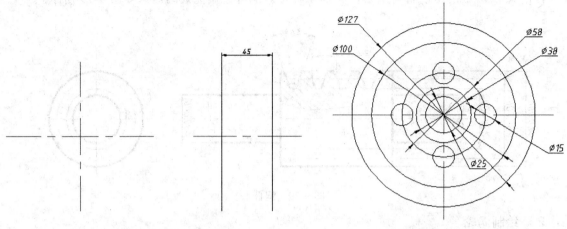

图 9-81 绘制中心线和偏移对象　　　　图 9-82 绘制圆

[4] 使用【直线】工具，创建与圆相切的直线，如图 9-83 所示。

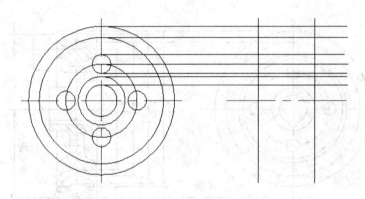

图 9-83 绘制直线

[5] 使用【偏移】工具，绘制偏移对象，如图 9-84 所示。
[6] 使用圆工具的【圆心，半径】工具，绘制如图 9-85 所示的圆。

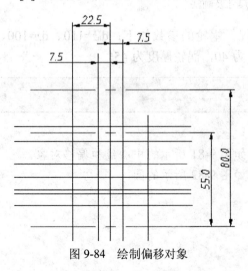 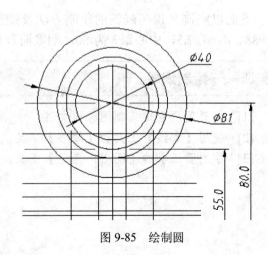

图 9-84 绘制偏移对象　　　　　　　图 9-85 绘制圆

[7] 使用【修剪】工具，将图形中多余图线修剪掉，修剪的结果如图 9-86 所示。

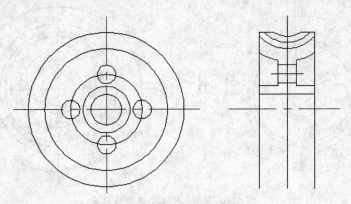

图 9-86　修剪多余图线

[8] 使用【圆角】工具创建四个圆角。再使用【圆心，半径】工具绘制两个圆，两圆与直线相切，如图 9-87 所示。

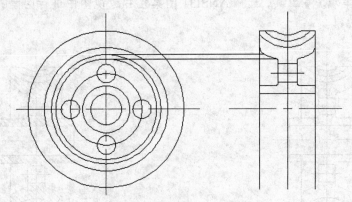

图 9-87　创建圆角、直线和圆

[9] 使用【修剪】工具修剪多余线段，如图 9-88 所示。

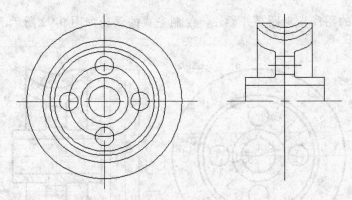

图 9-88　修剪直线

[10] 使用【偏移】工具，在左边视图中创建偏移直线，并进行修剪，如图 9-89 所示。

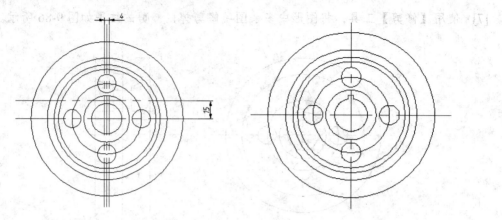

图 9-89 创建直线并修剪直线

[11] 使用【镜像】工具，在右边视图中以中心线作为镜像线，并创建出镜像对象，如图 9-90 所示。

[12] 使用【图案填充】工具，选择 ANSI31 图案在右边视图中进行图案的填充，如图 9-91 所示。

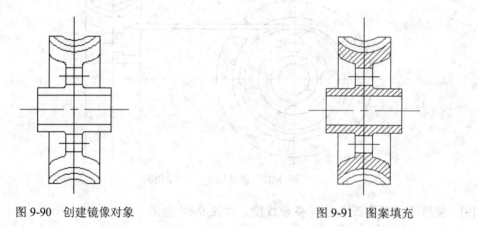

图 9-90 创建镜像对象　　　　　　　　　图 9-91 图案填充

[13] 为图形中的图线指定图层并标注，绘制完成的涡轮如图 9-92 所示。

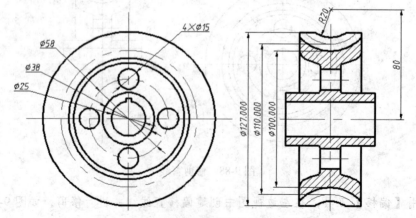

图 9-92 绘制完成的涡轮

9.4.3 绘制弹簧

弹簧是在机械中广泛地用来减振、夹紧、储存能量和测力的零件。常用的弹簧如图 9-93 所示。

如图 9-94 所示，制造弹簧用的金属丝直径用 d 表示；弹簧的外径、内径和中径分别用 D_2、D_1 和 D 表示；节距用 p 表示；高度用 H_0 表示。

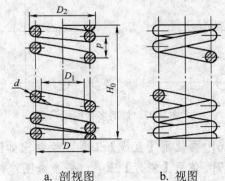

a. 压缩弹簧　b. 拉力弹簧　c. 扭力弹簧　　　　　　a. 剖视图　　　b. 视图

图 9-93　圆柱螺旋弹簧　　　　　　　　图 9-94　圆柱螺旋压缩弹簧的尺寸

下面以实例来说明弹簧的绘制方法与操作过程。绘制弹簧所取的参数如下：弹簧丝直径 d=6、中径 D=40、节距 p=15、自由长度 H0=80。

实训——绘制弹簧

[1] 打开用户自定义制图样板文件。
[2] 使用【直线】工具和【偏移】工具，绘制如图 9-95 所示的中心线和偏移对象。
[3] 使用圆工具的【圆心，半径】工具，绘制直径为 6 的小圆，如图 9-96 所示。

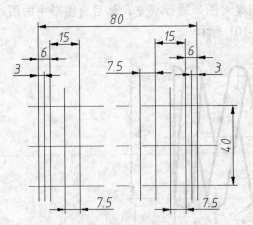
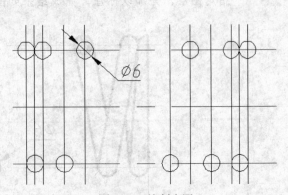

图 9-95　绘制中心线和偏移对象　　　　　　图 9-96　绘制小圆

[4] 使用【修剪】工具，将多余图线修剪掉，修剪的结果如图 9-97 所示。
[5] 使用【直线】工具，绘制如图 9-98 所示的直线。

> **操作技巧**
>
> 在绘制直线时，可在工具行输入 tan，使创建的直线与圆相切。

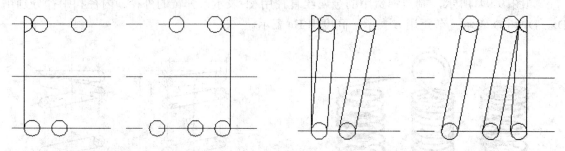

图 9-97 修剪多余图线　　　　　　　图 9-98 绘制直线

[6] 再使用【直线】工具，绘制出如图 9-99 所示的直线。

[7] 使用【修剪】工具，将多余图线修剪，然后使用【直线】工具，为小圆添加中心线，如图 9-100 所示。

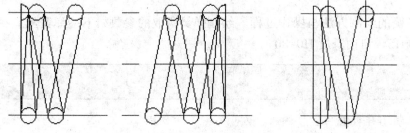
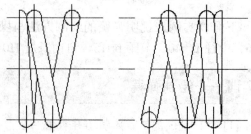

图 9-99 绘制直线　　　　　　　图 9-100 绘制中心线并修剪图线

[8] 使用【图案填充】工具，选择 ANSI31 图案对图形进行填充。然后为图形中的图线指定图层，并加以标注，完成结果如图 9-101 所示。

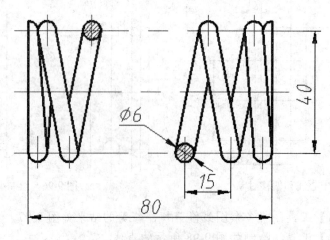

图 9-101 弹簧

9.5 综合训练——绘制旋钮

引入光盘：无
结果文件：多媒体\实例\结果文件\Ch09\旋钮.dwg
视频文件：多媒体\视频\Ch09\绘制旋钮.avi

旋钮是机械领域中非常常见的机件之一，下面来绘制一个典型的旋钮图形，效果如图 9-102 所示。

绘制时采用了主视图和左视图的方式，其中左视图中为了表达旋钮内部的结果，采用了全剖。

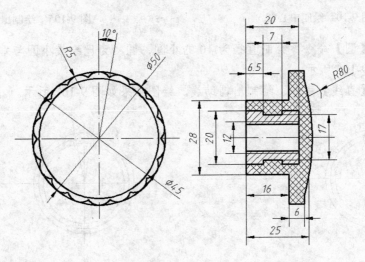

图 9-102　旋钮

9.5.1 绘制旋钮的视图

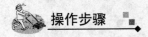

[1] 打开样板文件。

[2] 创建好图形并设置好绘图的环境，设置绘制图形时需要创建的图层，如图 9-103 所示。

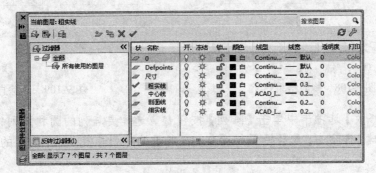

图 9-103　创建图层

[3] 绘制中心线。选择【直线】命令，绘制长度大约为 120 的水平中心线和长度大约为 60 的垂直中心线，如图 9-104 所示。

[4] 选择【圆】命令，以中心线的交点为圆心，绘制出三个圆，半径分别为 20、22.5 和 25，如图 9-105 所示。

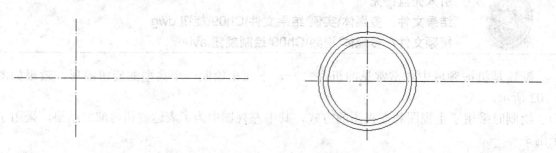

图 9-104　绘制中心线　　　　　　　　图 9-105　绘制出三个圆

[5] 选择【圆】命令，绘制直径为 10 的小圆，圆心为已绘最小圆与垂直中心线的交点，如图 9-106 所示。

[6] 选择【直线】命令，绘制出辅助线，绘图结果如图 9-107 所示。

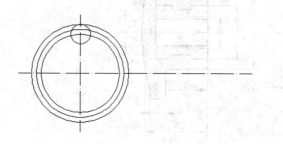
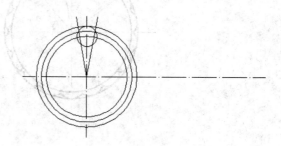

图 9-106　绘制小圆　　　　　　　　图 9-107　绘制直线

[7] 选择【修剪】命令，对圆弧进行修剪，如图 9-108 所示。

[8] 删除多余的直线，结果如图 9-109 所示。

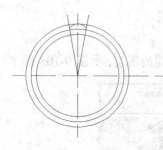
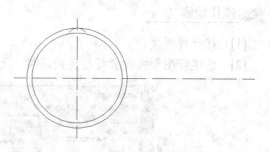

图 9-108　修剪结果　　　　　　　　图 9-109　删除直线

[9] 在【修改】选项卡中单击【阵列】按钮，选择要阵列的圆和阵列中心点，弹出【阵列创建】选项卡，然后设置如图 9-110 所示的阵列参数，并完成圆的阵列，如图 9-111 所示。

图 9-110 阵列设置

操作技巧

从图中可以看出，此时通过选中【环形阵列】项来进行环形阵列设置。同时，通过【选择对象】按钮选择经过修剪后得到的圆弧为阵列对象；通过与【中心点】对应的按钮捕捉两条中心线的交点为阵列中心；将阵列项目设为 18、填充角度设为 360。

[10] 单击【确定】按钮，完成阵列操作，结果如图 9-111 所示。

[11] 选择【直线】命令，在左视图位置处绘制出位于最左侧的垂直线，如图 9-112 所示。

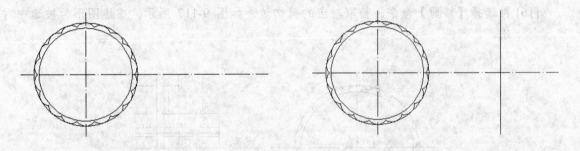

图 9-111 完成阵列　　　　　　　　图 9-112 绘制出位于最左侧的垂直线

[12] 选择【偏移】命令，对所绘直线进行偏移复制，偏移距离分别为 6.5、13.5、16、20、22、25，如图 9-113 所示。

[13] 选择【偏移】命令，以水平中心线为偏移对象，对其进行偏移复制，偏移距离依次为 5、6、8.5、10、14、25，如图 9-114 所示。

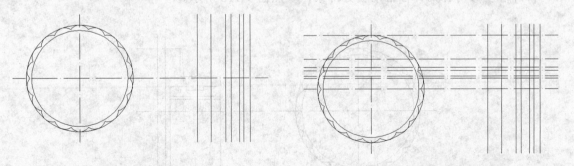

图 9-113 偏移垂直平行线　　　　　　图 9-114 偏移水平平行线

[14] 选择【修剪】命令，拾取对应的剪切边，如图 9-115 所示，虚线图形为被选中对象。

[15] 在要修剪掉的部位拾取被剪对象，参照图 9-116 所示。

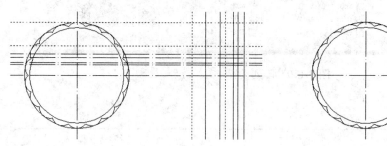
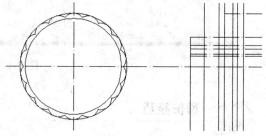

图 9-115 拾取对应的剪切边　　　　　图 9-116 拾取被剪对象

> **操作技巧**
>
> 因左视图中的线条较多,所以下面分两步进行修剪。

[16] 再选择【修剪】命令,拾取对应的剪切边,如图 9-117 所示,虚线图形为被选中对象。

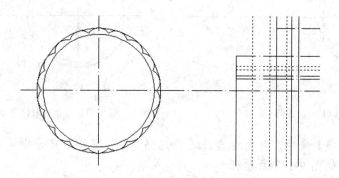

图 9-117 拾取对应的剪切边

[17] 在要修剪掉的部位拾取被剪对象,参照图 9-118 所示。

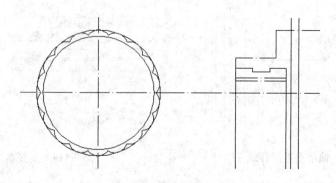

图 9-118 拾取被剪对象

[18] 选择【圆】命令，绘制出一个圆，按下 Shift 键后单击鼠标右键，打开对象捕捉快捷菜单，选择【自】菜单项，绘制结果如图 9-119 所示。

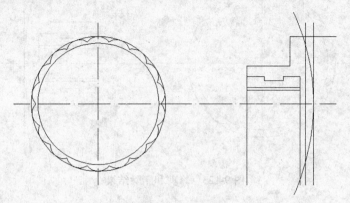

图 9-119　绘制圆

[19] 选择【修剪】命令，选择剪切边，如图 9-120 中的虚线所示，参照如图 9-121 所示，在需要修剪掉的部位拾取对应对象。

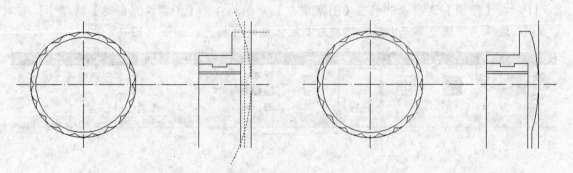

图 9-120　选择剪切边　　　　　　　　　图 9-121　拾取对应对象

[20] 选择【镜像】命令，按水平轴对图形进行镜像复制，如图 9-122 所示。

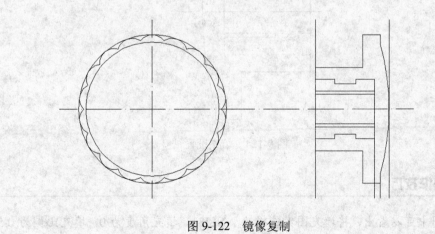

图 9-122　镜像复制

[21] 选择【修剪】命令，对图形进行修剪，选择【删除】命令，删除多余的图线，如图 9-123 所示。

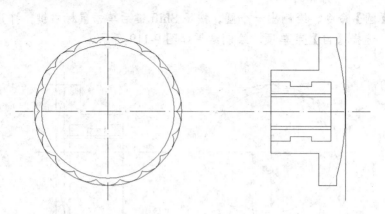

图 9-123 修剪和删除结果

9.5.2 剖面填充和标注尺寸

1. 填充金属剖面线

[1] 在【绘图】选项卡中单击【图案填充】命令,打开【图案填充创建】选项卡,在对选项卡中进行填充设置,然后对制定区域进行填充,如图 9-124 所示。

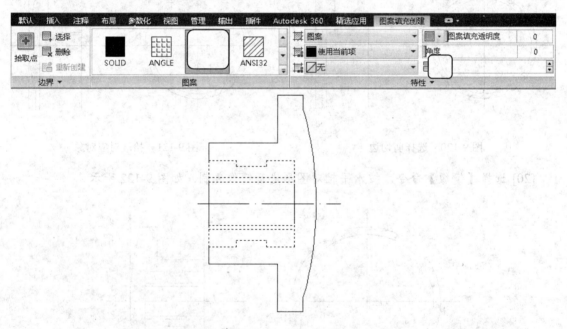

图 9-124 填充设置

操作技巧

从图中可以看出,将填充图案选择为 ANSI31,填充角度为 0,填充比例为 0.5,并通过"拾取点"按钮确定了填充边界(如图中的虚线部分所示)。

[2] 单击对话框中的【确定】按钮，完成金属剖面线的填充。

2. 填充非金属剖面线

[1] 在【绘图】选项卡中单击【图案填充】命令，打开【图案填充创建】选项卡，在选项卡中进行填充设置，如图 9-125 所示。

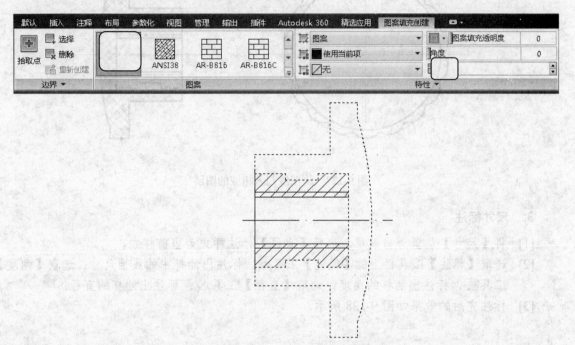

图 9-125　填充设置

操作技巧

从图中可以看出，将填充图案选择为 ANSI37，填充角度为 0，填充比例为 0.6，并通过"拾取点"按钮确定了填充边界（如图中的虚线部分所示）。

[2] 单击对话框中的【确定】按钮，完成金属剖面线的填充，结果如图 9-126 所示。

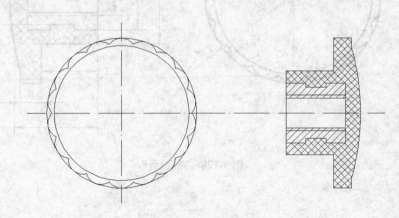

图 9-126　填充结果

[3] 将图形中的图线分别归入相应的图层，如图 9-127 所示。

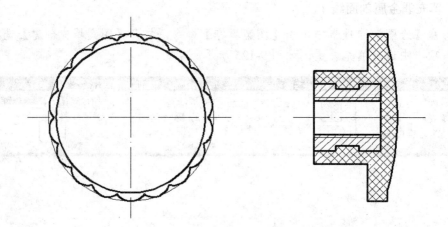

图 9-127 将图线归入相应的图层

3. 尺寸标注

[1] 将【尺寸】层置为当前层，选择【直线】标注样式为当前样式。

[2] 选取【标注】工具栏上的【线性】工具 ⊢，标注出油杯中的线性尺寸；选取【角度】工具 △，标注出油杯的角度；选取【直径】工具 ⊘，标注出油杯的直径。

[3] 标注完后的效果如图 9-128 所示。

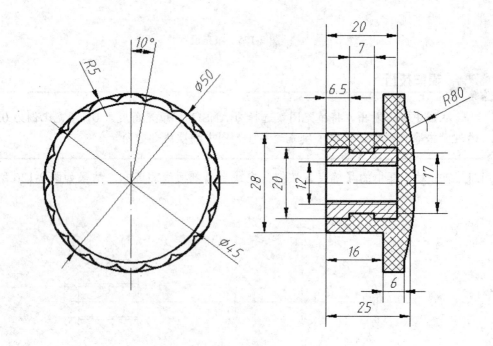

图 9-128 完成标注

9.6 课后习题

1. 绘制泵盖

绘制如图 9-129 所示的泵盖常用件。

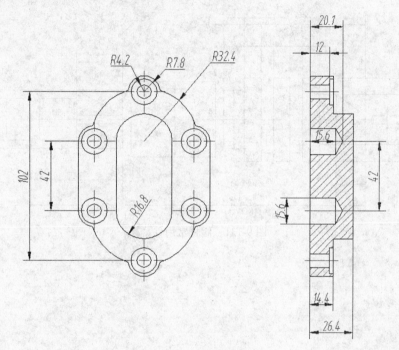

图 9-129 泵盖常用件

2. 绘制法兰

绘制如图 9-130 所示的法兰常用件。

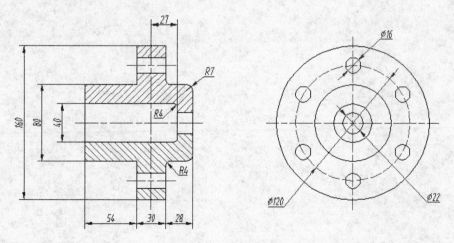

图 9-130 法兰常用件

3. 绘制阀杆

绘制如图 9-131 所示的阀杆常用件。

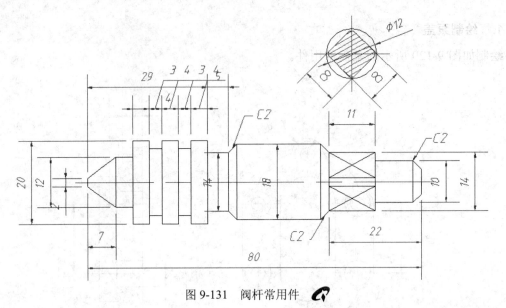

图 9-131 阀杆常用件

第 10 章

绘制机械零件工程图

在机械设计领域中，零件图反映了设计者的意图，是设计者提交给生产部的技术文件，它表达了加工时对零件的要求，这些要求包括对零件的结构要求和制造工艺的可能性、合理性要求等，零件图是制造和检验零件的依据。

在本章中，我们介绍机械图样中常用的表达方法、视图选择的原则，并将通过几个典型案例进一步介绍绘制零件图的方法和步骤。

 知识要点

- ◆ 零件与零件图基础
- ◆ 零件图读图与识图
- ◆ 零件工程图绘制实例

 案例解析

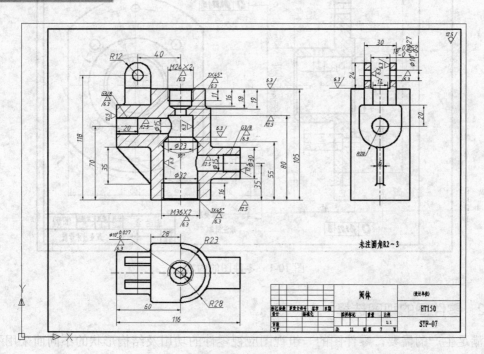

阀体零件图

10.1 零件与零件图基础

表达零件的图样称为零件工作图,简称零件图,它是制造和检验零件的重要技术文件。在机械设计、制造过程中,人们常使用机械零件的零件工程图来辅助制造、检验生产流程,并用以测量零件尺寸参考。

10.1.1 零件图的作用与内容

作为生产基本技术文件的零件图,引导提供生产零件所需的全部技术资料,如结构形式、尺寸大小、质量要求、材料及热处理等等,以便生产、管理部门据以组织生产和检验成品质量。

一张完整的零件图应包括下列基本内容。

- ◆ 一组图形:用视图、剖视、断面及其他规定画法来正确、完整、清晰地表达零件的各部分形状和结构。
- ◆ 尺寸:正确、完整、清晰、合理地标注零件的全部尺寸。
- ◆ 技术要求:用符号或文字来说明零件在制造、检验等过程中应达到的一些技术要求,如表面粗糙度、尺寸公差、形状和位置公差、热处理要求等。技术要求的文字一般注写在标题栏上方图纸空白处。
- ◆ 标题栏:标题栏位于图纸的右下角,应填写零件的名称、材料、数量、图的比例以及设计、描图、审核人的签字、日期等各项内容。

完整的零件图如图10-1所示。

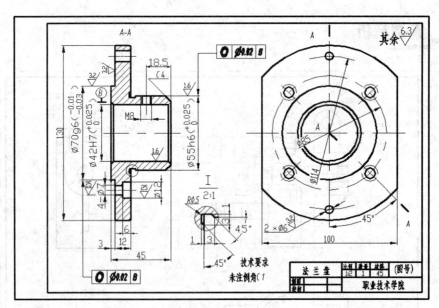

图10-1 零件图的内容

10.1.2 零件图的视图选择

为满足生产的需要,零件图的一组视图应视零件的功用及结构形状的不同而采用不同的视图及表达方法。例如轴套零件,选择一个视图就能表达其结构,如图10-2所示。

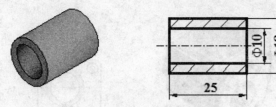

图 10-2 轴套零件的视图选择

1. 视图选择的要求

零件视图的表达需要完全、正确和清楚。详细要求如下：
- ◆ 完全：零件各部分的结构、形状及其相对位置表达完全且唯一确定。
- ◆ 正确：视图之间的投影关系及表达方法要正确。
- ◆ 清楚：所画的图形要清晰易懂。

2. 视图选择方法及步骤

选择视图时，要结合零件的工作位置和加工位置，选择最能反映零件形状特征的视图作为主视图，包括运用各种表达方法，如剖视、断面等，并选好其他视图。选择视图的原则是：在完整、清晰地表达零件内外形状和结构的前提下，尽量减少视图数量。

视图的选择首先要分析零件，分析完成后就选择一个主视图，接着选择其他视图，最后从多个视图方案中进行比较，得到最理想的零件表达效果。

3. 分析零件

零件的分析的选择按如图 10-3 所示的层次来进行。

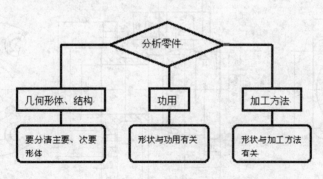

图 10-3 分析零件

4. 选主视图

选主视图首先确定零件的安放位置，包括加工位置（轴类、盘类）和工作位置（支架、壳体类），然后再确定其投射的方向，投射的确定需要保证能清楚地表达主要形体特征的形状特征。

5. 选其他视图

选其他视图时，首先考虑表达主要形体的其他视图，再补全次要形体的视图，如图 10-4 所示。

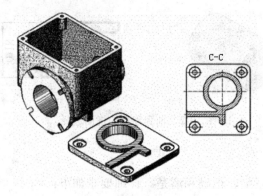

图 10-4　选择其他视图

10.1.3　各类零件的分析与表达

本节中，将结合若干具体零件，讨论零件视图表达方法（包括视图的选择和尺寸标注）。零件的种类繁多，不能一一介绍，这里仅就以下有代表性的零件作些分析。

1．箱体类零件

如图 10-5 所示的阀体以及减速器箱体、泵体、阀座等属于箱体类零件，且大多为铸件，一般起支承、容纳、定位和密封等作用，内外形状较为复杂。

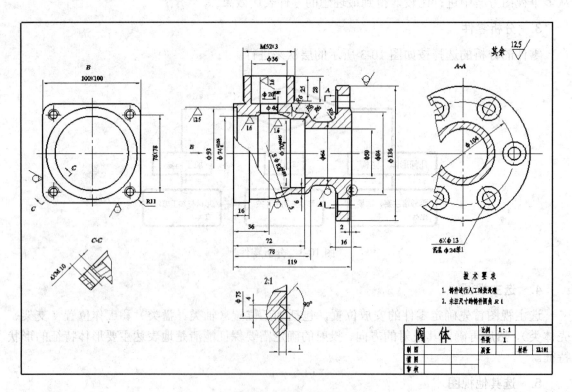

图 10-5　阀体零件图

（1）视图选择

这类零件一般经多种工序加工而成，因而主视图主要根据形状特征和工作位置确定，如

图 10-5 所示的主视图就是根据工作位置选定的。

由于零件结构较复杂，常需三个以上的图形，并广泛地应用各种方法来表达。在图 10-5 中，由于主视图上无对称面，采用了大范围的局部剖视来表达内外形状，并选用了 A-A 剖视，C-C 局部剖和密封槽处的局部放大图。

（2）尺寸分析

如图 10-5 所示的图纸中，零件的长、宽、高方向的主要基准是大孔的轴线、中心线、对称平面或较大的加工面。较复杂的零件定位尺寸较多，各孔轴线或中心线间的距离要直接注出。定形尺寸仍用形体分析法注出。

2. 叉架类零件

如图 10-6 所示的托架以及各种杠杆、连杆、支架等属于此类零件。叉架类零件的结构比较复杂，且往往带有倾斜结构，所以加工位置多变。

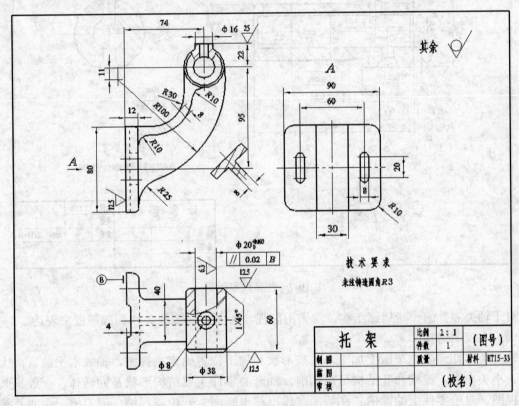

图 10-6 托架零件图

一般在选择主视图时，主要考虑工作位置和形状特征。叉架类零件一般需要两个基本视图和一些局部视图、斜视图及剖视图。

（1）视图选择

这类零件结构较复杂，需经多种加工，主视图主要由形状特征和工作位置来确定。一般需要两个以上基本视图，并用斜视图、局部视图，以及剖视、断面等表达内外形状和内部结构。

（2）尺寸分析

它们的长、宽、高方向的主要基准一般为加工的大底面、对称平面或大孔的轴线。定位尺寸较多，一般注出孔的轴线（中心）间的距离，或孔轴线到平面间的距离，或平面到平面间的距离。定形尺寸多按形体分析法标注，内外结构形状要保持一致。

3. 轴套类零件

如图 10-7 所示的柱塞阀以及齿轮轴、电动机转轴等即属于轴套类零件。为了加工时看图方便，主视图应将轴套类零件的轴线水平放置。

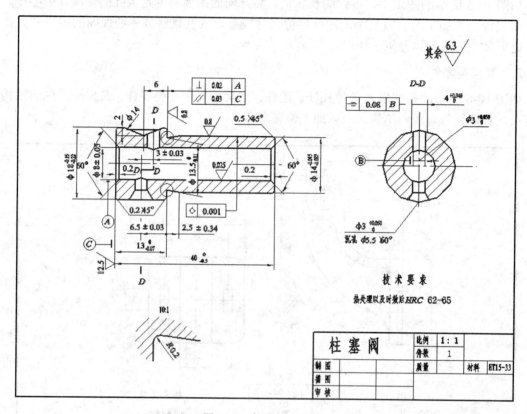

图 10-7 柱塞阀零件图

对于轴类零件的一些局部结构，常采用剖视、断面、局部放大和局部剖视来表达。

（1）视图选择

轴套类零件一般在车床上加工，要按形状和加工位置确定主视图，轴线水平放置，大头在左、小头在右，键槽和孔结构可以朝前。轴套类零件主要结构形状是回转体，一般只画一个主视图。对于零件上的键槽、孔等，可作出移出断面。砂轮越程槽、退刀槽、中心孔等可用局部放大图表达。

（2）尺寸分析

这类零件的尺寸主要是轴向和径向尺寸，径向尺寸的主要基准是轴线，轴向尺寸的主要基准是端面。要形体是同轴的，可省去定位尺寸。重要尺寸必须直接注出，其余尺寸多按加工顺序注出。为了清晰和便于测量，在剖视图上，内外结构形状尺寸应分开标注。零件上的标准结构，应按该结构标准尺寸注出。

4. 盘盖类零件

如图 10-8 所示的轴承盖以及各种轮子、法兰盘、端盖等属于此类零件。其主要形体是回转本，径向尺寸一般大于轴向尺寸。

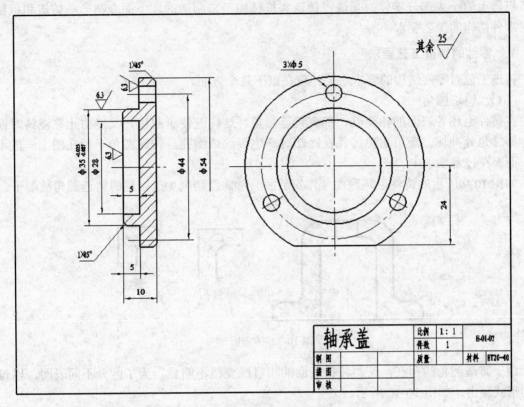

图 10-8　轴承盖零件图

（1）视图选择

这类零件的毛坯有铸件或锻件，机械加工以车削为主，主视图一般按加工位置水平放置，但有些较复杂的盘盖，因加工工序较多，主视图也可按工作位置画出。一般需要两个以上基本视图。

根据结构特点，视图具有对称面时，可作半剖视；无对称面时，可作全剖或局部剖视。其他结构形状如轮辐和肋板等可用移出断面或重合断面，也可用简化画法。

（2）尺寸分析

此类零件的尺寸一般为两大类：轴向及径向尺寸，径向尺寸的主要基准是回转轴线，轴向尺寸的主要基准是重要的端面。

定形和定位尺寸都较明显，尤其是在圆周上分布的小孔的定位圆直径是这类零件的典型定位尺寸，多个小孔一般采用如【3×Ø5 均布】形式标注，均布即等分圆周，角度定位尺寸就不必标注了。内外结构形状尺寸应分开标注。

轮盘类零件的主要加工方法是车削。因此，一般也是将这类零件的轴线水平放置，并作全剖、半剖或旋转剖视，以表达其内部结构。

10.1.4　零件的机械加工要求

零件结构形状的设计既要根据它在机器（或部件）中的作用，又要考虑加工制造的可能及是否方便。因此，在画零件图时，应该使零件的结构既能满足使用上的要求，又要使其制造加工方便合理，即满足工艺要求。

机器上的绝大部分零件，是通过铸造和机械加工来制造的，下面介绍一些铸造和机械加工对零件结构的工艺要求。

1. 零件的铸造工艺要求

铸造工艺对零件结构的要求主要体现在以下几个方面。

（1）铸造圆角

在铸件毛坯各表面的相交处，都有铸造圆角。这样既便于起模，又能防止在浇铸时铁水将砂型转角处冲坏，还可避免铸件在冷却时产生裂纹或缩孔。铸造圆角半径在图上一般不注出，而写在技术要求中。

如图 10-9 所示的铸件毛坯底面（作安装面）常需经切削加工，这时铸造圆角被削平。

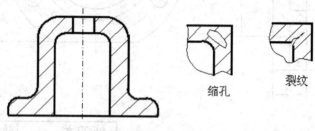

图 10-9　铸造圆角

由于铸造圆角的存在，使得铸件表面的相贯线变得不明显，为了区分不同表面，以过渡线的形式画出，如图 10-10 所示。

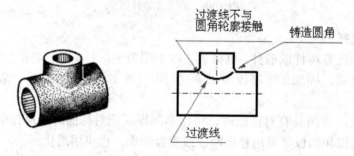

图 10-10　铸造圆角

（2）拔模斜度

铸件在内外壁沿起模方向应有斜度，称为拔模斜度。当斜度较大时，应在图中表示出来，否则不予表示，如图 10-11 所示。

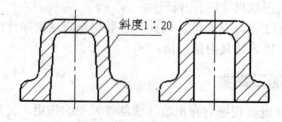

图 10-11　拔模斜度

（3）均匀壁厚

在浇铸零件时，为了避免各部分因冷却速度不同而产生缩孔或裂纹，铸件的壁厚应保持大致均匀，或采用渐变的方法，并尽量保持壁厚均匀，如图10-12所示。

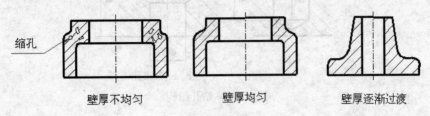

图 10-12　均匀壁厚

2. 零件的加工工艺要求

机械加工工艺对零件的要求主要体现在以下几个方面。

（1）圆角与倒角

为了便于零件的装配并消除毛刺或锐边，在轴和孔的端部都作出倒角。为减少应力集中，有轴肩处往往制成圆角过渡形式，称为倒圆。两者的画法和标注方法如图10-13所示。

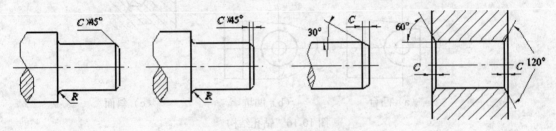

图 10-13　倒角与倒圆

（2）退刀槽和砂轮越程槽

在切削加工，特别是在车螺纹和磨削时，为便于退出刀具或使砂轮可稍微越过加工面，常在待加工面的末端先撤出退刀槽或砂轮越程槽，如图10-14所示。

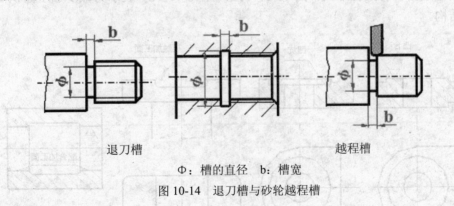

Φ：槽的直径　b：槽宽

图 10-14　退刀槽与砂轮越程槽

（3）钻孔结构

用钻头钻出的盲孔，底部有一个 120°的锥顶角。圆柱部分的深度称为钻孔深度，如图10-15（a）所示。在阶梯形钻孔中，有锥顶角为120°的圆锥台，如图10-15（b）所示。

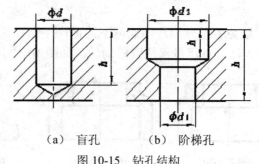

(a) 盲孔　　(b) 阶梯孔

图 10-15　钻孔结构

用钻头钻孔时,要求钻头轴线尽量垂直于被钻孔的端面,以保证钻孔避免钻头折断。如图 10-16 所示为三种钻孔端面的正确结构。

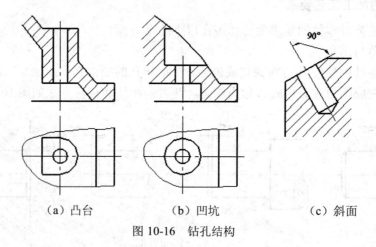

(a) 凸台　　(b) 凹坑　　(c) 斜面

图 10-16　钻孔结构

（4）凸台和凹坑

零件上与其他零件的接触面,一般都要进行加工。为减少加工面积并保证零件表面之间有良好的接触,常在铸件上设计出凸台和凹坑。如图 10-17（a）、图 10-17（b）所示为螺栓连接的支承面做成凸台和凹坑形式,图 10-17（c）、图 10-17（d）表示为减少加工面积而做成凹槽和凹腔结构。

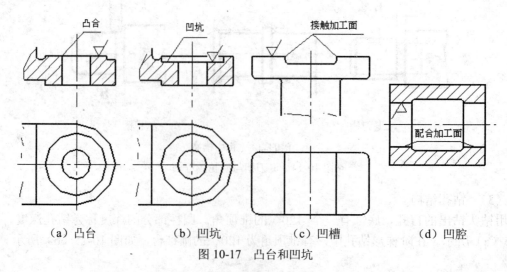

(a) 凸台　　(b) 凹坑　　(c) 凹槽　　(d) 凹腔

图 10-17　凸台和凹坑

10.1.5 零件图的技术要求

现代化的机械工业，要求机械零件具有互换性，这就必须合理地保证零件的表面粗糙度、尺寸精度以及形状和位置精度。为此，我国已经制定了相应的国家标准，在生产中必须严格执行和遵守。下面分别介绍国家标准《表面粗糙度》、《公差与配合》、《形状和位置公差》的基本内容。

1. 表面粗糙度

表面具有较小间距和峰谷所组成的微观几何形状的特征，称为表面粗糙度。评定零件表面粗糙度的主要评定参数是轮廓算术平均偏差，用 Ra 来表示。

（1） 表面粗糙度的评定参数

表面粗糙度是衡量零件质量的标志之一，它对零件的配合、耐磨性、抗腐蚀性、接触刚度、抗疲劳强度、密封性和外观都有影响。目前在生产中评定零件表面质量的主要参数是轮廓算术平均偏差。它是在取样长度 l 内，轮廓偏距 y 绝对值的算术平均值，用 R_a 表示，如图 10-18 所示。

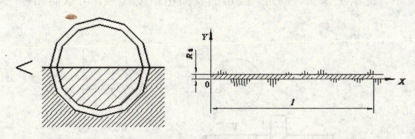

图 10-18 表面粗糙度

用公式可表示为：

$$R_a = \frac{1}{l} \int_0^l |y(x)| dx \cdots 或 \cdots R_a \approx \frac{1}{n} \sum_{i=1}^n |y_i|$$

（2） 表面粗糙度符号

表面粗糙度的符号及其意义见表 10-1。

表 10-1 表面粗糙度符号

符 号	意 义	符号尺寸
∨	基本符号，单独使用这符号是没有意义的	
∀	基本符号上加一短画，表示是用去除材料的方法获得表面粗糙度 例如：车、铣、钻、磨、剪切、抛光腐蚀、电火花加工等	
⌀	基本符号上加一小圆，表示表面粗糙度是用不去除材料的方法获得 例如：锻、铸、冲压、变形、热扎、冷扎、粉末冶金等或是用于保持原供应状态的表面	

（3）表面粗糙度的标注

在图样上每一表面一般只标注一次；符号的尖端必须从材料外指向表面，其位置一般注在可见轮廓线、尺寸界线、引出线或它们的延长线上；代号中数字方向应与国标规定的尺寸数字方向相同。当位置狭小或不便标注时，代号可以引出标注，如图10-19所示。

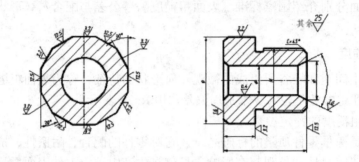

图 10-19　表面粗糙度代号的标注方法

特殊情况下，键槽工作面、倒角、圆角的表面粗糙度代号，可以简化标注，如图10-20所示。

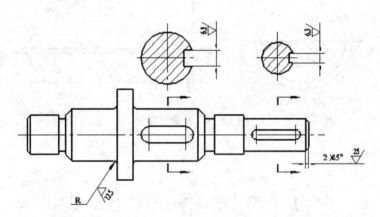

图 10-20　键槽、倒角、圆角粗糙度的标注

2. 极限与配合

极限与配合是尺寸标注中的一项重要内容。由于加工制造的需要，要给尺寸一个允许变动的范围，这是需要极限与配合的原因之一。

（1）零件的互换性概念

在同一批规格大小相同的零件中，任取其中一件，而不需加工就能装配到机器上去，并能保证使用要求，这种性质称为互换性。

（2）极限与配合

每个零件制造都会产生误差，为了使零件具有互换性，对零件的实际尺寸规定一个允许的变动范围，这个范围要保证相互配合零件之间形成一定的关系，以满足不同的使用要求，这就形成了"极限与配合"的概念。

（3）极限与配合的术语及定义

在加工过程中，不可能把零件的尺寸做得绝对准确。为了保证互换性，必须将零件尺寸的加工误差限制在一定的范围内，规定出加工尺寸的可变动量。说明公差的有关术语如图10-21所示。

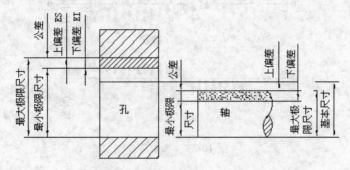

图 10-21 公差的相关术语

图中公差的各相关术语的定义如下。

- 基本尺寸：根据零件强度、结构和工艺性要求，设计确定的尺寸。
- 实际尺寸：通过测量所得到的尺寸。
- 极限尺寸：允许尺寸变化的两个界限值。它以基本尺寸为基数来确定。两个界限值中较大的一个称为最大极限尺寸；较小的一个称为最小极限尺寸。
- 尺寸偏差（简称偏差）：某一尺寸减其相应的基本尺寸所得的代数差。
- 尺寸公差（简称公差）：允许实际尺寸的变动量。
- 提示：尺寸公差=最大极限尺寸-最小极限尺寸=上偏差-下偏差
- 公差带和公差带图：公差带表示公差大小和相对于零线位置的一个区域。零线是确定偏差的一条基准线，通常以零线表示基本尺寸。为了便于分析，一般将尺寸公差与基本尺寸的关系，按放大比例画成简图，称为公差带图。公差带图可以直观地表示出公差的大小及公差带相对于零线的位置，如图10-22所示。

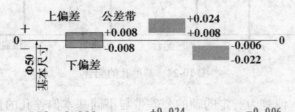

图 10-22 公差带图

- 公差等级：确定尺寸精确程度的等级。国家标准将公差等级分为20级：IT01、IT0、IT1~IT18。【IT】表示标准公差，公差等级的代号用阿拉伯数字表示。IT01~IT18，精度等级依次降低。
- 标准公差：用以确定公差带大小的任一公差。标准公差是基本尺寸的函数。对于一定的基本尺寸，公差等级愈高，标准公差值愈小，尺寸的精确程度愈高。基本尺寸和公差等级相同的孔与轴，它们的标准公差值相等。
- 基本偏差：用以确定公差带相对于零线位置的上偏差或下偏差。一般是指靠近零线的那个偏差，如图10-23所示。

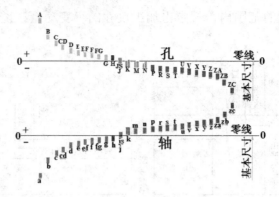

图 10-23 基本公差图

- 孔、轴的公差带代号：由基本偏差与公差等级代号组成，并且要用同一号字母书写。

（4）配合制

基本尺寸相同、相互结合的孔和轴公差带之间的关系，称为配合。配合分以下 3 种类型。

- 间隙配合：具有间隙（包括最小间隙为 0）的配合。
- 过盈配合：具有间隙（包括最小过盈为 0）的配合。
- 过渡配合：可能具有间隙或过盈的配合。
- 国家标准规定了两种配合制：基孔制和基轴制。

基孔制配合是基本偏差为一定的孔的公差带与不同基本偏差的轴的公差带形成各种配合的一种制度。基孔制配合中的孔为基准孔，代号为 H。基准孔的下偏差为零，只有上偏差，如图 10-24 所示。

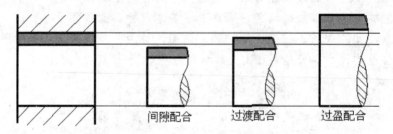

图 10-24 基准孔的配合

基轴制配合是基本偏差为一定的轴的公差带与不同基本偏差孔的公差带形成各种配合的一种制度。基轴制配合中的轴为基准轴，代号为 h。基准轴的上偏差为零，只有下偏差，如图 10-25 所示。

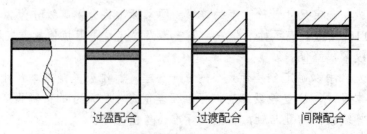

图 10-25 基准轴的配合

(5) 极限与配合的标注

在零件图中,极限与配合的标注方法如图10-26所示。

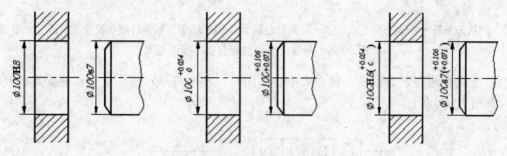

图10-26 零件图中的标注方法

在装配图中,极限与配合的标注方法如图10-27所示。

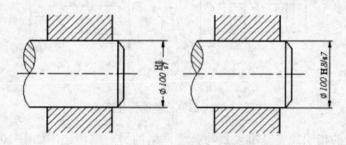

图10-27 装配图中的标注方法

3. 形位公差

零件加工时,不仅会产生尺寸误差,还会产生形状和位置误差。零件表面的实际形状对其理想形状所允许的变动量,称为形状误差。零件表面的实际位置对其理想位置所允许的变动量,称为位置误差。形状和位置公差简称形位公差。

(1) 形位公差代号

形位公差代号和基准代号如图10-28所示。若无法用代号标注时,允许在技术要求中用文字说明。

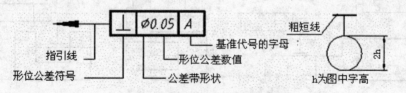

图10-28 形位公差代号和基准代号

(2) 形位公差的标注

标注形状公差和位置公差时,标准中规定应用框格标注。公差框格用细实线画出,可画成水平的或垂直的,框格高度是图样中尺寸数字高度的两倍,它的长度视需要而定。框格中的数字、字母、符号与图样中的数字等高。如图10-29所示给出了形状公差和位置公差的框格形式。

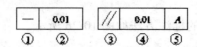

①—形状公差符号；②—公差值；③—位置公差符号；④—位置公差带的形状及公差值；⑤—基准

图 10-29　形状公差和位置公差的框格形式

当基准或被测要素为轴线、球心或中心平面时，基准符号、箭头应与相应要素的尺寸线对齐，如图 10-30 所示。

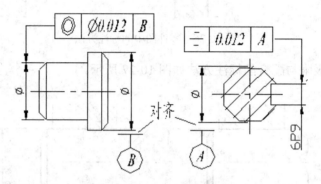

图 10-30　形位公差的标注形式

用带基准符号的指引线将基准要素与公差框格的另一端相连，如图 10-31（a）所示。当标注不方便时，基准代号也可由基准符号、圆圈、连线和字母组成。基准符号用加粗的短划表示；圆圈和连线用细实线绘制，连线必须与基准要素垂直。基准符号所靠近的部位，可有：

当基准要素为素线或表面时，基准符号应靠近该要素的轮廓线或引出线标注，并应明显地与尺寸线箭头错开，如图 10-31a 所示。

当基准要素为轴线、球心或中心平面时，基准符号应与该要素的尺寸线箭头对齐，如图 10-31（b）所示。

当基准要素为整体轴线或公共中心面时，基准符号可直接靠近公共轴线（或公共中心线）标注，如图 10-31（c）所示。

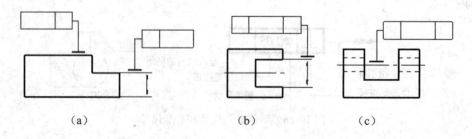

图 10-31　形位公差的标注

（3）形位公差的标注实例

如图 10-32 所示是在一张零件图上标注形状公差和位置公差的实例。

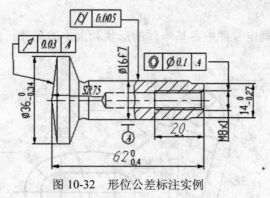

图 10-32　形位公差标注实例

10.2　零件图读图与识图

零件图上标注的尺寸是加工和检验的重要依据。因此，零件图上标注尺寸应满足正确、完整、清晰、合理的要求。

10.2.1　零件图标注要求

零件图中的图形，表达出零件的形状和结构。而零件各部分的大小及相对位置，由图中所标注的尺寸来确定。因此，标注尺寸时应做到以下几点要求。

- ◆ 正确：图中所有尺寸数字及公差数值都必须正确无误，而且必须符合国家标准。
- ◆ 完整：零件结构形状的定形和定位尺寸必须标注完整，而且不重复。这需要应用形体分析的方法来进行。
- ◆ 清晰：尺寸布局要层次分明，尺寸线整齐，数字、代号清晰。
- ◆ 合理：尺寸的标注既要满足设计要求，又要考虑方便制造和测量。

1. 零件图尺寸组成

零件图尺寸主要由定位尺寸、定形尺寸和总体尺寸组成。

（1）定位尺寸

所谓定位尺寸，即确定零件中各基本体之间相对位置的尺寸。如图 10-33 所示的尺寸都是定位尺寸。

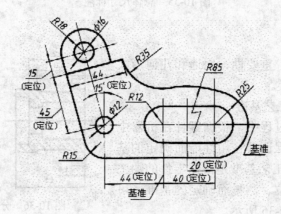

图 10-33　定位尺寸标注

(2) 定形尺寸

所谓定形尺寸，即确定零件中各基本体的形状和大小的尺寸。如图 10-34 所示的尺寸都是定形尺寸。

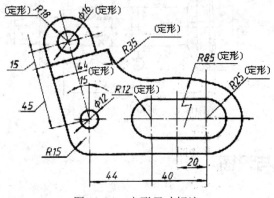

图 10-34 定形尺寸标注

(3) 总体尺寸

最后还应标出总体尺寸，所谓总体尺寸，即表示零件在长、宽、高 3 个方向的总的尺寸，如图 10-35 所示。图中，同心圆柱的定位尺寸 48、28 和定形尺寸 φ24、φ44 都标注在同一视图上，便于看图时查找。同心圆柱的尺寸 φ24、φ44 标注在非圆的视图上，而俯视图中半径尺寸 R22、R16 则应标注在反映实形的视图上。

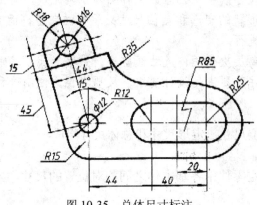

图 10-35 总体尺寸标注

2. 尺寸基准的选择

尺寸基准按其来源、重要性、用途和几何形式的不同，可分为以下几类。

(1) 设计基准和工艺基准

设计基准是在设计过程中，根据零件在机器中的工作位置、作用，为保证其使用性能而确定的基准（可以是点线、面）。工艺基准是根据零件的加工过程，为方便装夹和定位、测量而确定的基准（可以是点线、面），如图 10-36 所示。

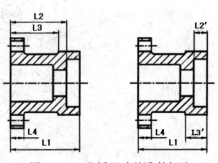

图 10-36 分析尺寸基准的标注

（2） 主要基准和辅助基准

主要基准是决定零件主要尺寸的基准。辅助基准是为方便加工和测量而附加的基准。由于各种零件的结构形状不同，尺寸的起点不同，因此尺寸基准可能有以下三种情况。

- 面基准：有时是零件上的某个平面（如底面、端面、对称平面等）。
- 线基准：有时是零件上的一条线（如回转轴线、刻线）。
- 点基准：有时是零件上的一个点，（如球心、圆心、顶点等）。

有时，需按结构要素和自然结构注出非主要尺寸，以保证尺寸齐全，如图 10-37 所示。

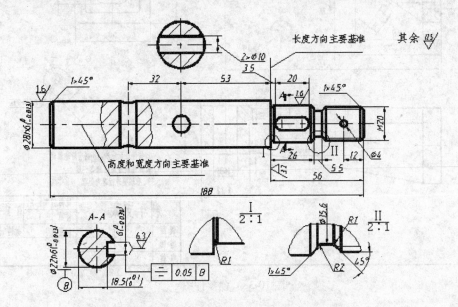

图 10-37 注出非主要尺寸，保证尺寸齐全

3. 零件图中尺寸标注注意事项

零件图中尺寸标注需注意以下事项。

- 设计中的重要尺寸：要从基准单独直接标出。
- 零件的重要尺寸：主要指影响零件在整个机器中的工作性能和位置的尺寸（如配合面的尺寸、重要的定位尺寸）等。重要尺寸的精度将直接影响零件的使用性能。
- 标注尺寸：当同一方向尺寸出现多个基准时，为了突出主要基准，明确辅助基准，保证尺寸标注不致脱节，必须在辅助基准和主要基准之间标注出联系尺寸。
- 标注尺寸时不允许出现封闭尺寸链：封闭尺寸链就是指头尾相接形成一封闭环（链）的一组尺寸。为了避免封闭尺寸链，可以选择一个不重要的尺寸不予标注，使尺寸链留有开口（开口环的尺寸在加工中自然形成）。
- 便于测量：标注尺寸要便于加工测量。

10.2.2 零件图读图

读零件图时，应按一定的方法和步骤来进行。下面以如图 10-38 所示的刹车支架零件图为例，来说明读零件图的方法与步骤。

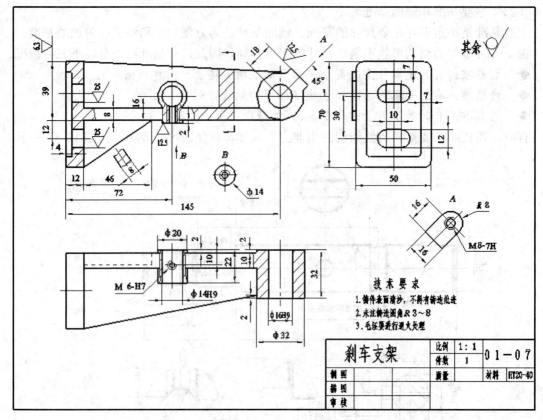

图 10-38　读零件图

1. 看标题栏

了解零件的名称、材料及画图比例等。然后从装配图或其他技术文件中了解零件的主要作用和与其他零件的装配关系。

2. 分析视图

找出主视图,分析各视图之间的投影关系及所采用的表达方法。主视图是全剖视图,俯视图采取了局部剖,左视图是外形图。

该支架零件图由主视图、俯视图、左视图、一个局部视图、一个斜视图、一个移出断面组成。主视图上用了两个局部剖视和一个重合断面,俯视图上也用了两个局部剖视,左视图只画外形图,用以补充表示某些形体的相关位置。

3. 进行形体分析和线面分析

先看大致轮廓,再分几个较大的独立部分进行形体分析,逐一看懂;接着对外部结构逐个分析;然后对内部结构逐个分析;最后对不便于形体分析的部分进行线面分析。

4. 尺寸分析

这个零件各部分的形体尺寸,按形体分析法确定。标注尺寸的基准是:长度方向以左端面为基准,从它注出的定位尺寸有 72 和 145;宽度方向以经加工的右圆筒端面和中间圆筒端面为基准,从它注出的定位尺寸有 2 和 10;高度方向的基准是右圆筒与左端底板相连的水平板的底面，从它注出的定位尺寸有 12、16。

把零件的结构形状、尺寸标注、工艺和技术要求等内容综合起来，就能了解零件的全貌，也就看懂了零件图。

10.3 综合训练

10.3.1 绘制阀体零件图

引入光盘：无
结果文件：多媒体\实例\结果文件\Ch10\阀体零件图.dwg
视频文件：多媒体\视频\Ch10\阀体零件图.avi

阀体零件在零件分类中属于箱壳类零件，其结构形状比较复杂。图 10-39 所示阀体零件图中选用主视图、俯视图、左视图三个来表达该零件。主视图按工作位置放置，为了反映内部孔及阀门的结构，采用了单一全剖视图，俯视图和左视图为基本视图，反映了阀体零件的结构特征；为了表达安装销钉孔的结构，在左视图上采用了局部剖视图。

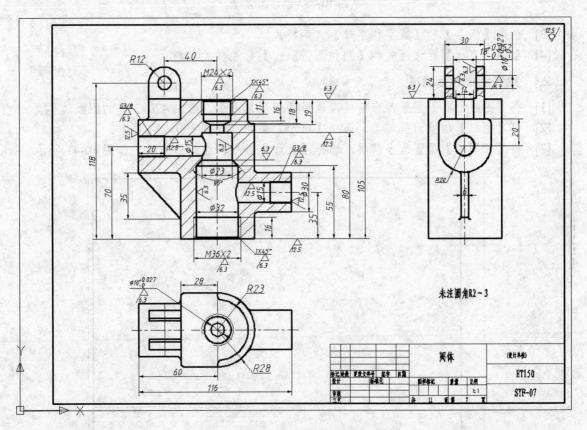

图 10-39 阀体零件图

操作步骤

1. 创建图层

[1] 设置图纸幅面：A3（420，297），比例为1:1。
[2] 根据需要绘制的图线，创建好图层，如图10-40所示。

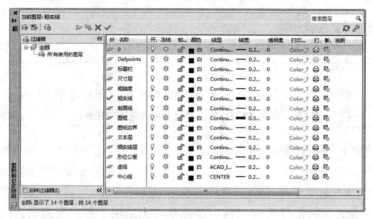

图10-40 创建图层

[3] 创建【汉字】和【数字和字母】文字样式。
[4] 创建【直线】标注样式和【圆和圆弧引出】标注样式。

2. 绘制图框和标题栏

[1] 将【图纸边界】层置为当前层，选择【矩形】命令，绘制420×297的图纸边界。
[2] 将【图框】层置为当前层，选择【矩形】命令，绘制390×287图框。
[3] 将【标题栏】层置为当前层，选择【直线】命令，绘制标题栏，如图10-41所示。

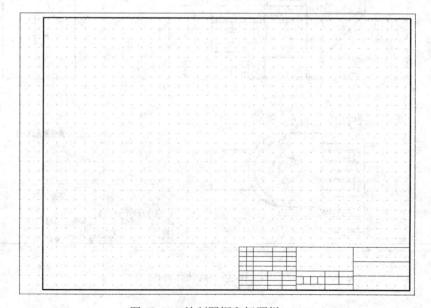

图10-41 绘制图框和标题栏

> **操作技巧**
>
> 在绘制图框和标题栏时，为了方便，可以打开栅格功能。

[4] 将【文本】层置为当前层，选取【文字】工具栏上的【多行文字】或【单行文字】工具，填写标题栏，如图 10-42 所示。

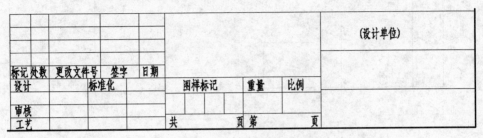

图 10-42　填写标题栏

[5] 选择【创建块】命令，创建【A3 图纸】块，设置如图 10-43 所示。

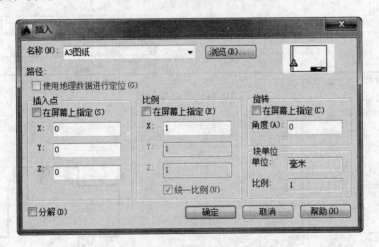

图 10-43　创建【A3 图纸】块

> **操作技巧**
>
> 块的插入点为图纸边界的左下角的点，也就是原点。

3. 阀体零件的绘制

[1] 将【中心线】层置为当前层，选择【直线】命令，画出基准线，如图 10-44 所示。

[2] 选择【标准】工具栏上的【窗口缩放】按钮，局部放大主视图部分。

[3] 选择【偏移】命令，偏移复制出如图 10-45 所示的直线。

[4] 选中刚刚偏移的直线，在【图层】工具栏中选择图层为【粗实线】，按 Esc 键，取消对直线的选择，将该部分直线置于【粗实线】层中。

[5] 选择【修剪】命令，修剪多余直线，同时删除偏移线，效果如图 10-46 所示。

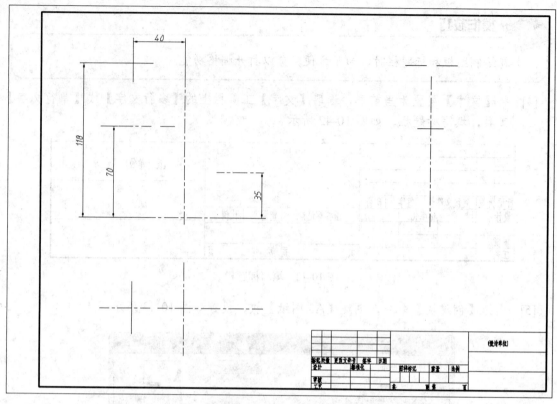

图 10-44 绘制基准线

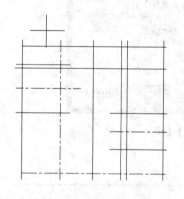

图 10-45 绘制偏移线

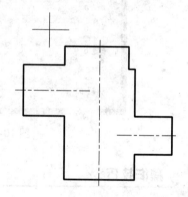

图 10-46 修剪图线及转换图层

[6] 选择【偏移】命令、【修剪】命令,绘制出如图10-47所示的轮廓线,同时删除偏移线。

[7] 使用【直线】工具绘制出肋、退刀槽线和螺纹线,将肋和退刀槽线置于【粗实线】层,将螺纹线置于细实线层,效果如图10-48所示。

操作技巧

螺纹线也可以通过偏移的方法来完成。

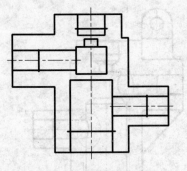
图 10-47 绘制内部轮廓线

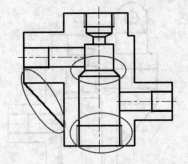
图 10-48 绘制肋、退刀槽线和螺纹线

[8] 设置当前图层为【粗实线】，选择【圆】命令，绘制出图中的圆。
[9] 选择【直线】命令，启动捕捉到切点，作垂线与直线相交，如图 10-49 所示。
[10] 单击【修剪】工具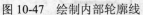，修剪多余线，效果如图 10-50 所示。

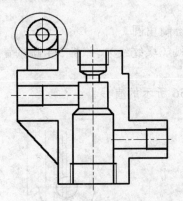
图 10-49 绘制凸耳线

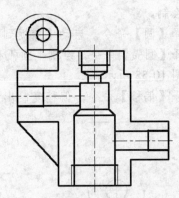
图 10-50 修剪凸耳线

[11] 选择【圆角】命令，对图形进行圆角处理。圆角的半径为 3mm，效果如图 10-51 所示。
[12] 选择【延伸】命令，对图线进行延伸，如图 10-52 所示。

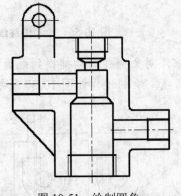
图 10-51 绘制圆角

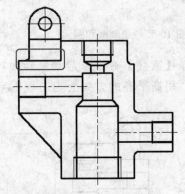
图 10-52 延伸图线

[13] 选择【倒角】命令，对图形进行倒角，倒角距离为 1，如图 10-53 所示。
[14] 选择【圆弧】命令，绘制图中的相贯线，并对多余的直线进行修剪，如图 10-54 所示。

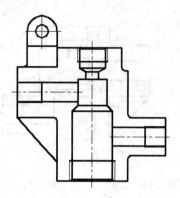
图 10-53 绘制倒角

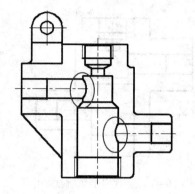
图 10-54 绘制相贯线

[15] 同理绘制出另一条相贯线,近似圆弧半径为 23/2。

[16] 左视图中的图形为左右对称,因此可以先绘制出一半轮廓线,再通过镜像完成图形的绘制。

[17] 选择【圆】命令,启动【捕捉到交点】,绘制出圆。

[18] 选择【圆弧】命令,绘制半圆弧和 3/4 圆弧(螺纹线),并将 3/4 圆弧置于细实线层,如图 10-55 所示。

[19] 选择【偏移】命令,偏移复制出如图 10-56 所示的直线。

图 10-55 绘制圆和圆弧　　　　　　　　　图 10-56 绘制偏移线

[20] 选择【直线】命令,启动极轴和对象追踪,对象捕捉启动捕捉到最近点和捕捉到交点,用高平齐的方式绘出左视图半边轮廓线,绘制过程如图 10-57 所示。

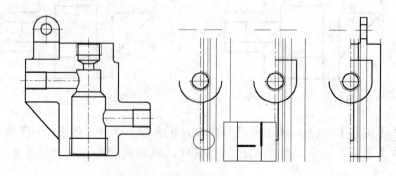

图 10-57 绘制轮廓线

> **操作技巧**
>
> 根据机械图样绘制标准，绘制肋时，水平和垂直两条线不相交，如图10-57所示。

[21] 删除偏移线，选择【倒角】和【圆角】命令，完成左视图中倒角和圆角的绘制，如图10-58所示。

[22] 选择【样条曲线】命令，绘制零件剖切面边界线，如图10-59所示。

[23] 选择【镜像】命令，绘制镜像轮廓线，如图10-60所示。

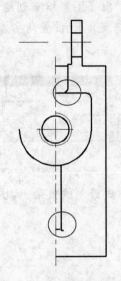 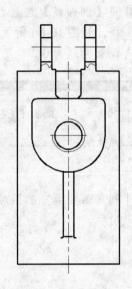

图10-58 绘制圆角　　　图10-59 绘制样条曲线　　　图10-60 镜像轮廓线

[24] 选择【圆】命令，启动【捕捉到交点】，绘制出圆。

[25] 选择【圆弧】命令，绘制半圆弧和3/4圆弧（螺纹线），并将3/4圆弧置于细实线层，如图10-61所示。

[26] 选择【偏移】命令，偏移复制出如图10-62所示的直线。

[27] 选择【直线】命令，启动极轴和对象追踪，对象捕捉启动捕捉到最近点和捕捉到交点，用高平齐的方式绘制如图10-63所示的半边轮廓线，删除偏移线。

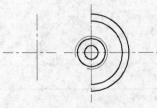 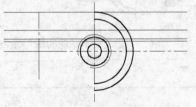 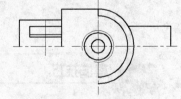

图10-61 绘制圆弧　　　图10-62 偏移图线　　　图10-63 绘制轮廓线

[28] 选择【镜像】命令，镜像出轮廓线，如图10-64所示。

[29] 选择【圆角】命令，完成俯视图上的圆角，如图10-65所示。

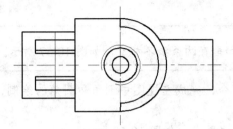
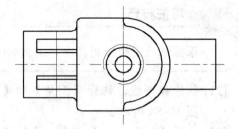

图 10-64　镜像轮廓线　　　　　　　图 10-65　绘制圆角

[30] 将【剖面线】层置为当前层，选择【图案填充】命令，弹出【图案填充创建】对话框，如图 10-66 所示。在对话框中选择填充图案类型【用户定义】，设置角度为 45°，设置间距为 3。

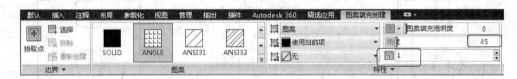

图 10-66　【图案填充创建】对话框

[31] 制定需要填充的区域，绘制出剖面线，完成阀体零件表达方案绘制的效果，如图 10-67 所示。

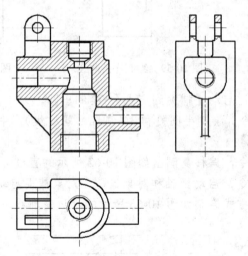

图 10-67　完成阀体零件的图形绘制

根据机械制图标准，带有螺纹的剖面线，应该将剖面线绘制粗实线处。

4. 标注尺寸

[1] 将【尺寸层】置为当前图层，将【直线】标注样式置为当前样式，标注线性尺寸，如图 10-68 所示。

第 10 章 绘制机械零件工程图

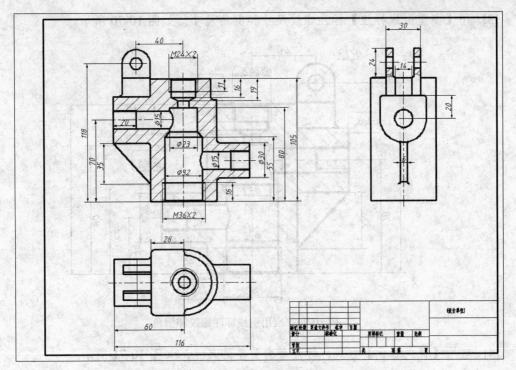

图 10-68 用【直线】标注样式标注线性尺寸

[2] 将【圆和圆弧引出】标注样式置为当前样式，标注圆弧尺寸，如图 10-69 所示。

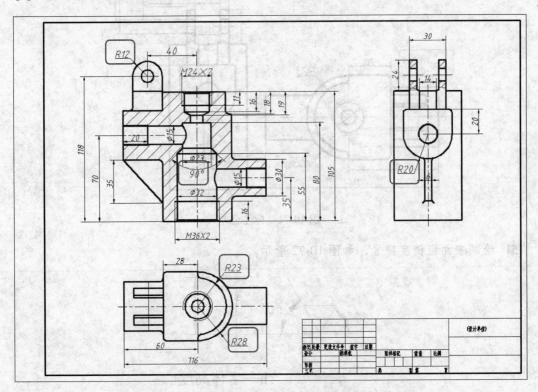

图 10-69 用【圆和圆弧引出】样式标注圆弧和角度尺寸

[3] 用【多重引线标注】标注螺纹尺寸和倒角尺寸，如图 10-70 所示。

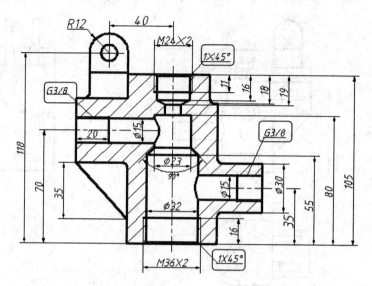

图 10-70　应用引线标注螺纹和倒角

[4] 应用【样式替代】方式，标注带有公差的尺寸，如图 10-71 所示。

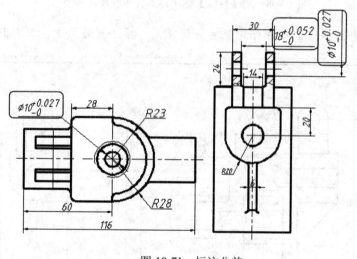

图 10-71　标注公差

[5] 绘制表面粗糙度符号，如图 10-72 所示。

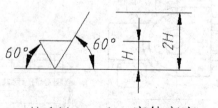

图 10-72　表面粗糙度符号

[6] 从菜单中选择【绘图】|【块】|【定义属性】命令,定义块的文字属性,如图 10-73 所示。

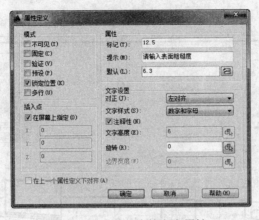

图 10-73　定义块的文字属性

[7] 选择【创建块】命令,弹出【块定义】对话框,输入名称"粗糙度块",拾取绘制的表面粗糙度符号顶点为基点,再拾取整个符号为块对象,随即完成块的定义,如图 10-74 所示。

图 10-74　块定义

[8] 选择【插入块】命令,打开【插入块】对话框。选择创建的"粗糙度块",然后在视图上标注表面粗糙度。

操作技巧

由于定义了属性,因此在插入块的时候,会提示输入粗糙度值。

10.3.2　绘制高速轴零件图

引入光盘:无
结果文件:多媒体\实例\结果文件\Ch10\高速轴零件图.dwg
视频文件:多媒体\视频\Ch10\高速轴零件图.avi

本节以一个高速轴的绘制为例，讲解机械零件中零件轴的绘制，高速轴采用齿轮轴设计，如图 10-75 所示。高速轴呈现上下对称特征，通过 AutoCAD 的镜像操作，可使绘图变得更为简单。

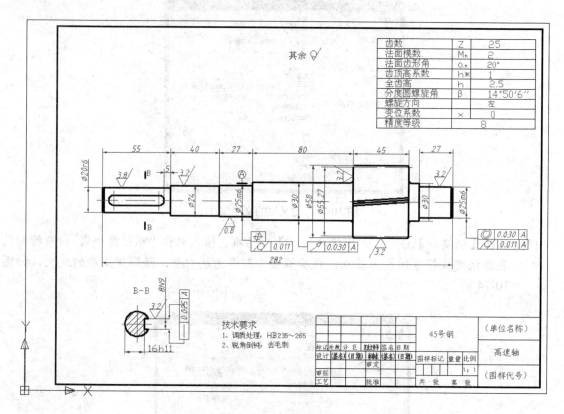

图 10-75　高速轴零件图

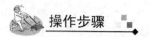

1. 绘制轴轮廓

[1] 设置好绘图的环境，包括将图幅设置为 A3 图纸，设置绘图比例为 1∶1，创建【汉字】和【数字与字母】文本样式，创建【直线】标注样式，创建图层，绘制图框和标题栏等，如图 10-76 所示为创建的图层效果。

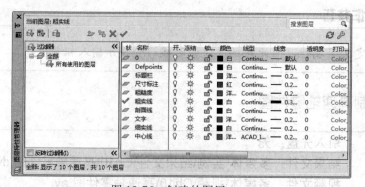

图 10-76　创建的图层

> **操作技巧**
>
> 可以将"阀体零件"文件另存为一个副本,然后删除其中的阀体图形进行绘制,这样就省去了绘图环境的重复设置。

[2] 设置【中心线】层为当前层,选择【直线】命令,绘制出一条中心线。

[3] 设置【粗实线】层为当前层,选择【直线】命令,绘制一条竖直直线,选择【偏移】命令,经过多次偏移操作得到各条直线,如图 10-77 所示。

图 10-77 绘制竖直直线

[4] 选择【偏移】命令,偏移出水平直线,共有 5 条直线,偏移距离依次为 10、12、12.5、15、29,如图 10-78 所示。

图 10-78 绘制水平直线

[5] 选中 5 条水平直线,更换它们的图层为【粗实线】层,选择【修剪】命令,先选择所有的竖直线,然后修剪竖直线之间的多余直线,如图 10-79 所示。

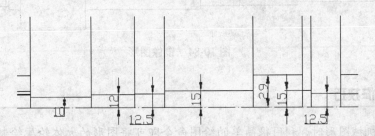

图 10-79 修剪竖直线之间的多余线

[6] 选择【删除】和【修剪】命令,删除和修剪其余的多余线,得到如图 10-80 所示的图形。

图 10-80　修剪其余多余线

[7] 选择【圆角】命令，绘制出圆角，选择【倒角】命令，绘制出倒角，如图 10-81 所示。

[8] 选择【直线】命令，绘制出齿轮的分度圆线，如图 10-82 所示，选择【倒角】命令，绘制出倒角。

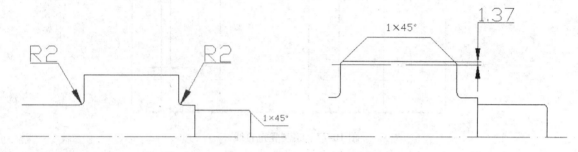

图 10-81　绘制圆角和倒角　　　　　图 10-82　倒角并绘制齿轮分度圆线

[9] 选择【倒角】命令，绘制出轴左端的倒角，选择【直线】命令，添补直线，如图 10-83 所示。

图 10-83　绘制轴左端倒角并添补绘制直线

[10] 选择【镜像】命令，对上半轴进行镜像，得到整根轴的轮廓，如图 10-84 所示。

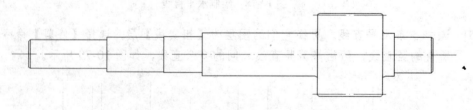

图 10-84　镜像图形

操作技巧

绘制机械图形时，利用很简单的绘图命令即可将图形的大体轮廓绘制出来。然后再利用局部缩放对一些细节部分进行补充绘制，这样利于对图形整体设计，也能较容易的判断一些细节尺寸的分部位置，如前面例中圆弧的绘制与两端倒角的绘制。

[1] 局部放大高速轴左端，选择【偏移】命令，进行偏移操作，绘制高速轴左端的 8×45 键槽，偏移尺寸如图 10-85 所示。
[2] 选择【圆】命令，绘制出两个半径为 4 的圆。使用【直线】命令，绘制连接两圆的两条水平切线，如图 10-86 所示。

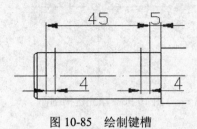
图 10-85　绘制键槽

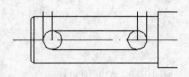
图 10-86　绘制圆和水平切线

[3] 选择【删除】命令，删除偏移操作绘制的辅助绘制键槽的直线。选择【修剪】命令，修剪圆中多余的半个圆弧。设置【中心线】图层为当前图层，选择【直线】命令，绘制出键槽的中心线，键槽完成图如图 10-87 所示。

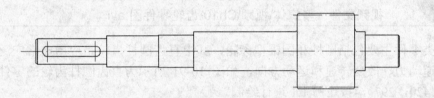
图 10-87　键槽完成图

[4] 如图 10-88 所示，绘制出两条中心线，确定绘制高速轴键槽剖面的中心。

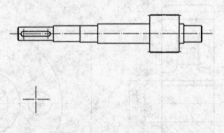
图 10-88　绘制中心线

[5] 局部放大绘制键槽剖面的区域。选择【圆】命令，绘制Φ20 的圆。选择【偏移】命令，偏移出辅助直线，用于绘制键槽部分，如图 10-89 所示。
[6] 选择【修剪】命令，修剪多余线和圆弧。
[7] 设置【剖面线】层为当前图层，选择【图案填充】命令，对键槽剖视图进行填充，如图 10-90 所示。

> **操作技巧**
>
> 　　填充的具体操作和设置可以参见"阀体零件"的绘制，或者可以查看第 2 章中的相关内容。

图 10-89 绘制圆和复制直线

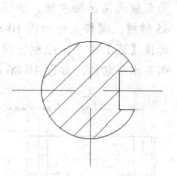

图 10-90 填充键槽剖面

10.3.3 绘制齿轮零件图

引入光盘：无
结果文件：多媒体实例\\结果文件\Ch10\齿轮零件图.dwg
视频文件：多媒体\视频\Ch10\齿轮零件图.avi

齿轮类零件主要包括圆柱和圆锥型齿轮，其中直齿圆柱齿轮是应用非常广泛的齿轮，它常用于传递动力、改变转速和运动方向，如图 10-91 所示为直齿圆柱齿轮的零件图，图纸幅面为 A3（420，297），按比例 1:1 进行绘制。

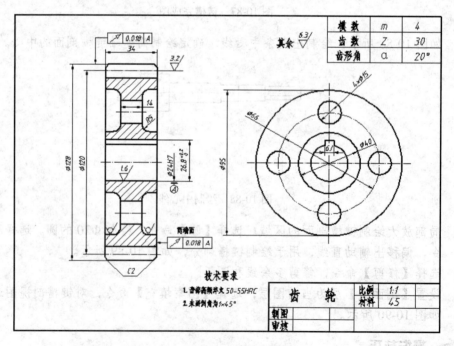

图 10-91 直齿圆柱齿轮零件图

对于标准的直齿圆柱齿轮的画法，按照国家标准规定：在剖视图中，齿顶线、齿根线用粗实线绘制，分度线用点画线绘制。下面来具体绘制。

操作步骤

1. 齿轮零件图的绘制

[1] 与前面的实例一样,首先设置绘图环境。将前面案例的文件另存为【齿轮零件图.dwg】后删除图形,修改绘制图框和标题栏。

[2] 将【中心线】层置为当前层,选择【直线】命令,绘制出中心线。选择【偏移】命令,指定偏移距离为60,画出分度线。选择【圆】命令,画出四个Φ15圆孔的定位圆【Φ66】,如图10-92所示。

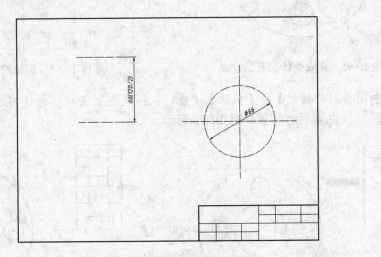

图10-92 画齿轮的基准线、分度线

[3] 将【粗实线】层置为当前层,选择【圆】命令,绘制出齿轮的结构圆,如图10-93所示。

[4] 选择【直线】命令,画出键槽结构,选择【修剪】命令,修剪掉多余图线,效果如图10-94所示。

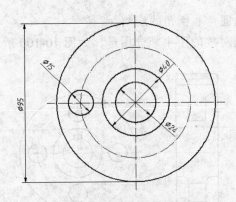

图10-93 画齿轮的结构圆

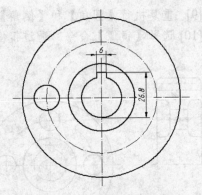

图10-94 画键槽结构

[5] 选择【复制】命令,利用【对象捕捉】中捕捉【交点】功能捕捉圆孔的位置(中心线与定位圆的交点),画出另外3个尺寸为Φ15的圆孔,如图10-95所示。

[6] 选择【直线】命令,在轴线上指定起画点,按尺寸画出齿轮轮齿部分图形的上半部分,如图 10-96 所示。

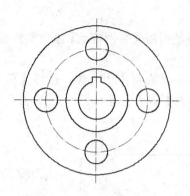

图 10-95 完成Φ15圆孔的绘制

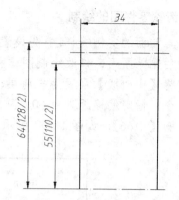

图 10-96 齿轮轮齿部分的图形

[7] 利用【对象捕捉】和【极轴】功能,在主视图上按尺寸画结构圆的投影,如图 10-97 所示,完成后的效果如图 10-98 所示。

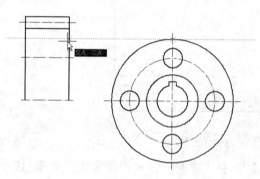

图 10-97 画主视图上结构圆的投影

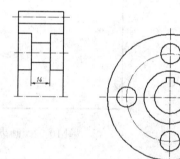

图 10-98 完成结构圆的投影

[8] 选择【圆角】命令,绘制 R5 的圆角;选择【倒角】命令,绘制 2×45°的角,如图 10-99 所示。
[9] 重复执行【圆角】和【倒角】命令,完成圆角和倒角的绘制。
[10] 选择【镜像】命令,通过镜像操作,得到对称的下半部分图形,如图 10-100 所示。

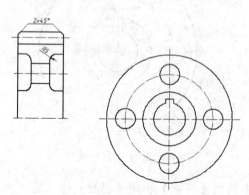

图 10-99 画倒角和圆角

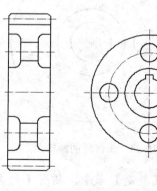

图 10-100 镜像后的效果图

[11] 选择【直线】命令，利用【对象捕捉】功能，绘制出轴孔和键槽在主视图上的投影，如图10-101所示。

[12] 选择【图案填充】命令，弹出【图案填充创建】对话框，选择填充图案【ANSI31】，绘制出主视图的剖面线，如图10-102所示。

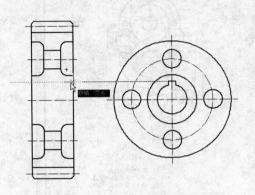
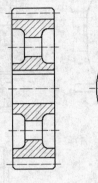
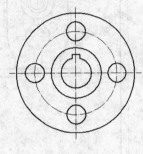

图 10-101　画轴孔和键槽的投影　　　　　　图 10-102　填充剖面线

2. 标注尺寸和文本注写

[1] 在【标柱】工具栏的【样式名】下拉列表框中，将【直线】标柱样式置为当前样式，选取【标注】工具栏上的【直径】工具，标注尺寸【Φ95、Φ66、Φ40、Φ15】；选取【标注】工具栏上的【半径】工具，标注尺寸【R15】。

[2] 选取【标注】工具栏上的【线性】，标注出线性尺寸。

[3] 使用替代标注样式的方法，标注带公差的尺寸。

[4] 使用定义属性并创建块的方法，标注粗糙度。不去除材料方法的表面粗糙度代号可单独画出。

[5] 标注倒角尺寸。根据国家标准规定：45°倒角用字母【C】表示，标注形式如【C2】。

[6] 使用【快速引线】命令（qleader）的方法，标注形位公差的尺寸。

[7] 齿轮的零件图，不仅要用图形来表达，而且要把有关齿轮的一些参数用列表的形式注写在图纸的右上角，用【汉字】文本样式进行注写。

> **操作技巧**
>
> 零件图中的齿轮参数只是需要注写的一部分，用户可根据国家标准规定进行绘制。

[8] 用【汉字】文本样式注写技术要求和填写标题栏，完成齿轮零件图的绘制。

10.4　课后习题

1. 绘制齿轮泵泵体零件图

利用零件图读图与识图知识，绘制如图10-103所示的齿轮泵泵体零件图。

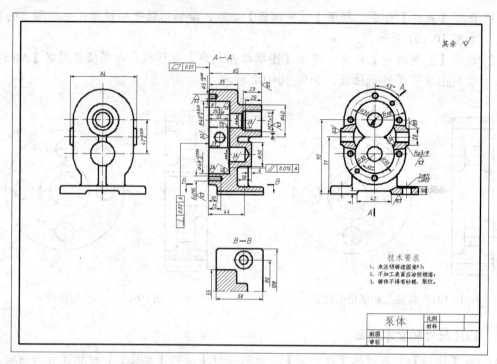

图 10-103　齿轮泵泵体零件图

2. 绘制减速器上箱体零件图

利用零件图读图与识图知识，绘制如图 10-104 所示的减速器上箱体零件图。

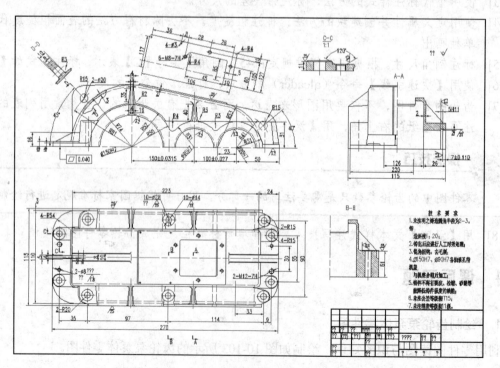

图 10-104　减速器上箱体零件图

第 11 章
绘制机械装配工程图

装配图是将机器所有零件组合安装到一起，表达机器工作原理和装配关系的图样，是生产中的重要技术文件之一。与零件图不同的是，装配图画法中增加了一些规定画法、简化画法和特殊画法。而且装配图的尺寸标注与零件图也有很大的不同，由于它表达的是机器或部件，因此不必注出各零件的尺寸，一般只要求标注性能尺寸、装配尺寸、安装尺寸、总体尺寸和其他一些重要的尺寸。

 知识要点

- ◆ 装配图概述
- ◆ 装配图的标注与绘制方法
- ◆ 装配图的尺寸标注
- ◆ 装配图上的技术要求

 案例解析

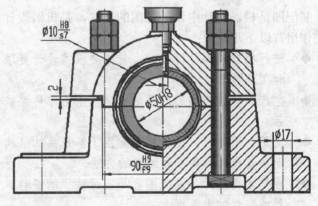

滑动轴承轴测装配图

11.1 装配图概述

表示机器或部件的图样称为装配图。表示一台完整机器的装配图称为总装配图，表示机器某个部件的装配图称为部件装配图。总装配图一般只表示各部件之间的相对关系以及机器（设备）的整体情况。装配图可以用投影图或轴测图表示。如图 11-1 所示为球阀的总装配结构图。

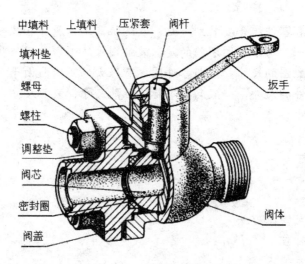

图 11-1　球阀总装配结构图

11.1.1 装配图的作用

装配图是机器设计中设计意图的反映，是机器设计、制造过程中的重要技术依据。装配图的作用有以下几方面：

- ◆ 进行机器或部件设计时，首先要根据设计要求画出装配图，表示机器或部件的结构和工作原理。
- ◆ 生产、检验产品时，是依据装配图将零件装成产品，并按照图样的技术要求检验产品。
- ◆ 使用、维修时，要根据装配图了解产品的结构、性能、传动路线、工作原理等，从而决定操作、保养和维修的方法。
- ◆ 在技术交流时，装配图也是不可缺少的资料。因此，装配图是设计、制造和使用机器或部件的重要技术文件。

11.1.2 装配图的内容

从球阀的装配图中可知装配图应包括以下内容。

- ◆ 一组视图：表达各组成零件的相互位置、装配关系和连接方式，部件（或机器）的工作原理和结构特点等。
- ◆ 必要的尺寸：包括部件或机器的规格（性能）尺寸、零件之间的配合尺寸、外形尺寸、部件或机器的安装尺寸和其他重要尺寸等。

- 技术要求：说明部件或机器的性能、装配、安装、检验、调整或运转的技术要求，一般用文字写出。
- 标题栏、零部件序号和明细栏：同零件图一样，无法用图形或不便用图形表示的内容需要用技术要求加以说明。如有关零件或部件在装配、安装、检验、调试以及正常工作中应当达到的技术要求，常用符号或文字进行标注。

例如，球阀装配结构中，在各密封件装配前必须浸透油；装配滚动轴承允许采用机油加热进行组装，油的温度不得超过 100℃；零件在装配前必须清洗干净；装配后应按设计和工艺规定进行空载试验。试验时不应有冲击、噪声，温升和渗漏不得超过有关标准规定；齿轮装配后，齿面的接触斑点和侧隙应符合 GB10095 和 GB11365 的规定等。球阀的装配图如图 11-2 所示。

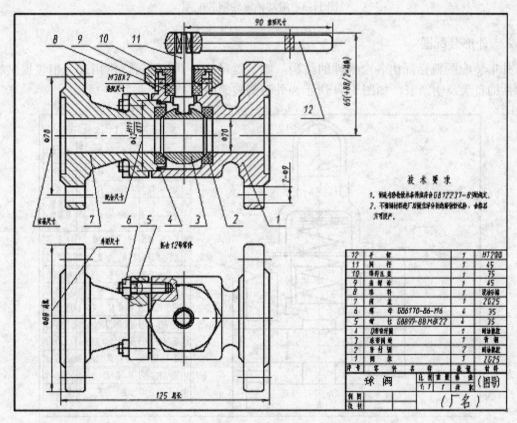

图 11-2 球阀装配图

11.1.3 装配图的种类

根据表达目的的不同可将装配图分为设计装配图、外形装配图、常规装配图、局部装配图和剖视装配图。

1. 设计装配图

设计装配图将主要部件画在一起，以便确定其距离及尺寸关系等，常用来评定该设计的可行性。如图 11-3 所示为滑动轴承轴测装配图。

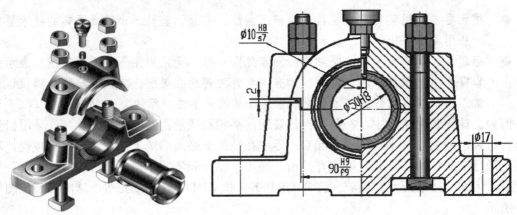

图 11-3 滑动轴承轴测装配图

2. 外形装配图

外形装配图概括画出各个部件的结构，如主要尺寸、中心线等，常用来为销售提供相应零部件的目录及明细表。如图 11-4 所示为外形测装配图。

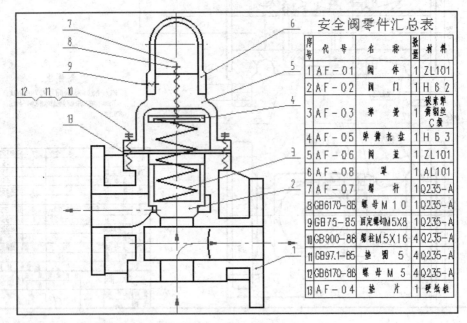

图 11-4 外形装配图

3. 常规装配图

常规装配图清楚表达各个部件的装配关系及其作用，包括外形及剖视图、必要的尺寸及零件序号等，并列有明细栏，如图 11-5 所示。

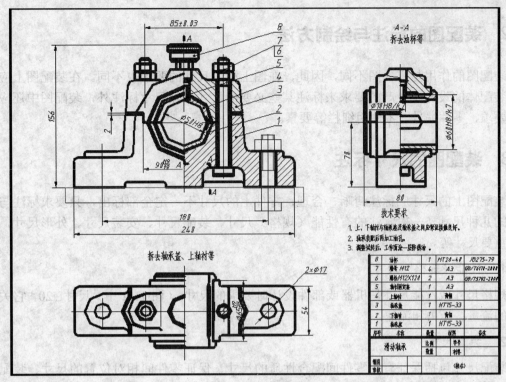

图 11-5 常规装配图

4. 局部装配图

局部装配图仅将最复杂的装配部分画成局部剖视图以便于建立主要装配结构，如图 11-6 所示。

5. 剖视装配图

复杂的装配关系应画成剖视装配图，以便使不易辨认的隐藏装配结构一目了然的表达清楚，如图 11-7 所示。

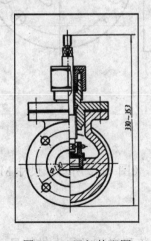

图 11-6 局部装配图

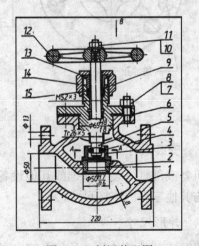

图 11-7 剖视装配图

11.2 装配图的标注与绘制方法

装配图的作用与零件图不同,因此,在图上标注尺寸的要求也不同。在装配图上应该按照对装配体的设计或生产的要求来标注某些必要的尺寸。除尺寸标注外,装配图中还应包括技术要求、零件编号、零件明细栏等要素。

11.3 装配图的尺寸标注

装配图上的尺寸应标注清晰、合理,零件上的尺寸不一定全部标出,只要求标注与装配有关的几种尺寸。一般常注的有性能(规格)尺寸、装配尺寸、安装尺寸、外形尺寸,以及其他重要尺寸等。

1. 性能(规格)尺寸

规格尺寸或性能尺寸是机器或部件设计时要求的尺寸,(图 11-2 中)尺寸□20,它关系到阀体的流量、压力和流速。

2. 装配尺寸

装配尺寸包括保证有关零件间配合性质的尺寸、保证零件间相对位置的尺寸、装配时进行加工的尺寸,如图 11-8 所示的装配剖视图中,φ13F8/h6 表明转子与轴的配合为间隙配合,采用的是基轴制。

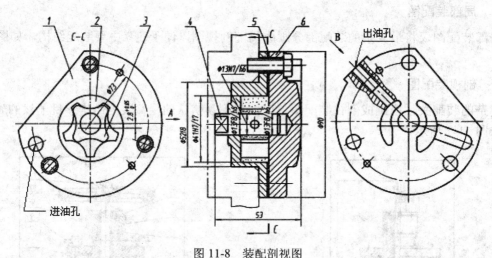

图 11-8 装配剖视图

3. 安装尺寸

机器或部件安装到基础或其他设备上时所必需的尺寸,(图 11-2 所示)尺寸 M36×2,它是阀与其他零件的连接尺寸。

4. 外形尺寸

机器或部件整体的总长、总高、总宽。它是运输、包装和安装必须提供的尺寸,如厂房建设、包装箱的设计制造、运输车辆的选用都涉及到机器的外形尺寸。外形尺寸也是用户选购的重要数据之一。

5. 其他重要尺寸

在设计中经过计算而确定的尺寸，如运动零件的极限位置尺寸、主要零件的重要尺寸等。

上述五种尺寸在一张装配图上不一定同时都有，有的一个尺寸也可能包含几种含义。应根据机器或部件的具体情况和装配图的作用具体分析，从而合理地标注出装配图的尺寸。

11.4 装配图上的技术要求

技术要求是指在设计中，对机器或部件的性能、装配、安装、检验和工作所必需达到的技术指标以及某些质量和外观上的要求。如一台发动机在指定工作环境（如温度）下，能达到的额定转速、功率，装配时的注意事项，检验所依据的标准等。

技术要求一般注写在装配图的空白处，对于具体的设备其涉及的专业知识较多，可以参照同类或相近设备，结合具体的情况进行编制。

11.4.1 装配图上的零件编号

装配图的图形一般较复杂，包含的零件种类和数目也较多，为了便于在设计和生产过程中查阅有关零件，在装配图中必须对每个零件进行编号。下面介绍零件编号的一般规定及序号的标注方法。

1. 零件编号的一般规定

零件编号的原则如下：
- 装配图中每种零、部件都必须编写序号。同一装配图中相同的零、部件只编写一个序号，且一般只注一次。
- 零、部件的序号应与明细栏中的序号一致。
- 同一装配图中编写序号的形式应一致。

2. 序号的标注方法

零件编号是由圆点、指引线、水平线或圆（均为细实线）及数字组成。序号写在水平线上或小圆内。序号字高应比该图中尺寸数字大一号或二号，如图 11-9 所示。

指引线应自所指零件的可见轮廓内引出，并在其末端画一圆点，如图 11-10（a）所示；若所指的部分不宜画圆点，如很薄的零件或涂黑的剖面等，可在指引线的末端画一箭头，并指向该部分的轮廓。

如果是一组紧固件，以及装配关系清楚的零件组，可以采用公共指引线，如图 11-10（b）所示。

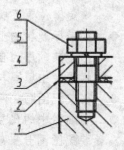

图 11-9 零件编号

指引线应尽可能分布均匀且不要彼此相交，也不要过长。指引线通过有剖面线的区域时，要尽量不与剖面线平行，必要时可画成折线，但只允许折一次，如图 11-10（c）所示。

序号的字体应比尺寸数字的大一号，序号应按顺时针或逆时针方向整齐地排列在水平线或垂直线上，间距尽可能相等。

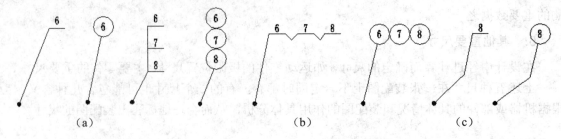

图 11-10 序号的画法

标准件也可以单独成一个系统进行编号，明细表单独画出。也可以在图中指引线末端的水平线上直接标注名称、规格、国标号。

11.4.2 零件明细栏

零件明细栏是说明装配图中每一个零件、部件的序号、图号、名称、数量、材料、重量等资料的表格，是看图时根据图中零件序号查找零件名称、零件图图号等内容的重要资料，也是采购外购件、标准件的重要依据。

国标 GB/T10609.2-1989 推荐了明细栏的格式、尺寸，企业也可以根据自己的需要制定自己的明细栏格式，但一般应参照国标的格式执行。如图 11-11 所示为国标中推荐的格式之一。有关明细栏的规定如下：

图 11-11 零件明细栏

- 明细栏一般配置在装配图标题栏的上方，按照由下向上的顺序填写，格数根据需要来定。位置不够时，可以紧靠在标题栏的左侧自下而上延续。
- 如果标题栏的上方无法配置标题栏时，可以作为装配图的续页按照 A4 幅面单独画出，其顺序为自上而下延伸，还可以续页。在每一页明细栏的下方配置标题栏，在标题栏中填写与装配图一样的名称和代号。
- 当装配图画在两张以上的图纸上时，明细栏应该放在第一张装配图上。
- 明细栏中的代号项填写图样相应部分的图样代号（图号）或标准件的标准号。部件装配图图号一般以 00 结束，如 GZ-02-00 表示序号为 2 的部件的装配图图号，GZ-02-01 则表示该部件的第一个零件或子部件的图号。

11.4.3 装配图的绘制方法

用 AutoCAD 绘制装配图通常采用两种方法。一种是直接利用绘图及图形编辑工具，按手工绘图的步骤，结合对象捕捉、极轴追踪等辅助绘图工具绘制装配图。第二种绘制装配图的方法是先绘出各零件的零件图，然后将各零件以图块的形式【拼装】在一起，构成装配图。

第一种方法叫直接画法，第二种方法叫拼装画法。

1. 直接画法

直接画法是按照手工画装配图的作图顺序，依次绘制各组成零件在装配图中的投影。画图时，为了方便作图，一般将不同的零件画在不同的图层上，以便关闭或冻结某些图层，使图面简化。由于关闭或冻结的图层上的图线不能编辑，所以在进行【移动】等编辑操作以前，要先打开、解冻相应的图层。

装配图的直接画法与前面所介绍的零件图的画法相同。这种方法不但作图过程繁杂，而且容易出错，只能绘制一些比较简单的装配图，所以在 AutoCAD 中一般不采用此方法，如图 11-12 所示。

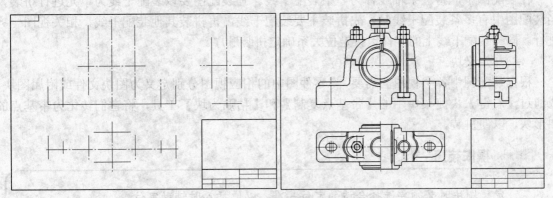

图 11-12　装配图的直接画法

2. 拼装画法

拼装画法是先画出各个零件的零件图，再将零件图定义为图块文件或附属图块，用拼装图块的方法拼装成装配图，如图 11-13 所示。

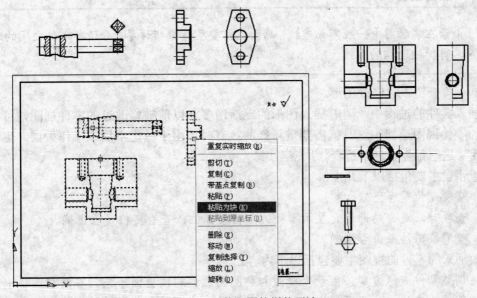

图 11-13　装配图的拼装画法

一般情况下，在 AutoCAD 中用已绘制好的零件图拼画装配图的方法与步骤如下。

（1）选择视图

装配图一般比较复杂，与手工画图一样，画图前要先熟悉机器或部件的工作原理，零件的形状、连接关系等，以便确定装配图的表达方案，选择合适的各个视图。

（2）确定图幅

根据视图数量和大小确定图幅。用【复制】、【粘贴】方式，或使用设计中心将图形文件以【插入为块】的方式，将已经绘制好的所有零件图（最好关闭尺寸标注、剖面线图层）的信息传递到当前文件中来。

（3）确定拼装顺序

在装配图中，将一条轴线称为一条装配干线。画装配图要以装配干线为单元进行拼装，当装配图中有多条装配干线时，先拼装主要装配干线，再拼装其他装配干线，相关视图一齐进行。同一装配干线上的零件，按定位关系确定拼装顺序。

（4）定义块

根据装配图中各个视图的需要，将零件图中的相应视图分别定义为图块文件或附属图块，或通过【右键】快捷菜单中的【带基点复制】和【粘贴为块】工具，将它们转化为带基点的图形块，以便拼装。

操作技巧

定义图块时必须要选择合适的定位基准，以便插入时辅助定位。

（5）分析零件的遮挡关系

对要拼装的图块进行细化、修改；或边拼装边修改。如果拼装的图形不太复杂，可以拼装之后，不再移动各个图块的位置时，把图块分解，统一进行修剪、整理。

操作技巧

由于在装配图中一般不画虚线，画图以前要尽量分析详尽，分清各零件之间的遮挡关系，剪掉被遮挡的图线。

（6）检查错误、修改图形

在插入零件的过程中，随着插入图形的逐渐增多，以前被修改过的零件视图，可能又被新插入的零件视图遮挡，这时就需要重新修剪；有时还由于考虑不周或操作失误，也会造成修剪错误。这些都需要仔细检查、周密考虑。

检查错误主要包括以下几点：
- 查看定位是否正确。
- 查看时，逐个局部放大显示零件的各相接部位，查看定位是否正确。
- 查看修剪结果是否正确。

修改插入的零件的视图主要包括以下内容。
- 调整零件表达方案：由于零件图和装配图表达的侧重面不同，在两种图样中对同一零件的表达方法不可能完全相同，必要时应当调整某些零件的表达方法，以适应装配图的要求。比如，改变视图中的剖切范围、添加或去除重合断面图，等等。
- 修改剖面线：画零件图时，一般不会考虑零件在装配图中对剖面线的要求。所以，建块时如果关闭了【剖面线】图层，此时只要按照装配图对剖面线的要求重新填充；如果没关闭图层，将剖面线的填充信息已经带进来，则要注意修改以下位置的剖面线：螺纹连接处的剖面线要调整填充区域；相邻的两个或多个剖到的零件，要统筹调整剖面线的间隔或倾斜方向，以适应装配图的要求。
- 修改螺纹连接处的图线：根据内、外螺纹及连接段的画法规定，修改各段图线。
- 调整重叠的图线：插入零件以后，会有许多重叠的图线。例如当中心线重叠时，显示或打印的结果将不是中心线，而是实线，所以调整很必要。装配图中几乎所有的中心线都要做类似调整，调整的办法可以采用关闭相关图层删除或使用夹点编辑多余图线。

（7）通盘布局、调整视图位置

布置视图要通盘考虑，使各个视图既要充分、合理地利用空间，又要在图面上分布恰当、均匀，还要兼顾尺寸、零件编号、填写技术要求、绘制标题栏和明细表的填写空间。此时，就能充分发挥计算机绘图的优越性，随时调用【移动】工具，反复进行调整。

> **操作技巧**
>
> 布置视图前，要打开所有的图层；为保证视图间的对应，移动时打开"正交"、"对象捕捉"、"对象追踪"等辅助模式。

（8）标注尺寸和技术要求

标注尺寸和技术要求的方法与零件图相同，只是内容各有侧重。分别用尺寸标注工具条和文字注写（单行或多行）工具来实现。

（9）标注零件序号、填写标题栏和明细表

标注零件序号有多种形式，用快速引线工具可以很方便的标注零件的序号。为保证序号排列的整齐，可以画辅助线，再按照辅助线位置，通过【夹点】快速调整序号上方的水平线位置及序号的位置。

11.5 综合训练

11.5.1 绘制球阀装配图

> 引入光盘：多媒体\实例\初始文件\Ch11\CAD 工程图样板（A4）.dwg
> 结果文件：多媒体\实例\结果文件\Ch11\球阀装配图.dwg
> 视频文件：多媒体\视频\Ch11\球阀装配图.avi

本例以零件图形文件插入的拼画方法来绘制球阀装配图。绘制装配图前，还需设置绘图环境。若用户在样板文件中已经设置好图层、文字样式、标注样式及图幅、标题栏等，那么在绘制装配图时，直接打开样板文件即可。装配图的绘制分五个部分来完成：绘制零件图、插入零件图形、修改图形、编写零件序号和标注尺寸，以及填写明细栏、标题栏和技术要求。

本例球阀装配图绘制完成的效果如图 11-14 所示。

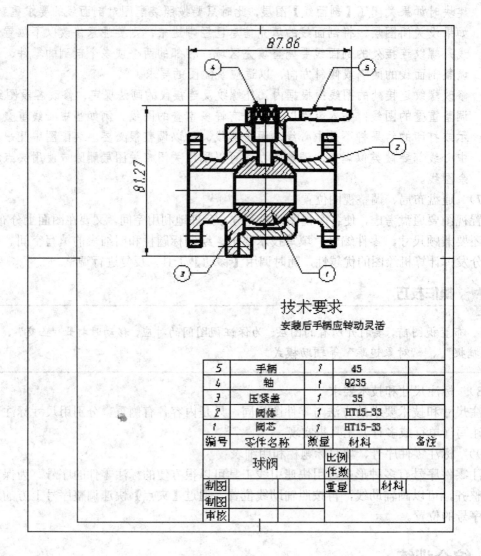

图 11-14 球阀装配图

1. 绘制零件图

参照本书前面章节介绍的零件图绘制方法，绘制出球阀装配体的单个零件图，如阀体零件图、阀芯零件图、压紧盖零件图、手柄零件图和轴零件图。本例装配图的零件图形已全部绘制完成，如图 11-15 所示。

2. 插入图形

使用 INSERT（插入块）工具可以将球阀的多个零件文件，直接插入到样板图形中，插入后的零件图形以块的形式存在于当前图形中。

第 11 章 绘制机械装配工程图

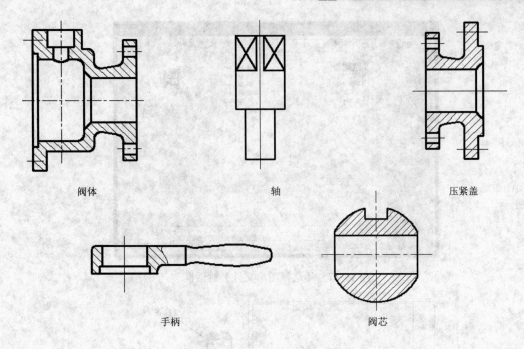

图 11-15 球阀装配图的单个零件图

操作步骤

[1] 在【快速访问】工具栏上单击【新建】按钮，然后在打开的【选择文件】对话框中，选择用户自定义的图形样板文件【A4 竖放】，并打开。
[2] 执行 INSERT 命令，程序弹出【插入】对话框，如图 11-16 所示。

图 11-16 打开零件图形文件

[3] 单击对话框的【浏览】按钮，通过弹出的【选择图形文件】对话框，在本例的随书光盘路径下打开【阀体】文件，如图 11-17 所示。保留【插入】对话框其余选项默认设置，再单击【确定】按钮，关闭对话框。
[4] 插入零件图形的结果如图 11-18 所示。

图 11-17 【选择图形文件】对话框

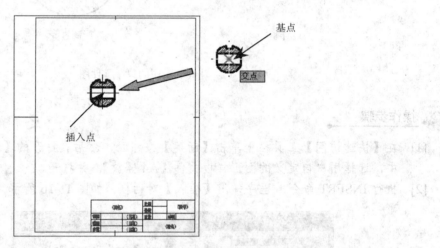

图 11-18 插入阀体零件图形的结果

[5] 按照同样的操作方法，依次将球阀装配体的其他零件图形插入到样板中，结果如图 11-19 所示。

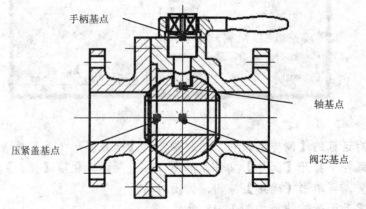

图 11-19 插入阀体其余零件图形

> **操作技巧**
>
> 插入零件图形的顺序应该按照实际装配的顺序来进行，例如阀芯→阀体→压紧盖→轴→手柄。
>
> 在为其他零件图形指定基点时，最好选择图形中的中心线与中心线的交点或尺寸基准与中心线的交点，以此作为插入基点时比较合理，否则还要通过"移动"命令来调整零件图形在整个装配图中的位置。

3. 修改图形和填充图案

在装配图中，按零件由内向外的位置关系来观察图形，将遮挡内部零件图形的外部图形图线删除。例如，阀体的部分图线与阀芯重叠，这需要将阀体的部分图线删除。

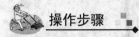

[1] 使用【分解】工具，将装配图中所有的图块分解成单个图形元素。

[2] 使用【修剪】工具，将后面装配图形与前面装配图形的重叠部分图线修剪，修剪结果如图 11-20 所示。

[3] 由于手柄与阀体相连，且填充图案的方向一致，可修改其填充图案的角度。双击手柄的填充图案，然后在弹出的【图案填充编辑】对话框的【图案填充】标签下，修改填充图案的角度为"0"，然后单击【确定】按钮，完成图案的修改，如图 11-21 所示。

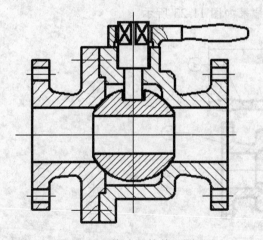

图 11-20 修改后的装配图形

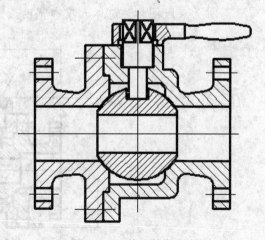

图 11-21 修改填充图案

4. 编写零件序号和标注尺寸

球阀的零件图装配完成后，即可编写零件序号并进行尺寸标注了。装配图尺寸的标注仅仅是标注整个装配结构的总长、总宽和总高。

[1] 编写零件序号之前，要修改多重引线样式，以便符合要求。在菜单栏选择【格式】|

【多重引线样式】工具，打开【多重引线样式管理器】对话框。

[2] 单击【多重引线样式管理器】对话框的【修改】按钮，弹出【修改多重引线样式】对话框。在【内容】标签下的【多重引线类型】下拉列表框中选择【块】类型，然后在【源块】列表框中选择【圆】选项，最后单击对话框的【确定】按钮，完成多重引线样式的修改，如图11-22所示。

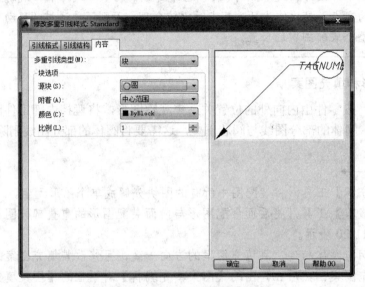

图11-22　修改多重引线样式

[3] 在菜单栏选择【标注】|【多重引线】工具，按装配顺序依次在装配图中给零件编号，并为装配图标注总体长度和宽度。完成结果如图11-23所示。

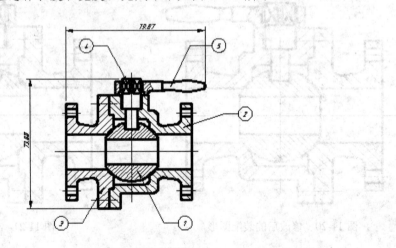

图11-23　标注装配图

5. 填写明细栏、标题栏和技术要求

按零件序号的多少来创建明细栏表格，然后在表格中填写零件的编号、零件名称、数量、材料及备注等。明细栏绘制后，为装配图中的图线指定图层，最后再填写标题栏及技术要求。

最终完成的球阀装配图如图11-24所示。

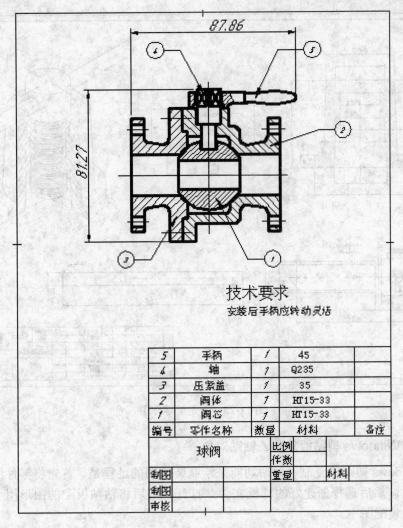

图 11-24 球阀装配图

11.5.2 绘制固定架装配图

引入光盘：多媒体\实例\初始文件\Ch11\固定座零件图.dwg
结果文件：多媒体\实例\结果文件\Ch11\固定座装配图.dwg
视频文件：多媒体\视频\Ch11\固定座装配图.avi

固定架装配体结构比较简单，包括固定座、顶杆、顶杆套和旋转杆 4 个部件。本例将利用 Windows 的复制、粘贴功能来绘制固定架的装配图。绘制步骤与前面装配图的绘制步骤相同。

1. 绘制零件图

由于固定架的零件较少，可以绘制在一张图纸中，如图 11-25 所示。

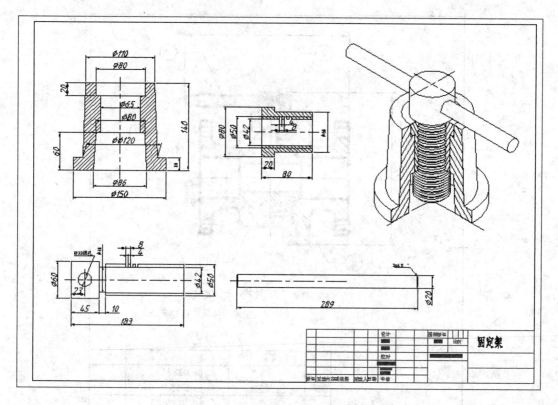

图 11-25 固定架零件图

2. 利用 Windows 剪贴板复制、粘贴对象

利用 Windows 剪贴板复制、粘贴功能来绘制装配图的过程是，首先将零件图中的主视图复制到粘贴板，然后选择创建好的样板文件并打开，最后将粘贴板上的图形用【粘贴为块】工具，粘贴到装配图中。

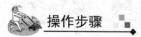操作步骤

[1] 打开本例的光盘初始文件。

[2] 在打开的零件图形中，按住"Ctirl+C"组合键将固定座视图的图线完全复制（尺寸不复制）。

[3] 在【快速访问】工具栏上单击【新建】按钮，在打开的【选择样板】对话框中选择用户自定义的【A4 竖放】文件，并打开。

操作技巧

图纸样板文件在本书光盘 example 文件下。

[4] 在新图形文件的窗口中，选择右键菜单【粘贴为块】工具，如图 11-27 所示。

第 11 章 绘制机械装配工程图

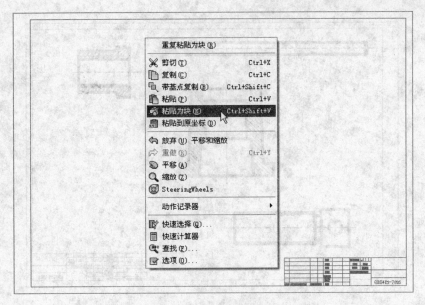

图 11-26 选择快捷菜单工具

[5] 在图纸中指定一合适位置来放置固定座图形，如图 11-27 所示。

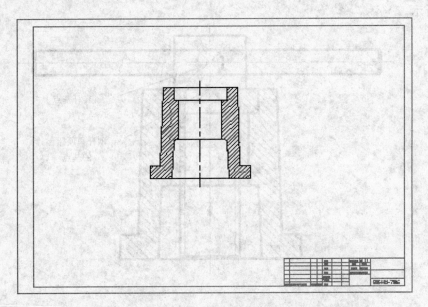

图 11-27 放置固定座图形

操作技巧

在图纸中可任意放置零件图形，然后使用"移动"命令将图形移动至图纸的合适处即可。

[6] 同理，通过菜单栏上的【窗口】菜单，将固定架零件图打开，并复制其他的零件图到粘贴板上，粘贴为块时，任意放置在图纸中，如图 11-28 所示。

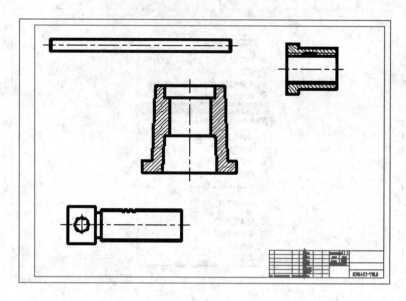

图 11-28　任意放置粘贴的块

[7] 使用【旋转】、【移动】工具，将其余零件移动到固定座零件上。完成结果如图 11-29 所示。

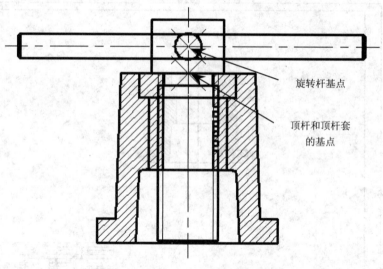

图 11-29　旋转、移动零件图形

操作技巧

在移动零件图形时，移动基点与插入块基点是相同的。

3. 修改图形和填充图案

装配图中，外部零件的图线遮挡了内部零件图形，需要使用【修剪】工具将其修剪。顶杆和顶杆套螺纹配合部分的线型也要进行修改。另外，装配图中剖面符号的填充方向一致，也要进行修改。

操作步骤

[1] 使用【分解】工具，将装配图中所有的图块分解成单个图形元素。

[2] 使用【修剪】工具，将后面装配图形与前面装配图形的重叠部分图线修剪，修剪结果如图 11-30 所示。

[3] 将顶杆套的填充图案删除。然后使用【样条曲线】工具，在顶杆的螺纹结构上绘制样条曲线。并重新填充 ANSI31 图案，如图 11-31 所示。

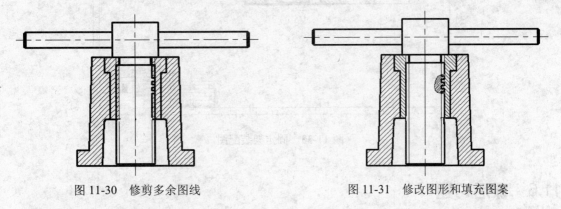

图 11-30 修剪多余图线　　　　　　图 11-31 修改图形和填充图案

4. 编写零件序号和标注尺寸

本例固定架装配图的零件序号编写与机座装配图是完全一样的，因此详细过程就不过多介绍了。编写的零件序号和完成标注尺寸的固定架装配图如图 11-32 所示。

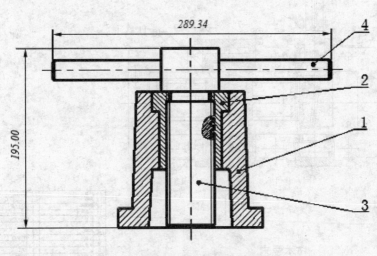

图 11-32 编写零件序号和标注尺寸

5. 填写明细栏和标题栏

创建明细栏表格，在表格中填写零件的编号、零件名称、数量、材料及备注等。明细栏绘制后，为装配图中的图线指定图层，最后再填写标题栏及技术要求。完成的结果如图 11-33 所示。

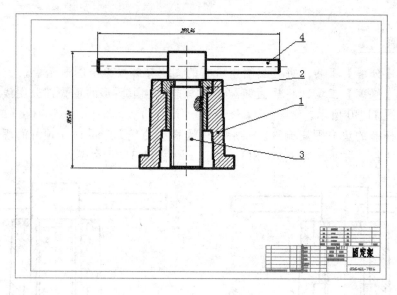

图 11-33　固定架装配图

11.6　课后习题

利用装配图的读图与识图知识和绘图技巧，绘制如图 11-34 所示的变速箱装配图。

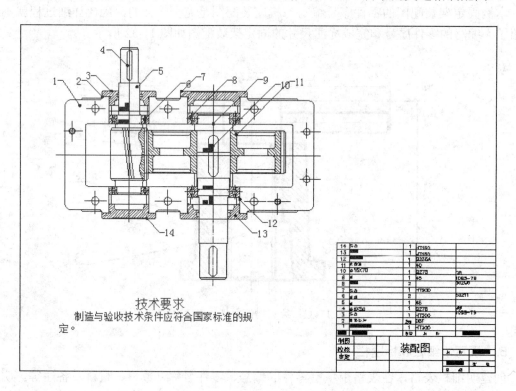

图 11-34　变速箱装配图

第 12 章
机械图形的打印和输出

绘制好图形后，最终要将图形打印到图纸上，这样才能在机械零件加工生产和安装时应用。图形输出一般使用打印机或绘图仪，不同型号的打印机或绘图仪只是在配置上有区别，其他操作基本相同。

 知识要点

◆ 添加和配置打印设备
◆ 布局的使用
◆ 图形的输出设置

 案例解析

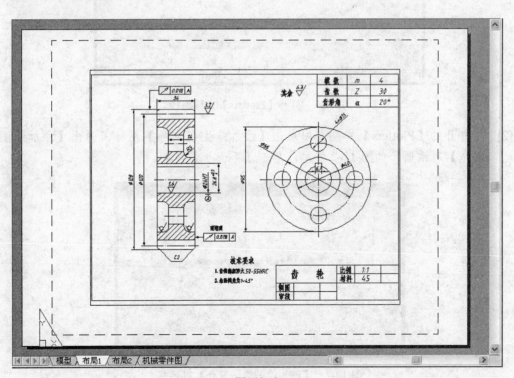

图纸打印

12.1 添加和配置打印设备

要对绘制好的图形进行输出，首先要添加和配置打印图纸的设备。

实训——添加绘图仪的操作方法

在 AutoCAD 中打开需要打印的图形文件，添加绘图仪的操作方法如下。

 操作步骤

[1] 从菜单栏中执行【文件】|【绘图仪管理器】命令。输入命令后将打开【Plotters】文件路径，如图 12-1 所示。

图 12-1　打开【Plotters】文件路径

[2] 在打开的【Plotters】文件夹中双击【添加绘图仪向导】图标，弹出【添加绘图仪-简介】对话框，如图 12-2 所示，单击【下一步】按钮。

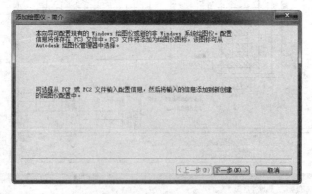

图 12-2　【添加绘图仪-简介】对话框

[3] 弹出【添加绘图仪-开始】对话框，如图 12-3 所示，该对话框左边是添加新的绘图

仪中要进行的 6 个步骤，前面标有三角符号的是当前步骤，可按向导逐步完成。

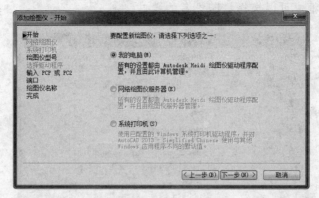

图 12-3 【添加绘图仪-开始】对话框

[4] 单击【下一步】按钮，弹出【添加绘图仪-绘图仪型号】对话框，在对话框中选择绘图仪的【生产商】和【型号】，如图 12-4 所示，或者单击【从磁盘安装】按钮，从设备的驱动进行安装。

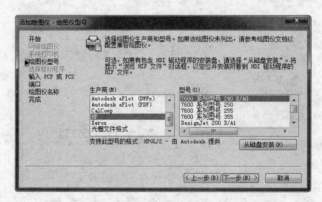

图 12-4 【添加绘图仪-绘图仪型号】对话框

[5] 单击【下一步】按钮，弹出【添加绘图仪-输入 PCP 或 PC2】对话框，如图 12-5 所示，在对话框中单击【输入文件】按钮，可从原来保存的 PCP 或 PC2 文件中输入绘图仪特定信息。

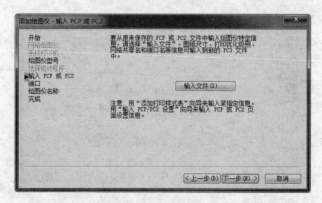

图 12-5 【添加绘图仪-输入 PCP 或 PC2】对话框

[6] 单击【下一步】按钮,弹出【添加绘图仪-输入 PCP 或 PC2】对话框,如图 12-6 所示,在对话框中可以选择打印设备的端口。

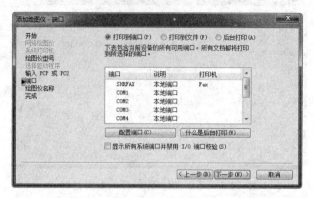

图 12-6 【添加绘图仪-端口】对话框

[7] 单击【下一步】按钮,弹出【添加绘图仪-绘图仪名称】对话框,如图 12-7 所示,在对话框中可以输入绘图仪的名称。

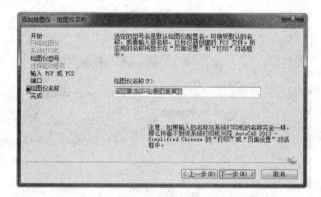

图 12-7 【添加绘图仪-绘图仪名称】对话框

[8] 单击【下一步】按钮,弹出【添加绘图仪-完成】对话框,如图 12-8 所示,单击【完成】按钮完成绘图仪的添加。如图 12-9 所示,添加了一个 HP 7600 系列型号 240 D_A1 新绘图仪。

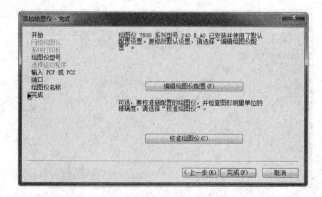

图 12-8 【添加绘图仪-完成】对话框

图 12-9　添加的【HP 7600 系列型号 240 D_A1】绘图仪

[9]　双击新添加的绘图仪【HP 7600 系列型号 240 D_A1】图标，弹出【绘图仪配置编辑器】对话框，如图 12-10 所示。该对话框有 3 个选项卡：【基本】、【端口】和【设备和文档设置】，可根据需要进行重新配置。

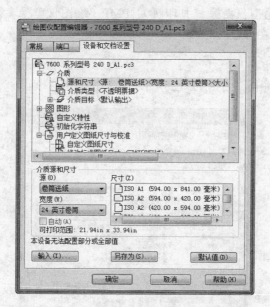

图 12-10　【绘图仪配置编辑器】对话框

1.　【常规】选项卡

切换到【常规】选项卡，如图 12-11 所示。
选项卡中各选项含义如下。

◆　【绘图仪配置文件名】：显示在【添加打印机】向导中指定的文件名。
◆　【说明】：显示有关绘图仪的信息。

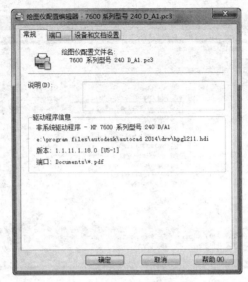

图 12-11 【常规】选项卡

- **【驱动程序信息】**：显示绘图仪驱动程序类型（系统或非系统）、名称、型号和位置、HDI 驱动程序文件版本号（AutoCAD 专用驱动程序文件）、网络服务器 UNC 名（如果绘图仪与网络服务器连接）、I/O 端口（如果绘图仪连接在本地）、系统打印机名（如果配置的绘图仪是系统打印机）、PMP（绘图仪型号参数）文件名和位置（如果 PMP 文件附着在 PC3 文件中）。

2. 【端口】选项卡

切换到【端口】选项卡，如图 12-12 所示。

图 12-12 【端口】选项卡

选项卡中各选项含义如下。

- 打印到下列端口：将图形通过选定端口发送到绘图仪。
- 打印到文件：将图形发送至在【打印】对话框中指定的文件。

- 后台打印：使用后台打印实用程序打印图形。
- 端口列表：显示可用端口（本地和网络）的列表和说明。
- 显示所有端口：显示计算机上的所有可用端口，不管绘图仪使用哪个端口。
- 浏览网络：显示网络选择，可以连接到另一台非系统绘图仪。
- 配置端口：打印样式显示【配置 LPT 端口】对话框或【COM 端口设置】对话框。

3. 【设备和文档设置】选项卡

切换到【设备和文档设置】选项卡，控制 PC3 文件中的许多设置。

配置了新绘图仪后，应在系统配置中将该绘图仪设置为默认的打印机。

从菜单执行【工具】|【选项】命令，弹出【选项】对话框，选择【打印和发布】选项卡，在该对话框中进行有关打印的设置，如图 12-13 所示。在【用作默认输出设备】的下拉列表框中，选择要设置为默认的绘图仪名称，如【HP 7600 系列型号 240 D_A1.pc3】，确定后该绘图仪即为默认的打印机。

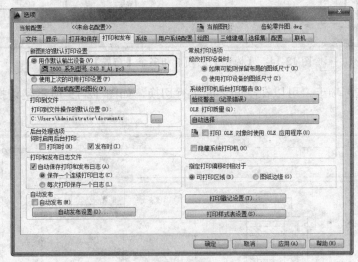

图 12-13　设置打印

12.2 布局的使用

在 AutoCAD 2015 中，既可以在模型空间输出图形，也可以在图纸空间输出图形，下面来介绍关于布局的知识。

12.2.1 模型空间与图纸空间

在 AutoCAD 中，可以在【模型空间】和【图纸空间】中完成绘图和设计工作，大部分设计和绘图工作都是在模型空间中完成的，而图纸空间是模拟手工绘图的空间，它是为绘制平面图而准备的一张虚拟图纸，是一个二维空间的工作环境。从某种意义上来说，图纸空间就是为布局图面、打印出图而设计的，我们还可在其中添加诸如边框、注释、标题和尺寸标注等内容。

在绘图区域底部有【模型】选项卡和一个或多个【布局】选项卡按钮，如图 12-14 所示。

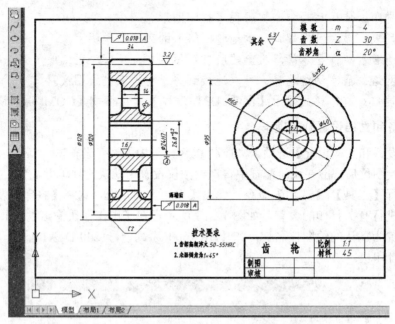

图 12-14 【模型】选项卡和多个【布局】选项卡

分别单击这些选项卡,可以在空间之间进行切换,如图 12-15 所示是切换到【布局 1】选项卡的效果。

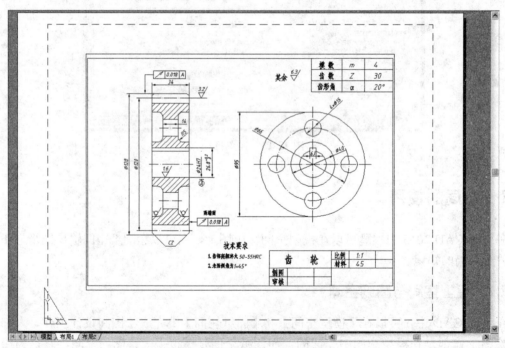

图 12-15 【布局 1】选项卡

12.2.2 创建布局

在图纸空间中可以进行一些环境布局的设置,如指定图纸大小、添加标题栏、创建图形标

第 12 章 机械图形的打印和输出

注和注释等。下面来创建一个布局。

实训——创建布局

操作步骤

[1] 从菜单中执行【插入】|【布局】|【创建布局向导】命令，弹出【创建布局-开始】对话框。

操作技巧

也可以在命令行中输入 LAYOUTWIZARD，按 Enter 键。

[2] 在【输入新布局的名称】文本框中输入新布局名称，如【机械零件图】，如图 12-16 所示，单击【下一步】按钮。

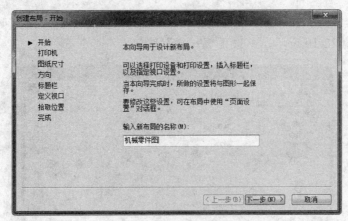

图 12-16 输入新布局名称

[3] 弹出【创建布局-打印机】对话框，如图 12-17 所示，在该对话框中选择绘图仪，单击【下一步】按钮。

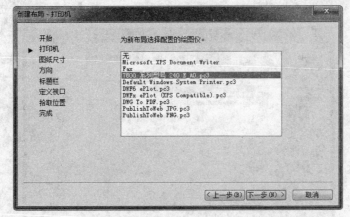

图 12-17 【创建布局-打印机】对话框

[4] 弹出【创建布局-图纸尺寸】对话框,该对话框用于选择打印图纸的大小和所用的单位,选中【毫米】项,选择图纸的大小,例如【ISO A2（594.00×420.00 毫米）】,如图 12-18 所示,单击【下一步】按钮。

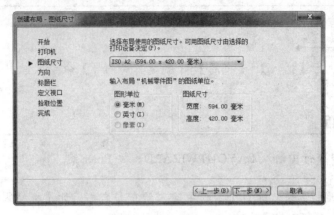

图 12-18 【创建布局-图纸尺寸】对话框

[5] 弹出【创建布局-方向】对话框,用来设置图形在图纸上的方向,可以【纵向】或【横向】,如图 12-19 所示,单击【下一步】按钮。

图 12-19 【创建布局-方向】对话框

[6] 弹出创建布局-标题栏对话框,如图 12-20 所示,选择【无】项,单击【下一步】按钮。

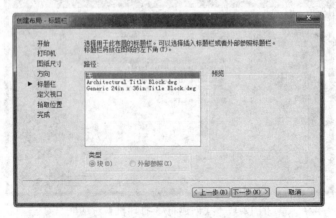

图 12-20 【创建布局-标题栏】对话框

[7] 弹出【创建布局-定义视口】对话框,如图 12-21 所示,单击【下一步】按钮。

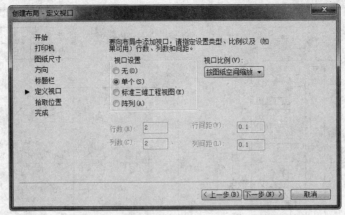

图 12-21　【创建布局-定义视口】对话框

[8] 弹出【创建布局-拾取位置】对话框,如图 12-22 所示,再单击【下一步】按钮。

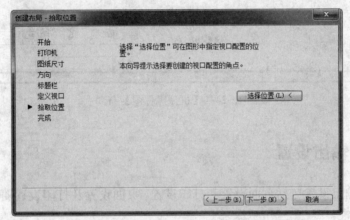

图 12-22　【创建布局-拾取位置】对话框

[9] 弹出【创建布局-完成】对话框,如图 12-23 所示,单击【完成】按钮。

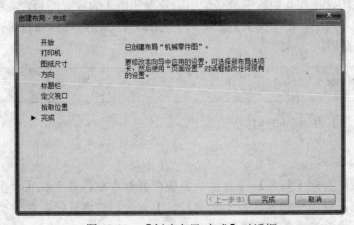

图 12-23　【创建布局-完成】对话框

[10] 创建好的【机械零件图】布局如图 12-24 所示。

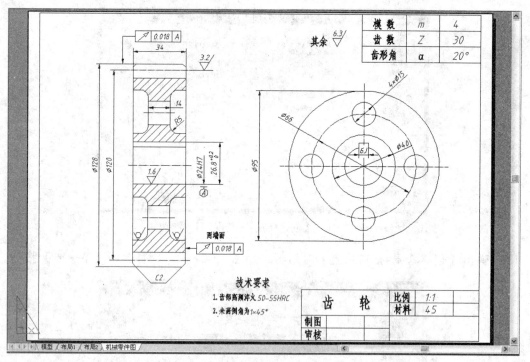

图 12-24　【机械零件图】布局

12.3　图形的输出设置

AutoCAD 的输出设置包括页面设置和打印设置。页面设置及打印设置随着图形一起，保证了图形输出的正确性。

12.3.1　页面设置

页面设置是打印设备和其他影响最终输出的外观和格式的设置的集合。可以修改这些设置并将其应用到其他布局中。在【模型】选项卡中完成图形之后，可以通过单击【布局】选项卡开始创建要打印的布局。

实训——页面设置

打开【页面设置】对话框的具体步骤如下。

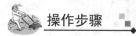操作步骤

[1] 从菜单栏中执行【文件】|【页面设置管理器】命令，或者在【模型空间】或【布局空间】中，用鼠标右键单击【模型】或【布局】切换按钮，在弹出的快捷菜单中选择【页面设置管理器】选项。

[2] 弹出【页面设置管理器】对话框，如图 12-25 所示，在对话框中可以完成新建布局、

修改原有布局、输入存在的布局和将某一布局置为当前等操作。

[3] 单击【新建】按钮，弹出【新建页面设置】对话框，如图 12-26 所示，在【新页面设置名】文本框中输入新建页面的名称，如【机械零件图】。

图 12-25 【页面设置管理器】对话框

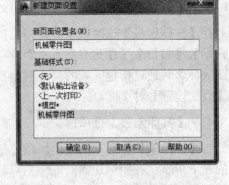

图 12-26 【新建页面设置】对话框

[4] 单击【确定】按钮，可进入【页面设置-模型】对话框，如图 12-27 所示。

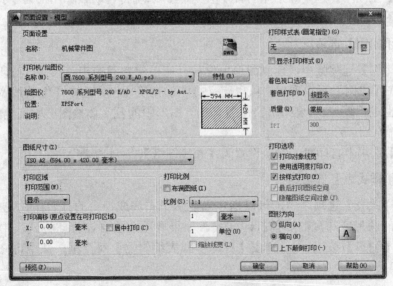

图 12-27 【页面设置-模型】对话框

[5] 在对话框中，可以指定布局设置和打印设备设置并预览布局的结果。对于一个布局，可利用【页面设置】对话框来完成它的设置，虚线表示图纸中当前配置的图纸尺寸和绘图仪的可打印区域。设置完毕后，单击【确定】按钮确认。

【页面设置】对话框中的各选项功能如下。

1. 打印机/绘图仪选项区

在【名称】下拉列表框中，列出了所有可用的系统打印机和 PC3 文件，从中选择一种打印机，指定为当前已配置的系统打印设备，以打印输出布局图形。

单击【特性】按钮，可弹出【绘图仪配置编辑器】对话框。

2. 【图纸尺寸】选项区

在【图纸尺寸】选项区中，可以从标准列表中选择图纸尺寸，列表中可用的图纸尺寸由当前为布局所选的打印设备确定。如果配置绘图仪进行光栅输出，则必须按像素指定输出尺寸。通过使用绘图仪配置编辑器可以添加存储在绘图仪配置（PC3）文件中的自定义图纸尺寸。

3. 【打印区域】选项区

在【打印区域】选项区中，可指定图形实际打印的区域。在【打印范围】下拉列表框中有【显示】、【窗口】、【图形界限】3个选项，其中选中【窗口】选项，系统将关闭对话框返回到绘图区，这时通过指定区域的两个对角点或输入坐标值来确定一个矩形打印区域，然后再返回到【页面设置】对话框。

4. 【打印偏移】选项区

在【打印偏移】选项区中，可指定打印区域自图纸左下角的偏移。在布局中，指定打印区域的左下角默认在图纸边界的左下角点，也可以在X、Y文字编辑框中输入一个正值或负值来偏移打印区域的原点，在X文本框中输入正值时，原点右移；在Y文本框中输入正值时，原点上移。

在【模型】空间中，选中【居中打印】复选框，系统将自动计算图形居中打印的偏移量，将图形打印在图纸的中间。

5. 【打印比例】选项区

在【打印比例】选项区中，控制图形单位与打印单位之间的相对尺寸。打印布局时的默认比例是 1:1，在【比例】下拉列表中可以定义打印的精确比例，选中【缩放线宽】复选框，将对有宽度的线也进行缩放。一般情况下，打印时，图形中的各实体按图层中指定的线宽来打印，不随打印比例缩放。

从【模型】选项卡打印时，默认设置为【布满图纸】。

6. 【打印样式表】选项区

在【打印样式表】选项区中，可以指定当前赋予布局或视口的打印样式表。【名称】中显示了可赋予当前图形或布局的当前打印样式。如果要更改包含在打印样式表中的打印样式定义，那么单击【编辑】按钮，弹出【打印样式表编辑器】对话框，从中可修改选中的打印样式的定义。

7. 【着色视口】选项区

在【着色视口】选项区中，可以选择若干用于打印着色和渲染视口的选项。可以指定每个视口的打印方式，并可以将该打印设置与图形一起保存。还可以从各种分辨率（最大为绘图仪分辨率）中进行选择，并可以将该分辨率设置与图形一起保存。

8. 【打印】选项区

在【打印】选项区中，可确定线宽、打印样式以及打印样式表等的相关属性。选中【打印对象线宽】复选框，打印时系统将打印线宽；选中【按样式打印】复选框，以便使用在打印样式表中定义的、赋予给几何对象的打印样式来打印；选中【隐藏图纸空间对象】复选框，不打印布局环境（图纸空间）对象的消隐线，即只打印消隐后的效果。

9.【图形方向】选项区

在【图形方向】选项区中，可设置打印时图形在图纸上的方向。选中【横向】单选框，将横向打印图形，使图形的顶部在图纸的长边；选中【纵向】单选框，将纵向打印，使图形的顶部在图纸的短边，如选中【反向打印】复选框，将使图形颠倒打印。

12.3.2 打印设置

当页面设置完成并预览效果后，如果满意就可以着手进行打印设置了。下面以在模型空间出图为例，学习打印前的设置。

在快速访问工具栏上单击【打印】按钮；或者从菜单执行【文件】|【打印】命令；在命令行中输入 plot，按 Enter 键。

执行以上任何一个操作，可以打开【打印】对话框，如图 12-28 所示。

图 12-28 【打印】对话框

1.【页面设置】选项区

在【页面设置】选项区中，列出了图形中已命名或已保存的页面设置，可以将这些保存的页面设置作为当前页面设置，也可以单击【添加】按钮，基于当前设置创建一个新的页面设置，如图 12-29 所示。

2.【打印机/绘图仪】选项区

在【打印机/绘图仪】中，指定打印布局时使用

图 12-29 【添加页面设置】对话框

已配置的打印设备。如果所选绘图仪不支持布局中选定的图纸尺寸，将显示警告，你可以选

择绘图仪的默认图纸尺寸或自定义图纸尺寸。

3. 【名称】选项区

【名称】中列出了可用的 PC3 文件或系统打印机,可以从中进行选择,以打印当前布局。设备名称前面的图标识别其为 PC3 文件还是系统打印机。PC3 文件图标:表示 PC3 文件;系统打印机图标:表示系统打印机。

4. 【打印份数】选项区

在【打印份数】中可指定要打印的份数。当打印到文件时,此选项不可用。

5. 【应用到布局】选项区

单击【应用到布局】按钮,可将当前【打印】设置保存到当前布局中去。

其他选项与【页面设置】对话框中的相同,这里不再赘述。完成所有的设置后,单击【确定】按钮,开始打印。

12.4 从模型空间输出图形

准备好打印前的各项设置后,下面就可以来输出图形了,输出图形包括从模型空间输出图形和从图纸空间输出图形。

从【模型】空间输出图形时,需要在打印时指定图纸尺寸。

实训——从模型空间输出图形

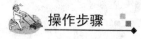操作步骤

[1] 打开图形后,执行【打印】命令,弹出【打印-模型】对话框,如图 12-30 所示。

图 12-30 【打印-模型】对话框

[2] 在【页面设置】下拉列表中，选择要应用的页面设置选项。选择后，该对话框将显示已设置后的【页面设置】各项内容。如果没有进行设置，可在【打印】对话框中直接进行打印设置。

[3] 选择页面设置或进行打印设置后，单击【打印】对话框左下角的【预览】按钮，对图形进行打印预览，如图 12-31 所示。

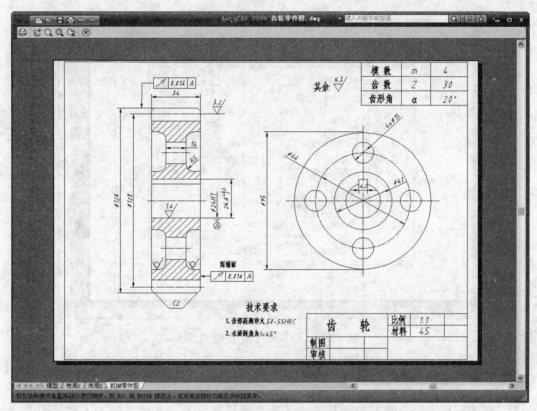

图 12-31　打印预览

操作技巧

当要退出时，在该预览界面上单击鼠标右键，在弹出的菜单中选择【退出】项，返回【打印】对话框，或可按键盘上的 Esc 键退出。

[4] 单击【打印】对话框中的【确定】按钮，开始打印出图。当打印的下一张图样和上一张图样的打印设置完全相同时，打印时只需要直接单击【打印】按钮，在弹出的【打印】对话框中，选择【页面设置名】为【上一次打印】选项，不必再进行其他的设置，就可以打印出图。

12.5　从图纸空间输出图形

从【图纸】空间输出图形，具体操作步骤如下。

实训——从图纸空间输出图形

操作步骤

[1] 切换到【布局1】选项卡,如图12-32所示。

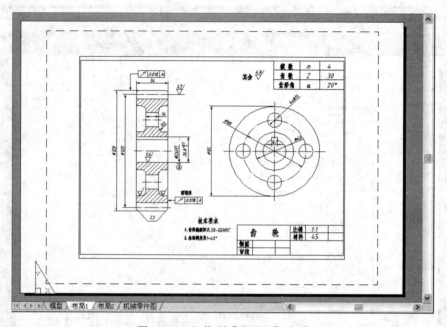

图12-32 切换到【布局1】选项

[2] 打开【页面设置管理器】对话框,如图12-33所示,单击【新建】按钮,弹出【新建页面设置】对话框。

[3] 在【新建页面设置】对话框中的【新页面设置名】文本框中输入【零件图】,如图12-34所示。

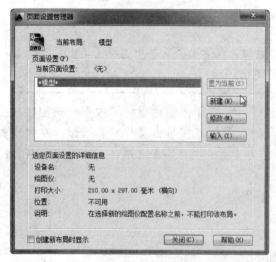

图12-33 【页面设置管理器】对话框

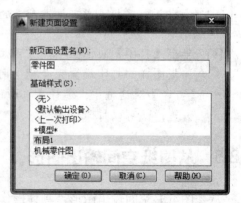

图12-34 创建【零件图】新页面

[4] 单击【确定】按钮,进入【页面设置】对话框,根据打印的需要进行相关参数的设置,如图 12-35 所示。

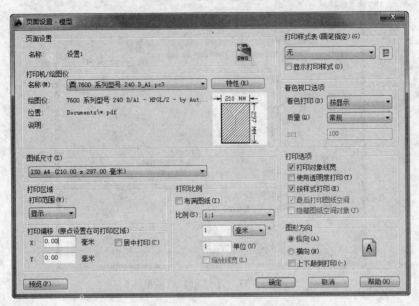

图 12-35　在【页面设置】对话框中设置有关参数

[5] 设置完成后,单击【确定】按钮,返回到【页面设置管理器】对话框。选中【零件图】选项,单击【置为当前】按钮,将其置为当前布局,如图 12-36 所示。

图 12-36　将【零件图】布局置为当前

[6] 单击【关闭】按钮,完成【零件图】布局的创建。
[7] 单击【打印】按钮,弹出【打印】对话框,如图 12-37 所示,不需要重新设置,单击左下方的【预览】按钮,打印预览效果如图 12-38 所示。

图 12-37 【打印】对话框

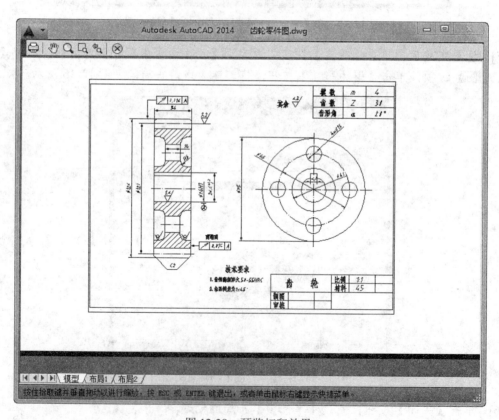

图 12-38 预览打印效果

[8] 如果满意,在预览窗口中单击鼠标右键,选择【打印】命令,开始打印零件图。至此,输出图形的基本操作结束了。

12.6 知识回顾

本章讲解了 AutoCAD 机械图形的输出和打印相关知识，其内容包括添加和配置打印设备、布局的使用、图形的输出设置、输出图形等。

上述内容是 AutoCAD 与外部数据相互交换的重要执行命令，也是用户高效制图的一种技巧，学好它，就能熟练地利用 AutoCAD 进行二维、三维图形设计了。

反侵权盗版声明

电子工业出版社依法对本作品享有专有出版权。任何未经权利人书面许可,复制、销售或通过信息网络传播本作品的行为;歪曲、篡改、剽窃本作品的行为,均违反《中华人民共和国著作权法》,其行为人应承担相应的民事责任和行政责任,构成犯罪的,将被依法追究刑事责任。

为了维护市场秩序,保护权利人的合法权益,我社将依法查处和打击侵权盗版的单位和个人。欢迎社会各界人士积极举报侵权盗版行为,本社将奖励举报有功人员,并保证举报人的信息不被泄露。

举报电话:(010)88254396;(010)88258888
传　　真:(010)88254397
E-mail:　dbqq@phei.com.cn
通信地址:北京市万寿路173信箱
　　　　　电子工业出版社总编办公室
邮　　编:100036